发明专利申请技巧及案例分析

李 彬 王 红 著

科 学 出 版 社

北 京

内 容 简 介

本书通过分析 8 个已授权的材料类与机械类有代表性的发明专利案例，详细介绍发明专利申请文件的撰写要求及审查答复的注意事项，指出如何才能撰写一份清楚完整的专利说明书；结合审查意见和对比文件，介绍了遇到公开不充分、缺乏创造性等问题时如何才能有效答复，以实现专利授权。全书共 4 章，主要内容包括发明专利的相关概念及申请策略，发明创造性判断的依据及审查答复策略，材料类发明专利申请、答复案例与相关技巧，机械类发明专利申请、答复案例与相关技巧。本书对提升科研工作者和专利代理人的专利撰写水平起到关键作用，有助于获得相关知识产权的授权。

本书可供专利申请人、专利代理人以及有专利事务需求的科研工作者及相关专业研究生，特别是申请专利的新人阅读参考。

图书在版编目（CIP）数据

发明专利申请技巧及案例分析/李彬，王红著．—北京：科学出版社，2021.10

ISBN 978-7-03-069825-4

Ⅰ．①发…　Ⅱ．①李…　②王…　Ⅲ．①专利申请-基本知识-中国　②专利申请-案例-中国　Ⅳ．①G306.3

中国版本图书馆 CIP 数据核字（2021）第 189800 号

责任编辑：裴　育　陈　婕　纪四稳 / 责任校对：任苗苗

责任印制：吴兆东 / 封面设计：蓝正设计

科学出版社 出版

北京东黄城根北街 16 号

邮政编码：100717

http://www.sciencep.com

北京中石油彩色印刷有限责任公司印刷

科学出版社发行　各地新华书店经销

*

2021 年 10 月第　一　版　开本：720 × 1000　1/16

2025 年　8　月第三次印刷　印张：14 3/4

字数：297 000

定价：88.00 元

（如有印装质量问题，我社负责调换）

前　言

近年来，随着创新驱动发展战略的进一步实施，我国的知识产权事业进入了历史最好发展时期，出现了大众创业、万众创新的新形势。这为我国加快建设知识产权强国带来新机遇的同时，也对我国的知识产权运用和保护工作提出了新挑战。其中提升专利质量，尤其是提升发明专利质量成为强化知识产权运用和保护的关键。知识产权的发展水平是一个国家科技发展水平的重要体现。发明专利是知识产权领域的重要组成部分，提高发明专利的授权质量，是解决我国知识产权领域目前存在的“专利数量大，但专利质量低”问题的有效途径。

本书清晰地介绍发明专利的相关概念和发明创造性判断的依据，特别是针对科研单位的发明专利、基于技术预见的新发明专利挖掘技术和发明专利创造性问题答复方法论的构建等提出了很多新的思路。本书既有一定的理论基础，又注重实际应用，做到深入浅出。为了使读者更好地掌握和理解知识内容，书中图文并茂，尤其在介绍答复案例时力求步骤详细，可操作性强。其中，第 1 章和第 4 章由李彬撰写，第 2 章和第 3 章由王红撰写。

本书的研究工作得到了国家自然科学基金项目（51475222）、河南省科技创新杰出青年项目（144100510017）、河南省重点研发与推广专项（科技攻关）项目（202102210074）、河南省新工科研究与实践项目（2020JGLX079）、河南省教育厅人文社会科学项目（2020-ZZJH-296）、河南省社会科学界联合会调研课题（SKL-2019-1170）的支持，并且得到了河南省复合刀具与精密加工国际联合实验室、洛阳市先进制造与刀具重点实验室的经费和技术支持。作者深切感谢上述基金项目多年来给予的支持。同时，洛阳理工学院智能制造学院的刘建寿教授和人文与社会科学学院的扈耕田院长也为相关研究提供了大量支持，在此表示由衷的感谢。

本书可供专利申请人、专利代理人以及有专利事务需求的科研工作者和相关专业研究生，特别是申请专利的新人阅读参考。需要说明的是，本书内容为作者的研究性观点，仅供读者从事相关工作时参考。在实际工作中，个案案情千差万别，相关问题的处理方式也会因具体案情的差异而有所不同。因此，还请读者在参考时切勿生搬硬套。此外，选用的案例为根据实际案例加工编撰而成，读者在浏览时无须对号入座。

由于发明专利申请技巧涉及范围广、内容多，加之作者水平有限，书中难免存在不足之处，恳求广大读者提出宝贵意见和建议，以便于进一步完善。

李　彬　王　红
2020年12月于洛阳理工学院

目　录

第 1 章　发明专利的相关概念及申请策略

1.1　知识产权的概念、分类、特征和性质

1.1.1　知识产权的概念

实际上，“知识产权”的概念来源于外语译文。在英语中，通常用“intellectual property”（简称 IP）或者“intellectual property right”（简称 IPR）表示人们所指的知识产权。单纯从词义上讲，IP 多用于表达财产的意义，可以称为“知识财产”，而 IPR 则更多地在权利这种意义上使用。除极其严谨和必要的场合，一般两者没有严格区分，通常 IP 和知识产权可以互译。将知识活动领域的各种权利概括为知识产权，最早出现在 17 世纪中叶法国学者卡普佐夫的著作中。后来在比利时著名法学家皮卡第的推动下，这一理论逐渐传遍全世界，并逐渐发展成为世界各国不同的知识产权体系，为知识产权所有人提供了有效的法律保护。1967 年，《建立世界知识产权组织公约》签订后，知识产权这一概念得到了世界上大多数国家和许多国际组织的认可。我国法学界曾一直使用“智力成果权”这一概念，1986 年，《中华人民共和国民法通则》（以下简称民法通则）颁布以后，知识产权的概念才被我国正式使用。

一提到知识产权，人们马上想到的是专利权、商标权和著作权，而不是知识产权本身。这也就造成了专利权、商标权和著作权等概念因缺乏统一性而被孤立地解读。这带来了两个明显的弊端：一是切断了具体知识产权之间的本质联系；二是阻碍了知识产权体系的形成。找到并阐述知识产权本身的统一性概念是核心内容。实际上，在许多英文文献中，“intellectual property”被理解为“来自工业、科学、艺术等领域智力活动产生的法律权利”。在我国，知识产权概念的定义也是多种多样的，并且也给出了每种定义的理由。例如，有的学者认为知识产权是“知识成果的创造者或者工商标识所有人依法享有的权利的总称”；有的学者认为知识产权是“民事主体依法享有的权利，具体是支配特定创造力并具有一定价值的信息，享受其利益并排斥他人干涉的权利”；还有学者认为知识产权是“民事主体基于创造性智力劳动成果（含工商业标记、商誉等）并依法享有的民事权利的总称”。

知识产权有广义和狭义之分。狭义的知识产权是传统意义上的知识产权，包

括著作权（含邻接权）、商标权和专利权，其中，商标权和专利权又合称为工业产权（industrial property）。广义的知识产权包括著作权（含邻接权）、商标权、商号权、地理标志权、专利权、集成电路布线图设计权、植物新品种权、商业秘密权等。

在知识产权概念的界定上，知识产权主要分两种：一种是以世界知识产权组织（World Intellectual Property Organization，WIPO）相关文件为代表的“对象定义法”，即以对象为中心界定，认为知识产权是存在于某种客体对象上的权利；另一种是国内许多学者采用的“主体定义法”，即以民事主体为中心界定权利，将知识产权视为民事主体享有的某些权利。虽然这两种定义的观点不同，但它们有共同点，都明确了知识产权依附的对象，区别在于对象的范围和抽象程度。知识产权概念的界定应当体现准确性，即准确概括权利的对象、性质和内容等要素。权利主体只是享有权利的人，与其他权利主体没有区别，没有必要将权利主体纳入权利定义。因此，对象定义法相对科学，但需要对知识产权对象做必要的列举和抽象。

1967 年世界知识产权组织签订的《建立世界知识产权组织公约》第二条第八款规定，知识产权包括以下有关项目的权利：①关于文学、艺术和科学作品的权利；②关于表演艺术家的演出、录音和广播的权利；③关于人们努力在一切领域的发明的权利；④关于科学发现的权利；⑤关于工业品式样的权利；⑥关于商标、服务商标、厂商名称和标记的权利；⑦关于制止不正当竞争的权利；⑧在工业、科学、文学或艺术领域里一切其他来自知识活动的权利。

世界贸易组织（World Trade Organization，WTO）关于规范知识产权贸易的重要文件《与贸易有关的知识产权协定》（Agreement on Trade-Related Aspects of Intellectual Property Rights，TRIPs）规定知识产权包括：①著作权与邻接权；②商标权；③地理标记权；④工业品外观设计权；⑤专利权；⑥集成电路布线图设计权；⑦未披露的信息专有权。我国的民法通则和相关法律确定的知识产权基本与《建立世界知识产权组织公约》规定的相同，包括：①著作权（版权）；②专利权；③商标专用权；④发现权；⑤发明权；⑥其他科技成果权。

上述国际条约和中国法律规定的知识产权对象可以归纳为三类：一是智力成果，即基于人的智力活动的产品，如作品、专利、集成电路布线图设计等；二是商业化标记，即在商业过程中用于识别特定事物的标号，如商标、商号、服务标记、地理标志等；三是其他信息，如商业化信息等。随着社会的发展，知识产权对象的形式会越来越多。与物权的对象相比，知识产权对象表现出明显的非物质性，即不具有任何物理特征。它虽然可以被人们感知，但不能用物理维度来描述和定义。

由上可知，知识产权是指根据创造性的知识成果、商品化标识等信息依法产生的权利的统称，也是指权利人对特定产权的独占权，排除他人干涉的权利。知识产权的客体为“知识财产”，而权利属性为“垄断并排除他人”。这一概念具有高度的概括性和开放性，可以囊括各种知识财产，也可以为未来出现的新知识财产预留空间。知识产权的客体很广，可以包括人类知识创造的一切成果，既包括原始获得的知识产权，也包括后续取得的知识产权；既包括一般知识产权，也包括特定的知识产权；既有完整的知识产权，也有限定的知识产权。

知识产权是权利的集合，而不是单一的权利。权利集合是指人们为了一定目的，赋予一个独立名称的一类权利的集合。单项权利是指构成权利集合内不可分割的权利。权利集合由单项权利构成，属于单项权利的组合。就宏观意义而言，知识产权是一项权利的集合，而非单项权利。知识产权是由著作权、商标权、专利权、商业秘密权和非物质文化遗产权等构成的一个权利集合。如果抹杀知识产权的权利集合性，将直接导致上述特定知识产权独立性被否定。这与人们的常识和社会实践不符。在知识产权体系中的各项具体知识产权是单项权利。判断一项权利是单项权利还是权利集合，关键在于该权利所涉及的对象是一类还是几类。如果一项“权利”涵盖多个具有不同属性的客体，实际上它是一种“权利集合”，如知识产权。从它们之间的关系看，这些知识财产表现出不同的特征和属性，因此可以分为商标、作品、专利、商业秘密和非物质文化遗产等。它们都属于单项权利，而不是权利集合。区别在于专利权、著作权、商标权、商业秘密权为具体知识产权，而非物质文化遗产权为一般知识产权。虽然某些类型的客体内部还可以具体划分，但是这些客体和其他知识财产相比，属于同一类。

若将上述各项具体知识产权界定为权利集合，则意味着它们的特定权利和功能都演变为具有独立性的权利，必然滋生和制造知识霸权。造成上述误解的主要原因是将知识产权所有人有权实施的行为，或有权禁止他人实施的行为视为权利，反映在立法上可视为“行为”直接为“权”所取代。这种情况直接导致了人们将专利权视为数项民事权利的错误认识，从而造成了知识霸权。享有一项权利（绝对权）和有行为权之间是有着天壤之别的。有行为权是有权做某种行为，一般并没有排他效力，而享有一项权利（绝对权）会产生排他效力。

专利权中的“销售”就是一个很好的例子。专利权人有权销售专利产品，但把专利权人有权的销售行为界定为“销售权”，则存在明显的错误。将各项具体知识产权界定为权利集合的弊端在于：①权利集合论把各项具体知识产权的权能理解为单独的“权利”，混淆了权利与权能二者之间的基本关系，犯了机械主义的错误；②权利集合论将特定知识产权的权利和功能视为独立的“权利”，过分强化了权利人的权利，侵犯了社会公平。权利集合论把控制、复制、收益、处分等权能作为单独权利理解时，一项权利就变成了四项权利，这无疑为知识霸权的滋生提供了土壤。

因此，知识产权这一定义有以下几个简单特点：①知识产权是一类权利的总称，而不是单一的权利。知识产权包括专利权、著作权、商标权等诸多权利，是这些权利的上位概念，但不能等同于著作权，也不能等同于低于著作权层次的具体权利。②知识产权是“依法产生”的权利，这一点强调知识产权是一种“法定权利”，而不是“自然权利”，哪些对象受法律保护，是一种政策选择。③知识产权的对象本质上是一种信息，其典型表现为智力的成果和商业化的标记。

1.1.2　知识产权的分类

探讨知识产权的分类有助于人们更好地认识知识产权。根据不同的标准，知识产权有着不同的分类。

1. 工业产权和著作权

将知识产权分为工业产权和著作权是一种更传统的划分方法，例如，1883 年签订的国际公约《保护工业产权巴黎公约》将专利、实用新型、外观设计、商标、服务标记、厂商名称、货源标记、原产地名称以及制止不正当竞争的权利统称为工业产权，而 1886 年签订的国际公约《保护文学和艺术作品伯尔尼公约》只保护著作权以及与著作权相关的权利。一些学者认为，知识产权分为工业产权和著作权，其中工业产权是知识及制止不正当竞争的权利的统称，这是基于知识产权对象的功能，工业产权对象的功能主要在于满足人类的生产生活以及物质消费，其功能是实用功能。著作权对象是作品，其功能是满足人类的审美需求，是非实用功能。而根据知识产权的对象功能是否是实用功能对知识产权的种类进行分类，这个标准并不十分严谨。例如，尽管实用艺术品具有实用功能，但它们是著作权的对象；外观设计专利的主要功能是为人们提供一种视觉上的美感，应该是精神性质而具有实用功能，但是外观设计是专利权（工业产权）的对象。因此，尽管早期的国际公约分别规定了作品以及作品之外的对象，但仅表明早期的知识产权理论还不够成熟，随着知识产权理论的不断发展，工业产权和著作权的二分法应该被摒弃。

2. 创造性智力成果权、识别性标记权、其他信息产权

根据知识产权客体的价值来源，可以将知识产权分为创造性智力成果权、识别性标记权和其他信息产权。大约在 20 世纪 60 年代就存在将知识产权分为创造性智力成果权和识别性标记权的理论。该理论内部也存在多种划分标准，有一种标准称为价值来源标准，即知识产权对象的价值是直接来自人的创造成果本

身，还是来自创造成果所识别的事物。若知识产权对象的价值直接来自创造成果，则称为创造性智力成果权；如果知识产权的价值不是来自创造成果本身，而是来自创造成果所识别的事物，那么它就是识别性标记权，或称为“工商业标记权”。根据这种划分方式，著作权、专利权、集成电路布线图设计权、植物新品种权等均属于创造性智力成果权；商标权、地理标志权、商号权等则属于工商业标记权。

在外延上，知识产权的对象只有两种：创造性智力成果和识别性标记权。尽管这样可以涵盖大多数知识产权的对象，但不能完全涵盖知识产权的对象范围。随着社会经济生活的不断发展，知识产权对象的范围越来越广泛，其中一些将超越这两类范畴，例如，商品化权中的个人经历，属于纯粹的个人信息，既不是某个人创造的结果，也不是识别性标记；又如，商业秘密中的经营秘密，只是在经营过程中不愿让他人知道的信息，这些信息既不是创造性智力成果，也不是一种识别性标记，这种信息称为其他信息。

1.1.3　知识产权的特征

知识产权的特征主要包含下面四个方面：

（1）知识产权的主体是“知识产权人”。“知识产权人”泛指所有取得知识产权的人，包括自然人、法人、非法人组织等一切民事主体。自然人和法人是典型的民事主体。虽然我国民法通则没有赋予非法人组织主体资格，但《中华人民共和国合同法》、《中华人民共和国著作权法》和《中华人民共和国民事诉讼法》都对这些组织的主体资格进行了确认。因此，知识产权概念中的“权利人”，即知识产权人应包括非法人组织。应当指出，“知识产权人”的概念既包括完全知识产权人，也包含定限知识产权人，但是并不包含普通许可中的被许可人。

（2）知识产权的客体是知识财产。知识产权是一种民事权利，它只能存在于特定的知识财产上。两个客体应该有两项知识产权，而不能只设定一项。然而，这一要求也有所突破，如浮动抵押是以一个企业的知识财产的总和为基础的。一般来说，知识财产必须是现有的、特定的且独立的，而并未实际产生的知识财产不能成为知识产权的客体。有人认为知识财产属于“动产”，但这种理解至少与现行法律存在矛盾。根据我国现行法律的规定，物可以分为动产和不动产。根据《中华人民共和国担保法》第九十二条规定可知，不动产是指土地、房屋以及林木等地上的固定物，动产是指不动产以外的物。显然，不动产和动产是“物”的分类，而不是对财产进行的分类。知识产权是区别于“物”的另一种财产，因此它既不是动产，也不是不动产。

（3）知识产权是一种支配权。对物可以“支配”，对知识财产也可以“支配”。知识产权是对特定知识财产依法进行控制和支配的权利，得到法律的确认和保护。知识产权作为一种具体的支配权，主要内容包括权利人享有对知识财产进行商业性利用，决定以何种方式进行商业性利用，以及按照自己的意志依法进行处分的权利，还可以排除他人未经授权的使用以及非法干涉。

（4）知识产权是一种对世权。一方面，知识产权是一种可以抵抗不特定第三方侵害的权利。排除他人干涉是一种所有权利都具有的效力，是绝对权利，甚至对债权人也是如此。另一方面，知识产权是一种对世权，它还包括对抗第三方的效力，使其优先于后面设立的知识产权。

1.1.4 知识产权的性质

关于知识产权的性质，有两个层次的含义：一是知识产权是公权还是私权；二是知识产权是人身权、财产权，还是人身权和财产权兼而有之。

1. 知识产权是公权还是私权

有学者认为，以政府生活的利益为内容者，是公权；而以社会生活的利益为内容者，是私权。知识产权是根据特定信息依法产生的权利的总称。这项权利的内容，是关于信息的支配以及相关利益如何在平等主体之间分配，而不是关于政治权力的分配、国家机构的设计、国防事务的处理以及外交和国际关系等政府生活的内容，因此财产权是私权，而不是公权。我国民法通则中规定了知识产权与物权、债权、人身权等，确认了知识产权的民事权利性质。

认识到知识产权的私权（民事权利）性质，有利于我们基于民法理论研究和分析知识产权，并利用上位法、下位法、普通法和特别法之间的关系在司法实践中处理相关问题。例如，在我国，民法通则是上位法、普通法，而《中华人民共和国知识产权法》是下位法、特别法；在解决侵权纠纷方面，《中华人民共和国侵权责任法》为普通法，《中华人民共和国知识产权法》为特别法。

2. 知识产权是人身权、财产权，还是人身权和财产权兼而有之

有学者认为，并不是所有的知识产权都具有人身权的特征。知识产权的普遍属性是一种财产权。一些学者认为，智力成果是一种精神财产，是人类脑力劳动的产物，它还反映了劳动者的个性，因此包含人身权的内容。大多数知识产权具有人身权和财产权的双重特性。没有学者认为知识产权是一种纯人格权或它的普遍属性是一种人身权。

在学术界，由于对财产权范围的界定不同，对知识产权性质的界定也有所不同。例如，在史尚宽先生看来，财产权是身份权和人格权之外的权利，知识产权似乎既不是身份权，也不是人格权，所以应该是财产权，可以说是无形财产权。另一位民法学者王利明认为，财产权只包括物权和债权两大类。实际上知识产权

既不是物权，也不是债权，属于独立的第三类民事权利。

根据我国民法通则的规定可知，民事法律关系只有两种，一种是人身关系，另一种是财产关系。根据民法理论对人身权与财产权的划分标准可知，权利的性质基本上是由权利所体现的利益性质来划分的，如果这种利益是人身利益，那么权利就是人身权；如果是财产利益，那么权利就是财产权。这种权利性质的划分，与我国民法通则对民事法律关系的划分是一致的。本书认为，应当根据权利客体是人还是人以外的事物，将民事权利分为人身权和财产权，如果权利客体是人，那么就是人身权；如果权利客体是人以外的事物且有经济价值，那么就是财产权。知识产权的客体是特定信息，如作品、专利、商标等信息，并不包括直接与人身相关的信息，如个人姓名、隐私、名誉、荣誉等，因此不属于个人范畴，而属于财产范畴。因此，知识产权在性质上应该属于财产权。

要理解知识产权是一种财产权，最困难的是如何理解著作权中的署名权、发表权、保护作品完整权这些通常称为“精神权利”的权利也是一种财产权。下面以署名权为例进行探讨。

学术界普遍认为，姓名权是一种人身权，因为姓名的功能是识别民事主体以区分不同的主体，也就是民事主体的指代，所以直接关系到民事主体人身。但是署名的功能不同，署名的功能是识别作者身份，即宣示谁是作品的创作者，它的本质意义仍然是一种识别作品的符号，而不是识别作者（本人）的符号。姓名把一个人和某个民事主体联系起来，而署名则把一个人和某一作品的创作者联系起来。署名只与作品有关，是作品财产的一个识别要素。因此，署名权本质上仍然是一种财产权。有人可能会说，署名权的内容是作者决定是否署名和如何署名的“意志自由”，因此是一种人身权。这种说法把“意志自由”等同于“人身”，这是错误的，因为许可也是一种意志自由。难道我们能说知识产权中的许可权也是人身权吗？至于发表权和保护作品完整权，如果从发表和保护作品完整性的本质来理解，不难理解这是作者控制作品的两种方式，是知识产权控制权能的体现，而它直接控制的对象仍然是作品这种财产，而不是人。因此，发表权和保护作品完整权本质上仍然是财产权。正如有学者所言：虽然把某些权利称为“著作人身权”，但实际上它与传统民事权利中的人身权有本质的区别。本书认为，这种本质的区别就是人身权和财产权的区别。

1.2　发明专利在知识产权中的地位及相关制度

1984 年 3 月 12 日，第六届全国人民代表大会常务委员会第四次会议首次通过《中华人民共和国专利法》（以下简称专利法）。专利法第一条规定了它的立法宗旨："为了保护发明创造专利权，鼓励发明创造，有利于发明创造的推广应用，促进科学技术的发展，适应社会主义现代化建设的需要，特制定本法"。为了进一步适应新中国和世界的发展，专利法先后经过四次修正。最后一次修正为 2020 年 10 月 17 日第十三届全国人民代表大会常务委员会第二十二次会议上通过的。至此，专利法第一条立法宗旨已变为"为了保护专利权人的合法权益，鼓励发明创造，推动发明创造的应用，提高创新能力，促进科学技术进步和经济社会发展，制定本法"。专利法的修正，反映了专利制度自身属性及其在社会生活中的影响正随着我国改革开放的进程而逐步深入和完善，同时也说明我国正在不断努力推进和完善知识产权制度。

在某种程度上，知识产权及相关法律法规最核心的立法宗旨是"保护权利人或组织被授予的权利和必须履行的义务"，其中"保护专利权人的合法权益"是专利法的核心，这两者似乎是一致的。对专利法五大核心宗旨的解读表明，"保护专利权人的合法权益"是其他四项条例的基础，如果法律不能保护权利人的合法权益，"鼓励发明创造，推进发明创造的应用，提高创新能力，促进科学技术进步和经济社会发展"就失去了意义。

专利制度是一种利用法律、行政和经济手段保护发明创造专利权，鼓励人们进行发明创造活动，促进科学技术进步与创新，推动发明创造的推广应用和经济发展的知识产权保护制度。专利制度的核心是专利法，专利法的颁布标志着现代专利制度的建立。在 2008 年我国第三次修正专利法的核心宗旨时，将原条所述的"保护发明创造专利权"修正为"保护专利权人的合法权益"，反映了我国对现有专利制度属性及其社会作用的进一步深入认识，建立健全的专利管理体系和制度，有利于加强中国知识产权的保护与协作，是建设新时代中国特色社会主义文化强国的关键举措。建立健全的专利制度，不应仅仅停留在保护"权利人"的合法利益上，兼顾和维护社会乃至公众的合法权益同样重要。《国家知识产权战略纲要》指出：既要加强知识产权保护，也要防止知识产权滥用；为实现前者，应当"修订惩处侵犯知识产权行为的法律法规，加大司法惩处力度，提高权利人自我维权的意识和能力，降低维权成本，提高侵权代价，有效遏制侵权行为"；为实现后者，应当"制定相关法律法规，合理界定知识产权的界限，防止知识产权滥用，维护公平竞争的市场秩序和公众合法权益"。

专利制度的设计当然不能空穴来风，它是权衡各种价值之后的结果。因此，了解发明专利保护制度的本质对于理解该制度是十分必要的。以下是对相关制度的两点说明。

1. "早期公开，延迟审查"制度

专利实质审查是确定发明专利申请是否具备授予专利权条件（如新颖性、创

造性、实用性，说明书是否清楚、完整）的制度。实质审查制度又称完全审查制度。基于对发明专利科学技术价值的考虑，1836 年美国将专利申请登记制度改为实质审查制度。

实质审查制度虽然能保证专利质量，但会大大增加审查的工作量，造成大量案件的积压，这是实行审查制度的各国不可避免的问题。因此，为了缓解这一问题，荷兰于 1963 年率先建立了“早期公开，延迟审查”的制度。这一制度是指申请案通过形式审查后，将申请案的内容公开，经过一定时间后再进行实质审查，并且，最终是否进入实审，还需要看专利申请人是否在一定期限内提出了实质审查请求，不提出者视为放弃实质审查，整个专利申请终止。

与之相对应的是即时审查，即初步审查和实质审查之间基本没有时间间隔。实质审查是一件专业度和精准度要求非常高的事情，它需要对专利的新颖性、创造性和实用性进行全面的分析和判断，审查难度大，审查流程复杂，如果所有发明专利都一股脑地进行即时审查，需要一个强大且完备的专利审查机构作为支撑，这将导致审查周期冗长，给审查部门带来难以承受的审查压力，也不利于专利的修改。而“早期公开，延期审查”制度，又称延迟审查制，其优点是：

（1）可以减轻专利局实质审查的工作量，节约实质审查费用；

（2）使社会尽快获得发明创造信息，避免重复开发，减少社会资源的浪费；

（3）允许申请人有更多的时间补充、完善发明创造和专利申请文件。

该制度最大的缺点是专利技术公开后到授权期间，专利申请人的权益无法得到充分保护。我国实行的是“早期公开，延迟审查”制度。

由此可见，发明专利申请临时保护期存在的最直接原因是“早期公开，延迟审查”制度。建立这一审查制度有许多优点，因此被世界上大多数国家所采用，是国家审查制度的创新。但不得不说，作为延期审查制度的“配套制度”，也应该明确、完整，不能用延迟审查的优点来掩盖临时保护制度的缺陷。

2. 发明人与社会公众的利益平衡机制

利益平衡又称利益均衡，是在一定的利益格局和体系下出现的利益体系相对和平共处、相对平衡的状态。利益平衡是专利制度一直所追求的价值理念。

随着专利申请公开，通过实质审查，最终获得授权，从临时保护阶段步入专利保护阶段，专利申请人成为专利权人，并依法取得具有排他性的专利权。这就像发明创造者与国家之间签订了一份契约一样，如果发明人想获得垄断利益，就必须公开技术，即“公开换保护”，这是一种利益平衡的价值观念。

有关专利授权后的利益平衡问题，在此不再讨论。从申请公开到授权专利期间，由于专利尚未被授权，专利申请人还不拥有专利权，不能像专利权人一样受到保护，也不享有请求他人停止专利侵权行为的排他性权利。但是，申请人公开了技术文件，公开了原本处于秘密状态的发明技术，公众得以了解这项发明技术，作为契约一方，有权得到国家保护其权益的权利来作为补偿，否则，专利申请人与社会公众之间的利益平衡就会被打破，利益的天平就会发生倾斜，从而挫伤发明技术所有人申请专利保护的积极性，以至于通过商业秘密来保护技术，通过技术秘密保护会使得技术的传播受到阻碍。公众不知情，会导致大量重复性的科学研究，阻碍社会的发展和进步，违背构建专利制度的初衷。

也就是说，建设发明专利临时保护制度的核心目的是使技术申请人因公开自己的技术而带来的损失和从临时保护制度中获得的利益达到均衡。

1.3　发明专利的保护客体及专利权授予条件

专利权的客体包括发明、实用新型和外观设计，在专利法中将它们统称为“发明创造”。专利法保护的发明是对产品、方法或其改进提出的新的技术方案；实用新型是对产品的形状、结构或其结合提出的新的技术方案；外观设计是针对产品外观提出的设计方案。只有明确专利法保护客体的范围以及这三个客体之间的区别，才能判断通常意义上的“发明”能否申请专利，适合申请什么样的专利，这里重点关注发明专利的保护客体和授予条件，可以从以下几个方面进行理解。

1. 发明应当包含创新

创新是指发明与现有技术相比，必须有一定的进步。一方面，完全重复前人的成果不能构成发明；另一方面，一项发明不一定需要创造一个全新的领域。只要在现有技术的基础上进行改进，就可以称为创新。

2. 发明必须利用自然规律

专利法意义上的自然规律是指物理、化学等自然科学领域的规律。因此，①不使用自然规律的纯智力活动的规则和方法，如比赛规则、速算方法、财务结算方法等，不属于专利法保护的发明；②只使用经济学、心理学规律等非自然科学规律的智力成果，如宏观调控方法、心理测试方法等，也不属于专利法保护的发明；③违反自然规律的技术方案，如永动机等，也不属于专利法保护的发明。

3. 发明必须是一种技术方案

发明必须采用技术手段来解决技术问题。例如，科学发现通常不属于专利法保护的对象。因为科学发现只是对自然规律的客观描述，并不使用技术手段来解决技术问题。同时，专利权也是一种垄断权，如果将专利权授予自然法的发现，那么其他人就不能随意使用，这对人类的进步极为不利。但是，通过科学发现解决实际技术问题的技术方案属于可以受专利法保护的客体。

1.4　发明专利的分类

1.4.1　根据发明定义的分类

专利法根据定义将发明分为产品发明和方法发明。

1. 产品发明

产品发明包括物品的发明和材料的发明等。产品发明获得专利后称为产品专利。产品专利仅保护产品本身，而不保护产品的制造方法。但是产品专利可以排斥其他人以不同方式生产相同的产品。

2. 方法发明

方法发明是指用于将一种物品或物质改变为另一种物品或物质的手段和步骤的发明。该方法包含化学方法、机械方法、通信方法和工艺规定的顺序来描述的方法等。方法发明获得专利后，称为方法专利。专利法对方法专利的保护范围扩大到使用该方法直接获得的产品。

除了产品发明和方法发明，专利法也可以保护用途发明。用途发明是指将已知产品用于新的用途的发明。例如，将某种化工原料作为治疗心血管疾病的药物，取得了意想不到的技术成果，这种情况就是一种用途发明。用途发明的本质不是物质本身，而是物质性能的新应用。因此，在专利法中，将用途发明归于方法发明。

1.4.2　根据发明形式的分类

并不是以前从未创造过的、“全新”的发明才可以受到专利法的保护，例如，下列形式的发明均属于受专利法保护的客体。

1. 首创发明

首创发明又称开拓性发明，它创造了一种新的技术解决方案，在技术史上没有过先例，为人类科学技术的发展开辟了新的里程碑。

2. 改进发明

改进发明是指通过改进现有技术的性能，赋予其新的功效的技术方案。

3. 组合发明

组合发明是指将已知的某些技术特征组合成新的组合，以实现新的技术目的的技术方案。

4. 选择发明

选择发明是指从许多已知的技术解决方案中选择某一技术方案的发明。这类发明通常是在很宽的专利保护范围内选择某一点作为一项新发明。在化学领域，特别是在配方含量、温度、压力等数值范围的情形中，选择发明是一种比较常见的发明形式。

1.5　科研单位的发明专利申请策略

1.5.1　科研单位专利申请的典型特征

高校和科研院所等科研机构是从事科研活动的主要场所，相当一部分专利申请是以课题研究或科研项目的研究成果为基础的，这些研究成果普遍具有较高的理论水平和创新性，因此往往具有较好的新颖性和创造性，具有较好的授权前景。同时，与一般企业相比，科研机构的专利申请还呈现以下两个典型特征。

1. 专利申请与论文发表并行

公开发表学术论文或者参加学术会议是科研机构展示其科研成果的主要形式，但是这种方法对成果的保护不足；而获得专利授权是保护科研成果的有效措施，但获得授权需要时间。因此，申请人经常既申请专利，又发表学术论文或参加学术会议。

2. 显现系列性、阶段性特点

科研机构的学术研究具有综合性和系统性的特点，研究人员通常从单个课题入手，然后形成系列课题；或者将科研项目划分为几个子课题同时开展研究。因此，科研机构的专利申请往往呈现出系列性、阶段性的特点。

1.5.2　科研单位专利申请的主要问题

正是由于上述申请特点，科研机构在专利申请中存在的主要问题集中在两个方面，具体体现如下。

1. 发表论文与申请专利之间的冲突

科研单位的申请者往往将其技术成果既进行专利申请，同时又以学术论文或学术会议的形式发表。但是，在申请过程中，申请人有时不能很好地处理论文发表、学术公开和专利申请的时间先后顺序，只是希望尽快发表研究成果，导致学术论文和技术报告的发表时间早于专利申请的时间，这些公开信息可能构成专利法意义上的现有技术，导致后续提交的专利申请失去新颖性，无法获得专利授权。

2. 阶段成果与系列成果申请的冲突

由于科研单位的专利申请大多具有阶段性和系列性的特点，如果科研人员等到所有的研究工作（系列成果）完成后再申请，可能会错过申请的最佳时机。但是，如果先申请阶段性成果，又可能导致技术方案不完整、不成熟，不仅难以获得授权，而且会使未完善的技术内容成为现有技术。如何最大限度地有效保证科研成果，是科研单位申请者经常面临的难题。

1.5.3　科研单位专利申请的主要策略

针对科研单位专利申请的特点和问题，科研单位申请者可以充分利用专利法的有关规定，保护自己的专利权益。正确运用专利制度中的优先权、宽限期等规定，把握恰当的申请时机和申请策略，不仅可以在更大程度上保护专利申请人的专利权益，而且可以帮助申请人满足对申请时间、资金、数量上的一些需求。在实际中可以使用以下两种发明申请策略。

1. 宽限期相关规定的运用

根据专利法第二十四条的规定：申请专利的发明创造在申请日以前六个月内，有下列情形之一的，不丧失新颖性：①在国家出现紧急状态或者非常情况时，为公共利益目的首次公开的；②在中国政府主办或者承认的国际展览会上首次展出的；③在规定的学术会议或者技术会议上首次发表的；④他人未经申请人同意而泄露其内容的。符合上述条款规定的四项条件之一的公开不构成影响专利申请的先决条件。

这里提到的六个月期限通常称为宽限期或优惠期。宽限期是将申请人（包括发明人）和未经授权的他人对发明创造的某些公开视为不损害专利申请新颖性或创造性的公开。在宽限期内，该公开对申请日的专利申请来说不被视为现有技术。

针对科研单位在申请中出现的不能处理好论文发表、学术公开和专利申请的时间顺序，信息过早公开导致专利申请新颖性丧失的问题，建议申请人优先采用“先申请专利，后发表论文”的方法，利用好专利的宽限期特征。此外，有属于专利法第二十四条规定的重大展览会或者会议，申请人急着准备会议，没有提前申请专利的，也可以按照不丧失新颖性申请的规定，在以后提交专利。可以将不丧失新颖性宽限期的运用作为一种“救济”手段。

2. 优先权相关规定的运用

利用优先权可以保护一系列连续的技术成果,在实现各阶段成果保护的同时，可以有更多的时间完善技术方案，选择保护策略，以较低的成本对相对完整的技术方案进行最大限度的保护。

对已经取得阶段性研究成果的科研项目，申请人可以在完成一项阶段性成果后，随即提出专利申请，从而可以有效保护各阶段的研究成果。同时，从节约经济成本的角度看，申请人在不缴纳相关费用的情况下可以仅针对阶段性成果提出专利申请，只要成功提交专利申请文件，获得专利申请号，并在 12 个月内将各阶段同一课题的研究成果汇总在一项专利申请中，通过要求优先权，将若干子项合并在一份申请中，从而减少以后缴纳的专利年费，这样就可以通过较低的经济成本获得相同的保护范围。

1.6 针对规避设计的发明专利申请策略

1.6.1 专利规避设计的定义解读

专利规避设计是一种合法的竞争，起源于美国，它的出现是为了让发明者在不侵犯他人专利技术知识产权的前提下，最大限度地利用现有的先进技术，创造出更适合用户需求产品的设计方法。进行专利规避设计的首要条件是不能侵犯他人的专利知识权，或者企业的设计不能落入他人的专利壁垒之中。

Schechter 对专利规避的定义是：企业或产品开发者为了规避相关技术产业或竞争公司的专利或专利壁垒的障碍而进行的绕路似的产品设计，并通过专利技术的改进实现不侵犯现有专利的过程。但在不同的情形下，专利规避设计会有不同的差异。专利规避通常有两类应用场景：第一种是为了避免对现在仍然处于专利法保护下的有效专利技术受到侵权而进行创新设计；第二种应用场景则不再把研究重点放在专利是否在有效期内的研究上，而是利用专利制度最原始的初衷“专利公开技术内容”，在基于现有专利文献记载的技术的基础上，进行持续创新或设计活动，从而与现行“专利技术”保持差异化。

提出专利规避设计是解决技术的快速发展和更新所带来的专利申请数量和保护范围不断增加，使得许多仍处于法律保护状态的专利技术在未得到充分利用时就遭到社会的淘汰，或者某项技术的专利对其他技术的进步产生不利影响等问题的情况下，有目的地对专利技术进行重新利用的人类活动。这种产品创新技术可以扩大现有技术的应用范围，充分发挥技术对人类进步带来的贡献。以专利规避作为产品设计方式的设计方法是以现有专利技术为参考本体，通过对产品相关专利文献的技术分析，充分利用现有专利文献中的技术或创新思想；通过绕开、替换、移植等方式扩大技术的应用范围，进一步提高产品的性能，在不侵犯他人专利权的情况下实现产品的创新设计。通过以上对专利规避设计的研究可以发现，专利规避设计也是一种进行产品创新的产品开发设计方法，但这种设计方法是基于对专利文献知识创新的分析、消化和吸收。专利规避设计方法的主要任务是指导设计者通过利用专利信息实现产品创新。

1.6.2　专利规避设计的问题

专利规避最早是作为一种产品设计方法出现的，它为设计者规避专利保护的范围，从而更好地进行发明创造提供了条件。然而，随着社会对专利保护意识的不断提高，利用以往手段进行专利规避实现产品创新或发明创造的现象已逐渐被社会所淘汰，采用绕开专利保护范围来规避目标专利的方法已逐渐失去效力，而且由于社会的多元化和快节奏发展，单纯规避目标专利所保护的产品设计方法最终获得的设计成果失去了竞争力。虽然学者不断补充和完善专利规避设计方法，使得规避设计逐渐被用户所理解和接受，专利规避也从最初纯粹的法律方面的规避设计发展到后来可以遵循规避步骤进行设计，再到今天运用发明问题解决理论（TRIZ）的规避设计方法，规避设计的方法形式不断发生变化，规避的重点也不断发生变化。但目前尚存在一些不足之处，主要表现在以下几个方面：

（1）通过专利规避得到的结果缺乏创新性。在当前的专利内容分析中，大多数分析方法都侧重于发现专利技术漏洞，这使得设计人员处于一种被动的设计过程中，并且产品创新水平不高。

（2）忽视了设计在专利规避创新中的作用。传统的专利规避设计方法基于专利技术的漏洞进行规避设计，在这个过程中，设计者缺乏自己对产品创新方向的判断和设计，这是一种被动的设计方法，因为它不是帮助设计者完成自己的设计，而是基于专利中的不足来指导设计者如何进行产品规避设计，规避结果完全取决于专利所有人能否准确、严格地保护自己的专利技术。

（3）忽略用户需求因素。目前，一些专利规避方法忽略了用户对目标产品需求原因的研究，导致规避设计的结果无法为用户所接受。

（4）对产品创新方向的判断缺乏依据。目前，专利规避设计基于设计者对产品的主观判断来确定规避的目标，缺乏规避的意图和在此方面进行设计的原因。

1.6.3　专利规避设计的申请策略

专利规避技术分为专利分析和规避设计两部分，其中专利分析阶段对规避设计具有很强的指导作用。专利分析不仅可以挖掘出某些专利文献技术，还可以从专利内容中挖掘出产品的演进方向，为设计者进行产品创新和设计提供方向。本书研究如何使用专利分析工具来帮助设计者找到产品进化的创新机会，并针对不同的创新研究方向给出相应的设计方案实施过程，同时结合 TRIZ 的相关知识，针对产品开发中遇到的问题给出具体的解决方案。针对规避设计，发明专利具体申请策略如下。

1. 挖掘专利知识中的产品创新方向

专利中记载的是产品实现的技术手段,而产品的功能是表现用户需求的信息，因此可以利用产品功能类别-产品功能专利数量信息来研究目标产品的发展情况，得到产品中具有开发价值的目标功能，并以此作为产品创新的方向以及专利规避设计的方向。

2. 建立问题回溯的产品创新方向获取策略

对专利文献和产品进行不同层次和不同时期的研究，充分挖掘同一类型产品在不同时代下的差异性，并在产品功能就是用户需求结论的基础上，总结不同时期用户需求随时间的变化，基于用户需求的变化确定产品下一步的创新方向，即引导目标专利规避设计的方向。

3. 建立技术进化定律的产品创新获取策略

由于每种技术的发展均符合技术进化定律，可以利用 TRIZ 中的技术进化定律和技术进化路线法则，根据技术进化定律，对目标产品中目标功能的未来发展进行设想，并以此作为产品创新设计的方向，即指引对目标专利进行规避设计的方向。

4. 建立专利规避设计方向中的问题解决策略

在规避设计方向的指导下对目标专利进行改进设计时，可能会出现产品功能之间的不协调，这就是 TRIZ 中的冲突，因此本书结合解决冲突原理给出这类问题的解决方案，从相关专利技术文献中获得问题解决技术，实现设计驱动的专利规避设计以及目标专利的技术规避。

1.6.4　专利规避设计的主要步骤

通过检索和分析目标产品的相关专利，获得产品中具有进一步开发价值的功能，并以此为目标功能进行产品的创新设计。在目标功能的开发和设计中，会根据设计人员的不同设计要求产生不同的设计路线，并结合 TRIZ 相关问题解决理论，解决设计方案实现过程中遇到的冲突，给出问题处理方法，主要步骤如下：

（1）通过调查社会市场上的产品来获得目标产品。设计者根据产品在市场上的实际应用情况，选择合适的目标产品。

（2）对目标产品进行需求进化分析，对所能实现的功能进行分类。在获得目标产品后，根据其实际应用情况和其所具有的功能的分析情况，获得表面的用户需求信息和产品所具有的功能。

（3）利用专利文献获得目标产品中各种功能类别的应用变化情况，并从中选择目标功能。基于建立的专利地图，搜索分析目标产品的相关专利，根据完成不同功能的专利变化情况，得出最终有价值产品的功能，即目标功能。

（4）分类处理目标功能，分为可继续研发的功能以及辅助获得用户需求信息的功能。

（5）转换用户需求信息，利用质量功能展开（QFD）将获得的用户需求信息转化为设计人员能够理解的技术特征，获取产品质量特征，为进一步开发做准备；对于具有进一步研究价值的目标功能，一般采用技术定律将其实施进化处理，根据目标功能的状态、相应的技术进化规律以及进化路径预测产品的发展情况，得到新的产品设计思想。

（6）按照产品创新的方向设计产品，判断是否会出现冲突。当发生冲突时，根据实际情况对冲突进行标准化处理，然后将冲突分类与相应的冲突解决原则相结合，获得相应的冲突解决原理。

（7）通过进一步优化设计，形成最终设计方案，完成产品创新设计改进。基于获得的冲突解决原理，对产品的问题进行改进设计，从中发现和解决新问题，并获得问题解决原理。

（8）基于顿悟实现原理获得产品冲突的解决方案。在获得解决冲突问题的发明原理后，根据已建立的专利数据库，对发明原理的具体实现技术进行寻找与演变，最终将解决原理转化为实际问题的解决方案。

（9）对获取的新产品进行专利侵权判定，基于判定结果进行相应的处理。

1.7 论文发表对发明专利创新性影响及相关申请策略

1.7.1 论文发表对发明专利创新性影响

论文与专利的关系是一个长期备受关注并存在的话题，因为它们之间的关系进一步反映了科学与技术之间的关系。早在 1965 年，Price 就把科学与技术视为“舞伴”，并发现尽管它们各自有着独特的知识结构，但是在打破范式时，它们是会产生相互作用的主体。Williams 指出，科学与技术之间没有直接而简单的联系，科学与技术发展之间的联系通常是非常复杂和微妙的；它们之间存在滞后性，并且相互的反馈机制也十分复杂。随着科学技术的进步和创新能力的提高，大量的科研成果以论文和专利申请的形式出现。然而，在科研成果高产出的背后，也出现了论文发表破坏了专利新颖性的情况，给企业、高校、科研院所在选择发表论文和申请专利方面造成影响。因此，有必要分析论文发表对专利新颖性影响的现状。

一种观点认为，论文发表与专利申请主要表现为替代关系，也可以说两者表现出抑制作用。申请专利行为会致使科研人员把注意力从科研转向商业活动，从而使科研的方向和资源从基础科学研究转向具有商业价值的应用研究。这种现象会造成科研成果传播的滞后问题，从而进一步阻碍创新的产生。另一种观点认为，发表论文与申请专利之间不仅没有负面影响，相反，两者可以相互促进。由于研究领域的不同和专利授予人群的不同,论文与专利之间的关系会产生不同的结果，有时会呈现促进作用，有时又会出现抑制作用。

Letdesdorff 等认为，论文发表和专利申请在生命科学和生物医学领域具有很强的互补效应，而在其他领域，如材料科学分支中的材料化学领域，则存在挤出效应，随着专利的增加，论文发表量呈下降趋势。通过研究发现：在论文与专利的关系中，论文与专利之间既有促进作用，也有抑制作用，并且因学科领域和研究对象的不同而存在差异；利用论文和专利两类科研产出数据，可以反映科技产出情况、科研评价方法，甚至可以分析研究热点和未来趋势。

论文发表将科研成果转化为现有技术，而现有技术对专利申请是否具备新颖性的判断起着决定性的作用。在实质审查过程中，专利审查员主要通过检索现有技术，形成与专利申请最为相似的对比文件；通过对比文件与专利权利要求书，判断专利申请是否具有新颖性。

其中，对比文件与专利权利要求书的比较主要从四个方面考虑：技术方案在本质上是否相同、产生的技术效果是否相同、所属的技术领域是否相同、所解决的技术问题是否相同。以上四个方面紧密联系，相互作用，共同决定了专利申请是否具备新颖性。每一项专利申请，无论其要求保护的发明创造是产品还是方法，都有特定的技术领域，需要解决一定的技术问题。每一个技术特征都是为了解决某一特定的技术问题服务的，而每一个技术问题的解决都会产生相应的技术效果。如果对比文件和专利权利要求书在上述四个方面都相同，那么该权利要求将被依法认定为不具备新颖性，专利申请也将被认定为不具备授权的可能性，这对专利申请来说是极其不利的。

每个技术方案是由一个或多个技术特征组成的，判断技术特征是否等同于对比文件是专利具备新颖性与否的核心。其中，对比文件是为判断发明专利是否具有新颖性而引用的相关文件；技术特征是一项专利申请区别于现有技术的限制条件。值得注意的是，在判断新颖性时，只有在对比文件中公开了权利要求记载的所有技术特征时，才能得出该权利要求不具备新颖性的结论。只要一项权利要求所记载的技术特征之一没有被现有技术公开，就不能认为该权利要求的内容相对于现有技术已经失去新颖性。

在实质审查中，通过对比的方式确定技术特征是否等同，进一步判断其是否具有新颖性，有着明确的步骤。首先，要从语言特征、结构以及功能等方面出发，对权利要求中的技术特征进行提炼；其次，将提炼出的专利技术特征与对比文件进行对比，即专利法单独比较的原则；再次，如果对比文件公开了权利要求中的所有技术特征，或者说权利要求和对比文件中的技术特征是等价的，那么应考虑权利要求和对比文件中的技术特征的功能和作用是否相同；最后，如果权利要求和对比文件中所有的技术特征起到的作用和效果相同，那么考虑权利要求书和对比文件在技术领域和解决技术问题上是否都相同。若以上对比内容都相同，则该权利要求不具备新颖性。

判断新颖性的基准共有四点：首先，如果申请的专利与对比文件中公开的内容完全相同，且只是简单变换了文本，那么该专利申请是不具备新颖性的；其次，如果申请专利采用上位概念限定同类性质的技术特征，而对比文件采用下位概念，那么该专利申请不具有新颖性；再次，如果申请专利与对比文件的区别仅仅是对技术领域常规手段的直接替代，那么该专利申请不具备新颖性；最后，如果所申请的专利具备连续变化的数值范围限制的技术特征，而对比文件中公开的数值范围在上述限定的技术特征的数值范围内、部分重叠或具有系统端点，那么该专利申请不具有新颖性。

1.7.2 与论文相关的专利申请策略

为了更直观地反映专利的新颖性，可以采用如下两个申请策略。

1. 构建论文专利指数的数据库

在比较分析企业、高校以及科研院所的论文和专利产出情况之前，有必要对论文发表和专利申请数据设置统一的标准。由于论文发表与专利申请数据之间存在量纲上的差异，单纯比较论文发表数量和专利申请数量，并不能反映两者之间的变化趋势和规律。因此，有必要针对不同的论文和专利数据构建统一的标准，消除原有变量量纲的影响，定量测度与展示论文发表和专利申请数据的相对变化趋势，为分析论文发表对专利申请的影响现状提供数据依据。

基于以上分析，构建的测度指标体系应符合以下三个构建原则：一是普适性原则，即所构建的指标可以应用于不同的技术领域、地区和国家，以便比较和分析不同的创新主体；二是可计算性原则，即所构建的指标应能直接从论文和专利文献中获得或通过计算得到相应的数据，从而能够定量地衡量论文和专利申请的发表情况；三是可行性原则，由于论文发表和专利申请的数据属于海量数据，应尽量选取简单的指标作为鉴定依据，如果指标过于复杂烦琐，可能导致工作量过大。

2. 合理选择研究案例

案例选择是案例研究的起点，影响研究结果的可信度。在案例研究中，样本量有限，显然随机抽样不可行，但是非随机抽样又可能导致病例选择偏差。因此，从有限的选择中筛选出具有代表性的样本是案例研究的关键。现有的研究主要通过三个特点来选取研究案例：首先，案例可以呈现出意想不到的或反主观判断的结果；其次，基于案例分析可以弥补现有理论的缺口，即从现有理论的角度无法解释该案例，或者从现有理论的角度来解释这个案例是不可能存在的；最后，这个案例可以为以前未研究过的现象提供启示。基于以上特点，本书结合自身的研究问题和研究需要，采用比较分析的研究方法选取案例研究对象。

为了满足所选内容的典型性和饱和度，案例选择主要基于以下四个原则：首先，所选案例必须是同时具有论文和专利两项科技产出能力的创新性主体，并且可以通过公共渠道获取数据，满足研究的可重复性；其次，根据理论抽样的典型性原则，选取的案例均为具有代表性或处于领先地位的龙头企业或机构；再次，为满足案例数据的充分性和稳定性，案例中的论文和专利数据必须满足时间序列要求；最后，根据排除其他可能解释的原则，所有案例都应该是中国境内的企业和科研机构，具有相同的制度环境，受同样的法律法规约束。上述原则有助于挖掘和分析案例，从而能对论文发表对专利新颖性的影响情况有更全面的了解。

1.8　基于技术预见的新发明专利挖掘技术

技术预见是在早期技术预测的基础上演变和发展而来的，随着理论研究和实践探索的不断推进，又各自拓展了内涵边界和适用范围，所以说技术预见和技术预测是两个既一脉相承又彼此区别的概念，要充分理解技术预见的背景和内涵，就必须将其前身技术预测看成技术预见发展史的一部分。

技术预测最早可以追溯到 20 世纪 20 年代，出于军事竞争的直接目的，技术预测相关活动在 40 年代迎来了第一个发展的高峰，当时美军首次采用技术预测方法研究了军事技术在 20 年后的发展情况。在 50～60 年代美苏冷战时期，技术预测的研究和实践推广迎来了第二次发展高潮，促进了通信、航天、电子等新兴科研领域的出现，之后的 70 年代，技术预测方法逐渐发展并成熟起来。

随着技术预见在社会经济发展中的主导作用不断增强，美国、日本等发达国家在科技发展的政策制定时尝试运用技术预见，并逐步向世界推广，总体来说，技术预见经历了一个起源于美国、欧洲和日本逐步改进以及各国纷纷开始应用的发展过程。美国国家情报委员会（NIC）发布了三个版本的全球技术革命报告。2014 年，全球领先的信息提供商汤森路透集团利用专利数据库搜索以及现有科学文献分析研究动态，发表了《2025 年的世界：十大创新预测》，报告指出了量子传输、生物纳米、太阳能、数字化等十个领域未来可能会有重大突破。英国在 2010 年启动了“技术和创新未来项目”（TIF），主要目的是探索能够促进英国未来长期可持续发展的科技领域。在最新版的 2017 年报告中，预测分析了 50 多种技术市场前景。日本于 1971 年启动了“技术展望调查”项目，预测未来 30 年的科技发展方向，为制定与实施国家科技政策和计划提供重要参考信息，预见结果每 5 年发布一次，近年来发布的预见报告，与以往相比，更加侧重于问题导向，方法也在不断创新。俄罗斯的技术预见活动起源于 1990 年，在 2007 年，俄罗斯联邦教育与科学部启动了“2025 年科技发展预见项目”，主要分为工业预见、技术预见和宏观经济预见三个部分，在 2008～2009 年发布了第二份报告，分析了经济和技术领域的发展状况，并对全球经济的未来市场进行了进一步的评估。

有关技术预见的理论支撑需要回归到技术的特性：

（1）技术发展呈现出来的某种“轨迹性”，使得未来技术在一定程度上是具有可知性的，技术预测也就具有了可能性。技术的发展是一个积累的过程，一项新的专利、设计或程序所代表的技术均将不断丰富现有的技术元素储备，成为推动未来下一次技术革命中不可或缺的组成部分。因此，技术进步可以理解为某种技术发展路径上的开拓和延伸。同时，每一项具体技术或技术系统本身的发展一般都具有周期性，表现为孕育、成长、成熟、稳定和消亡，即技术具有生命周期性。技术发展呈现出的轨迹性和路径依赖性，使得现有技术成为未来技术创新的基础格局，基于这一已知基础，未来新技术的不同发展方向呈现出了不同的可能性，而不再是完全随机的。

（2）技术具有的“社会性”使技术预见成为可能。技术从来不是一个完全自主发展、独立于社会体系之外的课题，技术领域的事物均为人为创造的结果，人的意志必然会影响技术的发展，使得技术的发展符合人类所设立的目标。因此，技术活动包含在人类社会活动中，每一项特定的技术活动都对应着特定的人类社会的既定目标。技术诞生于人类社会，在社会中成长，最终又会产生一定的影响社会的成果。

（3）未来技术的“可塑性”使得被关注的技术方向具有一定的可实现性。技术预见作为实践活动的一种，服务和体现的是人类的意愿和意志。它是人们对未来技术发展达成共识的过程，并朝着所形成的共同愿景方向开展技术创新活动来改造这个世界，反映了人类对未来的主动塑造。人们实现愿景分为三个阶段，即认知、评价和行动。反映在技术领域，即技术认知、技术评价和技术选择，这三个阶段都能反映出人的主观能动性在新技术实现的时间、方法和程度中的重要作用。技术认知必须基于特定的情境，某一技术能否实现以及它对社会的影响如何，这些答案只能在特定的情况下给出，而情境包括政治、经济、文化等客观因素和人们对某种技术的态度和情感等主观因素。技术活动是人类有特定目的的社会活动，必然具有一定的价值，判断这个价值也称为技术评价。技术评价需要综合考虑不同社会群体的价值诉求，这是未来技术共识形成的基础。技术选择体现在技术信号捕获、创新、发展轨迹、再创新的整个过程中，信号捕捉和创新发明为我们提供了技术发展的各种可能性，而人们的选择则决定了某种可能性是否会成为我们努力的目标。因此，技术选择体现了科学家、企业家、政治家以及公众在技术发展中的主观能动性和主动性对未来技术发展方向的重要作用，技术选择可以说是社会需求和人们个人意愿的综合体现。

所有专利都有一个相对通用的结构用以提供特定的信息，一份完整的专利文献由外部的结构化特征数据以及内部的非结构化特征数据组成。专利文献编写规范确定外部的结构化特征数据，主要包括专利号、申请编号、申请日期、授予日期、专利分类号等。内部的非结构化特征数据是专利申请人撰写的文本部分。分析专利文献是了解和把握创新动态和趋势最有效的方法之一，进行分析的两个主要方向是基于数字属性的统计分析以及基于文本属性的价值挖掘，前者属于文献计量学的研究领域，后者则属于数据挖掘领域的研究内容。初始专利分析主要是基于数字属性对专利文献外部的结构化数据进行统计分析，如根据数据日期信息统计专利申请量或授权量随时间的变化情况，来研究某一领域的研究热点和技术成熟度；利用对申请人的统计分析来确定主要创新主体；统计分析专利生效的国家来确定某一领域的专利在全球的分布情况。

基于数字属性的统计分析可以从宏观上提供创新活动的热度和趋势等信息，但普遍的缺点是缺失了高价值的非结构化专利文献的文本信息，无法深入专利文本内容进行深入的专利创新信息挖掘，而专利文本中对创新方案的详细描述才是最有价值的部分，也是洞察创新可行性和可能性的基石。因此，越来越多的研究开始关注能够深入挖掘专利文本内容的专利文本挖掘方法。专利文本挖掘是指将数据挖掘、信息检索等方法相结合，将非结构化专利文本转化为结构化专利文本，以达到挖掘潜在数据模式、内在联系和发展趋势的目的。专利文本挖掘提高了专利技术信息挖掘的深度和精度，它是分析和发现新技术的有效手段，也是目前研究的热点。专利文本挖掘的核心环节主要包括专利文献的选取、原始信息的提取和加工、价值信息的挖掘、将有用信息呈现给受众。

第 2 章　发明创造性判断的依据及审查答复策略

2.1　创造性争辩的概述

2.1.1　专利法中创造性争辩的解读

在评价一项发明是否具有创造性时，审查人员一般会遵循《专利审查指南》（2010）中第二部分第四章 3.2 节规定的“三步法”：

（1）确定最接近的现有技术；

（2）确定发明的区别技术特征和发明实际解决的技术问题；

（3）判断要求保护的发明对本领域的技术人员来说是否显而易见。

审查员按照上述方法对其审查的发明创造的创造性进行评价，在发出第一次审查意见通知书同时，写出审查意见通知书的正文，通常采用标准格式和语句，例如，“权利要求 1 公开了一种……并具体公开了以下技术特征……对比文件 1 公开了一种……并具体公开了以下技术特征……并指出两者的相互对应之处。对权利要求 1 所要求保护的技术特征与对比文件 1 所公开的技术特征进行比对，指出权利要求 1 的区别技术特征在于：①…；②…；③…。基于区别技术特征①，对比文件 2 公开的……并且上述区别技术特征①在对比文件 1 及本发明中所起到的作用相同，都是为了……也就是说对比文件 2 给出了将该区别技术特征①用于对比文件 1 以解决其技术问题的启示；基于区别技术特征②，对比文件 2 虽然没有公开相应的技术特征，但该技术特征是本领域技术人员惯用的技术手段或常规选择；基于区别技术特征③，这是教科书、工具书中披露的公知常识；……由此可见，在对比文件 1 的基础上结合对比文件 2 得出权利要求 1 所要求保护的技术方案对本领域技术人员来说是显而易见的，因此该权利要求所要保护的技术方案不具备突出的实质性特点和显著的进步，不具备专利法第二十二条第三款规定的创造性。”

同时，在判断独立权利要求不具有创造性的前提下，必须对其他从属权利要求逐一进行判断，通常采用标准格式和语句，例如，“权利要求 2 对权利要求 1 做了进一步限定。而限定部分的技术特征……已经被对比文件公开，且其在对比文件中所起的作用与其在本发明中所起的作用相同，都是用来……这是本领域技术人员最常用的技术手段，本领域技术人员不需要付出创造性的劳动就能够得到。因此，在其引用的权利要求不具备创造性的情况下，该从属权利要求也不具有突出的实质性特点和显著的进步，因而不具备创造性。”

2.1.2 创造性争辩的大体策略

专利申请人在认真阅读和分析审查意见通知书时，首先必须充分理解审查意见，确定审查员的倾向性意见，然后采取相应的对策，为专利申请人的发明创造取得专利权进行反驳争辩，因为虽然审查员对权利要求做出了不具备创造性的判断，但并不意味着他一定会坚持自己的意见。通常可以从以下几个方面进行争辩：

（1）从本发明的目的出发，特别是要解决的实际技术问题、技术特征构成的装置的结构和取得的有益效果等方面，对审查员提供的对比文件中公开的技术方案是否可以被视为本发明最接近的现有技术提出质疑，并且否定审查员确定的最接近的现有技术，对本发明创造性的判断可能会产生另外的结果。

（2）一般而言，认可审查员指出的最接近的现有技术（即对比文件 1）和提供的其他对比文件，从现有技术的角度，首先分析本发明技术方案的技术特征，然后研究审查意见中对于最接近的现有技术与本发明技术方案的技术特征的比较是否正确，最后确定审查员确定的区别技术特征是否正确。如果区别技术特征的认定是正确的，那么还可以从该区别技术特征在本发明中所发挥的作用不同，特别是所要解决的实际技术问题不同、所获得的技术效果也不同等方面进行争辩，因为专利申请人对自己发明创造的技术方案有更好的理解，应该有更多的发言权。若否定审查员对区别技术特征的认定，则需要重新挖掘本发明与现有技术真正的区别技术特征，并论述包含这些区别技术特征的权利要求并不是显而易见的，也不是本领域技术人员擅长的技术手段或公知常识。

（3）对独立权利要求的前序部分和特征部分进行重新确定，对新的独立权利要求与现有技术的区别进行重新确定，特别是原独立权利要求中采用上位概念概括的技术特征，可将从属权利要求写入独立权利要求中，并论述将区别技术特征应用于对比文件 1 而得到的权利要求对本领域技术人员来说不是显而易见的。

（4）将说明书记载的其他区别技术特征写在独立权利要求中，以阐明本发明要解决的技术问题或者改变本发明要解决的技术问题。由于本发明的任何技术效果都可以作为重新确定该技术问题的依据，只要本领域技术人员能够从本申请说明书所描述的内容中了解该技术效果，那么就可以论述修改后的独立权利要求具有创造性的理由。

（5）当无法反驳“确定最接近的现有技术”和“确定发明的区别技术特征和发明实际解决的技术问题”两个方面时，可以删除发明的主题，保留其他具有专利性的主题，或者干脆放弃答复争辩。

具体来说，主要是对独立权利要求与对比文件中公开的技术方案进行对比分析，找出争议的依据。总体来说，不同的案件具有不同的实际情况，不同的专利申请人或者代理人针对审查员的意见也会采用不同的答复方式。

例如，本书选取的一项案例中，审查员认为发明专利申请的所有权利要求都不具备专利法第二十二条第三款规定的创造性，且专利申请中没有可以授予专利权的实质性内容，若专利申请人没有陈述理由或者理由不充分，则该申请将被驳回。对此，专利申请人，尤其是专利代理人，不应认为审查员的结论性意见不能改变，从而轻易地放弃。特别是，虽然审查员在正文中完全否定了权利要求书的创造性，但也指出权利要求书中的某些保护范围不清楚、保护范围难以界定、存在不同的理解等，这也许是审查员的某些暗示，其实并不意味着审查员一定会坚持自己的意见。相反，审查员希望与专利申请人或专利代理人交流意见，探讨某些技术和法律问题，以达成一定程度的共识。因此，专利申请人或者专利代理人应当认真修改权利要求书，合理、有利、有节地陈述意见，积极地争取专利权，同时应该争取更大的专利保护范围。

2.2 “三步法”评判创造性的审查答复策略

2.2.1 答复审查意见中“区别技术特征过多”的技巧

在“三步法”的第二步中，审查员主要确定发明的区别技术特征和根据区别技术特征实际解决的技术问题。区别技术特征是通过将本发明与最接近的现有技术进行比较得来的，确定区别技术特征就是找出差别和不同，通过这些差异的集合反映本发明相对于最接近的现有技术可以实现的创新之处。但是，权利要求中所述的技术方案均是由多种技术特征组成的，这些技术特征之间具有一定的关联性，在比较创造性评论中的区别技术特征时，一方面，容易造成技术特征的割裂、零散化、孤立化，忽视了技术方案作为整体所解决的技术问题，使创造性评判进入误区；另一方面，当有许多区别技术特征时，很容易产生具有创造性的假象，这就要求审查员对发明构思进行整体把握，通过对本发明与现有技术方案的总体比较，更准确地把握创造性。专利申请人或者专利代理人在答复审查意见时，可以从审查员创造性审查中容易出现的两个问题入手，有效回答“区别技术特征过多”的难题。

审查员在评判创造性时，对于冗长的权利要求，在特征比较之后必然会找到许多区别技术特征。此时，申请人不应简单地认为具有较多的区别技术特征就具有创造性，而应考虑区分技术特征对于解决技术问题的重要性。在明确发明构思的基础上，首先解读权利要求，对权利要求中技术特征的优先关系进行把握。当然，在比较审查员的“最接近的现有技术”后，专利申请人的审查答复还需要有层次地概括答复主要区别技术特征和次要区别技术特征，对于那些与发明构思无关或贡献不大的次要区别技术特征弱化考虑，以避免产生创造性的假象。简而言之，区别技术特征的数量不是判断创造性的标准，应当从发明构思的角度出发，对其整体进行考量和把握。围绕发明创造性的构思进行答复，有助于审查员理解权利要求书的技术方案，准确认定区别技术特征。

整体进行考量与把握，有助于审查员理解权利要求的技术方案，从而有利于准确认定区别技术特征。

2.2.2　答复审查意见中“实际解决的技术问题”的技巧

一项发明包括技术特征和非技术特征。就整个技术方案的技术特征而言，它分为区别技术特征和相同技术特征。我国的《专利审查指南》中明确规定，确定区别技术特征以进一步确定发明拟解决的技术问题与所能达到的技术效果，从而判断发明专利的创造性为目的。发明专利实际解决的技术问题的认定在创造性判断中起着承上启下的关键作用，技术启示应以发明实际解决的技术问题为导向，同时，发明所要解决的技术问题是如何改进现有技术的出发点，因此所要解决的技术问题也是提出具体发明构思的关键点,这也是确定发明技术贡献的重要依据。在实践中，专利申请人或专利代理人可以从以下两个方面做出回应。

首先，当一个区别技术特征能够达到多种技术效果时，实际解决的技术问题的答复不能主观随意，答复应从发明专利的整体创新性入手。这里的整体有两层含义，一是把发明作为一个整体，即一个小整体；二是把现有的技术作为一个整体来看待，即大整体。无论是小整体还是大整体，都不能随意截取或割裂。有时在答复时，可以回到申请日之前，利用本领域其他技术人员的眼光，客观地找出最近的现有技术中是否存在缺陷，然后找到解决现有技术缺陷的技术手段，完成还原发明的过程。

其次，对于实际解决的技术问题的答复，应区分技术效果的重要程度和先后顺序，然后根据技术效果在本领域的重要性来确定哪个技术效果是确定技术问题的基础。在以上技术效果确定的基础上，再看审查员提出的相应的技术问题。在答复时，经常会出现这样的情况：申请文件记载的区别技术特征可以达到效果 A，对比文件 1 没有公开该区别技术特征，而对比文件 2 记录了区别技术特征可以达到效果 B。此时，审查员可能会提出一个技术难题，并直接认为本申请在对比文件 1 的基础上实际解决的技术问题是 B。专利答复人可以采用还原发明的方法，将答复重点放在：确定实际解决的技术问题的关键是确定区别技术特征在本申请技术方案中的作用，而不是确定该区别技术特征在对比文件中所起的作用。从这个想法出发，有时可能会达到意想不到的答复效果。

2.2.3 答复审查意见中“是否显而易见”的技巧

实际上，在处理专利实质审查与答复的过程中，经常会遇到下列情况，即公知常识、常用、常规、惯用技术、设计手段、有限次实验即可得到、本领域的普通技术人员容易想到、本领域普遍需求及设计、对于本领域的技术人员来说是显而易见的、并不需要创造性的工作、本领域技术人员可以通过常规方法自行选择和设置的、将……用于……并没有技术障碍等被认为是显而易见的。

将“是否显而易见”作为评判标准本身就具有一定的主观性，由于审查员在审查过程中首先看到的是专利技术方案，这就很容易将“可能性”视为“容易”，从而产生“事后诸葛亮”的错误。既然发明者能想到，那么普通技术人员朝这个方向思考一定会想到，这是逻辑思维的正常趋势，这种逻辑趋势被直接定位为“容易想到的”，并被用来否定发明专利技术解决方案的创造性。

在《专利审查指南》中，规定“容易想到的”可能是具有创造性的，而“显而易见”则不具有创造性。事实上，将创造性判断的客观性主观化，这会抹杀创新。如果没有客观依据，也没有根据《专利审查指南》来判断创造性，那么任何区别技术特征都可以定义为“容易想到”，专利授权的前提是必须充分公开，所有技术特征或组合成技术特征的部分已经存在于现有技术中，否则，没法充分公开。因此，审查员用主观的“容易想到”来阐述所有的区别技术特征，那么专利就不复存在了。事实上，真正地认识法律概念的创造性，越是伟大的发明越是相对简单，与现有技术的差距越小的技术，可能的市场就越大，但是审查员就越容易认为它是“容易想到的”，使得大量的创新专利申请被扼杀，仅仅是因为对创造性这个法律概念的理解不准确。也就是说，在处理“是否显而易见”的审查答复时，专利申请人或专利代理人应当从评判是否存在一定程度的主观性入手，详细描述和答复发明的整体创新性。

2.3 权利要求的调整与改进技巧

在主权利要求调整前，专利申请人或者代理人必须对申请书、对比文件的技术内容和审查意见通知书有充分理解，然后仔细核对审查意见通知书中所列出的对比文件公开的特征和区别是否有遗漏、偏差等情况。如果专利申请人或专利代理人能够准确把握事实，发现并指出审查员审查意见通知书中存在的事实不适当的地方，审查员随后的审查意见将重新考虑本申请的创造性，这样，即使复审意见仍然认为该申请不具有创造性，也能为申请人后续再次陈述意见创造机会。

从理论上讲，最好对实质性主权利要求进行调整，这样能够有效降低被直接驳回的风险。在答复发明专利审查意见通知书时，修改申请文件不是必需的，如果申请人确信审查员发出的通知书有误，那么不需要修改申请文件，可以只陈述意见。但是，由于申请人和审查员对现有技术的认识和对专利法规的理解是不同的，申请人陈述的意见在审查员看来可能不具有说服力。若申请人未在第一次审查意见通知书规定的期限内对通知书中所列可反驳的缺陷提出令人信服的意见陈述或证据，也未就该缺陷修改申请文件，只是改正了错别字或者改变了表述方式，但是技术方案没有实质性改变，则审查员可以直接做出驳回的决定。在答复第二次和第三次复审通知时，若未作实质性修改，也未提供令人信服的意见或证据，则更是可以驳回申请。可见，只是对陈述意见的答复，会使专利申请面临直接被驳回的风险更大。因此，在答复通知书时，最好对主权利要求进行实质性修改，以降低这种风险。当然，对于没有授权前景的专利申请，无论做什么样的修改，最终都会被驳回。

2.4　审查答复中修改文本是否超范围的判断与相关技巧

申请人在答复发明专利审查意见通知书时，通常需要修改专利申请文件，使其符合《专利法》及《中华人民共和国专利法实施细则》(以下简称专利法实施细则)的有关规定。专利法第三十三条规定，申请人对其专利申请文件的修改不得超出原说明书和权利要求书记载的范围。但事实上，专利申请人在答复通知时提交的修改文本往往不符合上述规定，原因可能是申请人不熟悉或者未真正理解专利法及专利法实施细则的相关规定，将针对通知书的答辩焦点侧重于新颖性和创造性上，而对修改后的文本是否超出范围没有给予足够的重视。鉴于此，在答复通知书时，要充分注意修订文本是否超出范围的问题，首先要确保修订不超出范围。这里给出以下提醒和建议。

专利法第三十三条中的“原说明书和权利要求书记载的范围”具有以下含义：①原说明书和权利要求书文字记载的内容；②基于原说明书和权利要求书记载的内容和说明书中的附图可以直接、毫无疑问地确定的内容。此外需注意，专利法第三十三条的“原说明书和权利要求书记载的范围”与第二十六条第四款的“说明书公开的范围”不同，后者不仅包括了前者，还包括根据说明书中记录的信息概括得出的内容。因此，根据专利法第二十六条第四款的规定，允许原权利要求的某些内容是对原说明书内容的适当概括，但对于以后的修改，根据专利法第三十三条的规定，不允许增加概括得出的内容。

审查答复中的修订文本超出范围的情况有很多，这里仅提出以下三种容易被忽视而产生的错误答复：

（1）将原说明书和权利要求书中记载的技术特征进行重新组合，形成原说明书和权利要求书中没有记载的，本领域技术人员不能直接、毫无疑问地确定的新技术方案，该修改文本超出范围。在对审查意见通知书中指出的新颖性、创造性或者其他缺陷做出答复时，如果修改是在独立权利要求中增加某项从属权利要求的附加技术特征，那么应注意核对引用该独立权利要求的其他从属权利要求是否随之增加了该附加技术特征，而致使这些技术特征重新组合形成新的技术方案。

（2）从申请中删除某个或某些特征，可能会导致修改后的文本超出范围。若删除的特征与其他特征之间具有协同作用、相互关联或相互支持，则删除该特征将产生原说明书和权利要求中未记载的各技术特征之间的新组合，导致修改后的文本超出范围；若删除的特征与其他特征并不相互关联且相对独立，但是由原说明书和权利要求书可知，该特征是本发明的必要技术特征，则删除该特征的修改仍然是超范围的。

（3）关于在本发明申请日前尚未公开的物质的固有特性，由于本领域技术人员在申请日前根本无法认定，所以它们不属于“直接地、毫无疑义地确定的内容”，将其添加到申请文件中仍然会导致修改超出范围。

2.5　发明专利创造性问题答复方法论的构建

在方法论层面来论述发明专利的创造性，主要涉及下面两个方面：

（1）注意避免前后矛盾、明显错误不当的陈述意见。在实际审查过程中，申请人陈述的意见往往与申请文件记载的内容或本领域的常识相矛盾。这一错误的出现可能是由于专利代理人对该技术不太了解，或没有仔细阅读和理解申请文件，对说明书中的某个词断章取义。这使得所陈述的意见不具有说服力。如果专利申请人在答复通知书时陈述的意见不具有说服力，反而会使审查员认识到该申请可能存在未被指出的其他实质性缺陷，这些缺陷通常包括独立权利要求缺乏解决其技术问题的必要技术特征，以及权利要求没有以说明书为依据等。

在实际审查中，有时还会发现申请人在多份意见陈述书中前后陈述的意见是相互矛盾的，这很可能是由于多次陈述意见间隔时间比较长，而申请人根据审查员所发通知书改变了观点，但没有核对之前的意见陈述内容。这种情况会使申请人自己的一些意见印证了审查员论证的正确性，导致专利申请面临被驳回的风险。

（2）注意有针对性地答复涉及新颖性、创造性的审查意见。新颖性和创造性缺陷，特别是创造性缺陷，是发明专利审查意见通知书中涉及频率最高的缺陷。在答复新颖性和创造性缺陷时，避免使用“没有公开”和“无法结合”之类空洞的套话。针对新颖性缺陷，应核实引用的对比文件日期、内容以及审查员进行的特征对比是否正确。对于创造性缺陷，还应首先进行上述核实工作，在质疑对比文件的事实认定、公知常识认定、对比文件的结合启示等问题时，应从技术领域、技术方案、技术问题和技术效果等方面结合实际案情进行有理有据的陈述。特别要注意申请中技术方案的内在实现原则与对比文件是否相同，若两者不同，则所要解决的技术问题似乎是相同的，该对比文件可能未给出结合启示。

第 3 章　材料类发明专利申请、答复案例与相关技巧

3.1　案例 1：一种刀具用高耐磨合金材料及其制备方法

案例 1 是关于一种刀具用高耐磨合金材料及其制备方法的材料类发明专利申请过程。该专利申请时提交的权利要求书和说明书原文如下所示。

发明名称：一种刀具用高耐磨合金材料及其制备方法

权 利 要 求 书

1. 一种刀具用高耐磨合金材料，其特征在于：该合金材料的原料由基料、基料重量 6%～8%的晶粒细化剂和基料重量 4%～5%的增强剂组成，其中，按照重量比，基料由 55～60 份纳米碳化钛、8～12 份纳米氮化钛、12～14 份碳化钨、7～9 份碳化铌、5～7 份铜粉和 3～5 份钴粉组成，晶粒细化剂由 5～7 份碳化铬、4～5 份硼化锆、2～3 份氧化铈、1～2 份碳化钼和 1～2 份氮化镁组成，增强剂由 12～16 份纳米晶勃姆石、4～6 份氮化锰和 2～3 份氮化铝混合而成。

2. 根据权利要求 1 所述的一种刀具用高耐磨合金材料，其特征在于：所述晶粒细化剂中还含有 1～2 份碳化铍。

3. 根据权利要求 1 所述的一种刀具用高耐磨合金材料，其特征在于：所述增强剂中还含有 0.5～1 份纳米碳化硅。

4. 根据权利要求 1 所述的一种刀具用高耐磨合金材料的制备方法，包括以下步骤：

（1）按照权利要求 1 的比例分别称取各材料混合磨粉，并在氢气氛围中还原得到贫碳合金粉末，再将贫碳合金粉末压制成型后真空烧结，从而得到预烧结基体。

（2）对得到的预烧结基体在氢气氛围中 1480～1500℃渗碳处理 110min，得到渗碳后的硬质合金材料。

（3）将渗碳后的硬质合金材料放入模具中进行烧结，从而得到产品。其特征在于，在将渗碳后的硬质合金材料放入模具中烧结之前，预先在模具的内壁涂覆一层保护涂料，该保护涂料由有机基体、有机基体重量 5%～7%的钛白粉以及有

机基体重量 12%～16%的添加剂混合而成，其中，添加剂由石墨、碳化硅粉和硼化锆以 1∶5∶10 的重量比混合而成，有机基体由氯磺化聚乙烯、聚氧丙基甘油醚、醋酸乙酯、羧甲基纤维素、正丁醇和吐温-80 以 8∶6∶35∶4∶12∶7 的重量比混合而成。

5. 根据权利要求 4 所述的一种刀具用高耐磨合金材料的制备方法，其特征在于，所述烧结为多段式烧结，具体步骤如下：

（1）在 300MPa 压力下，以 40℃/min 的升温速率升至 150℃，并在该温度下保温 30min。

（2）保持该压力，以 40℃/min 的升温速率升至 400℃，并在该温度下保温 30min。

（3）将压力增至 500MPa，以 110℃/min 的升温速率升至 800℃，并在该温度下保温 90min。

（4）将烧结压力调至 280MPa，以 40℃/min 的升温速率升至 1100℃，并在该温度下烧结 5min。

（5）以 50℃/min 的冷却速率降温至 300℃，然后随炉冷却至室温即完成烧结。

6. 根据权利要求 4 所述的一种刀具用高耐磨合金材料的制备方法，其特征在于：所述步骤（1）中将各材料混合磨粉是指将各材料混合后加入球磨介质进行湿磨，湿磨完成后将料浆进行过滤，然后采用喷雾干燥器进行雾化干燥，最后得到的粉末粒径不超过 4μm；其中，球磨介质为乙醇和丙酮等体积混合，且球磨介质与各材料的原料液固比为 400～600mL/kg，球磨的球料比为 4～6∶1。

7. 根据权利要求 4 所述的一种刀具用高耐磨合金材料的制备方法，其特征在于：所述步骤（1）在氢气氛围中还原时，还原温度为 1100℃，还原时间为 60～70min。

8. 根据权利要求 4 所述的一种刀具用高耐磨合金材料的制备方法，其特征在于：所述步骤（1）中将贫碳合金粉末压制成型后真空烧结是指，先将贫碳合金粉末在 240MPa 的压力下压制成型，然后在温度为 1500℃、真空度为 1×10^{-5}Pa、压力为 20MPa 的条件下烧结 80min。

说　明　书

技术领域

本发明涉及合金材料领域，具体来说是一种刀具用高耐磨合金材料及其制备方法。

背景技术

刀具作为切削过程的直接执行者，在工件的切削加工过程中不可避免地存在着磨损和破损等现象，特别是在高速切削中，刀具的磨损尤为严重。在处理高速难加工材料时，由于切削温度很高，刀具的扩散磨损成为刀具的主要磨损机理之一。

磨损后的刀具寿命急剧下降，工件表面粗糙度上升，工件的尺寸往往会超出设计公差。虽然及时换刀可以解决部分工件精度不足的问题，但对于加工航空航天、新型模具等难加工材料，特别是涉及国防要求的大型或精密零件时，过频的换刀会增加整体零件的重复定位误差，达不到设计要求。

硬质合金应用于制造业的加工刀具，具有硬度高、良好的高温性能和优秀的耐磨性能，号称工业的牙齿，作为金属切削用合金随着组分变化衍生出针对各种材质的牌号。

碳化钨基硬质合金由于其高强度、高硬度、高耐磨性和高红硬性，被广泛用作切削刀具、矿山工具和耐磨零件等，从冲击韧性和耐磨性综合要求方面，低钴粗晶粒合金结构能满足这种要求。但是目前我国对金属陶瓷在性能方面的改进仍不理想，现有金属陶瓷的洛氏硬度和抗弯强度仍有待进一步提高。

发明内容

本发明的目的是提供一种刀具用高耐磨合金材料及其制备方法，该合金材料中加入了晶粒细化剂，从而在烧结时抑制了晶粒的生长，提高了硬质合金的硬度和耐磨性，同时，其中添加有增强剂，也能够进一步提高合金材料的强度和耐磨性能。

本发明为实现上述技术目的所采用的技术方案为：一种刀具用高耐磨合金材料，该合金材料的原料由基料、基料重量6%～8%的晶粒细化剂和基料重量4%～5%的增强剂组成，其中，按照重量比，基料由55～60份纳米碳化钛、8～12份纳米氮化钛、12～14份碳化钨、7～9份碳化铌、5～7份铜粉和3～5份钴粉组成，晶粒细化剂由5～7份碳化铬、4～5份硼化锆、2～3份氧化铈、1～2份碳化钼和1～2份氮化镁组成，增强剂由12～16份纳米晶勃姆石、4～6份氮化锰和2～3份氮化铝混合而成。

所述晶粒细化剂中还含有1～2份碳化铍。

所述增强剂中还含有0.5～1份纳米碳化硅。

上述刀具用高耐磨合金材料的制备方法，包括以下步骤：

（1）按照上述比例分别称取各材料混合磨粉，并在氢气氛围中还原得到贫碳合金粉末，再将贫碳合金粉末压制成型后真空烧结，从而得到预烧结基体；

（2）对得到的预烧结基体在氢气氛围中 1480～1500℃渗碳处理 110min，得到渗碳后的硬质合金材料；

（3）将渗碳后的硬质合金材料放入模具中进行烧结，从而得到产品。

在将渗碳后的硬质合金材料放入模具中烧结之前，预先在模具的内壁涂覆一层保护涂料，该保护涂料由有机基体、有机基体重量5%～7%的钛白粉以及有机基体重量 12%～16%的添加剂混合而成，其中，添加剂由石墨、碳化硅粉和硼化锆以 1∶5∶10 的重量比混合而成，有机基体由氯磺化聚乙烯、聚氧丙基甘油醚、醋酸乙酯、羧甲基纤维素、正丁醇和吐温-80 以 8∶6∶35∶4∶12∶7 的重量比混合而成。

所述烧结为多段式烧结，具体步骤如下：

① 在 300MPa 压力下，以 40℃/min 的升温速率升至 150℃，并在该温度下保温 30min；

② 保持该压力，以 40℃/min 的升温速率升至 400℃，并在该温度下保温 30min；

③ 将压力增至 500MPa，以 110℃/min 的升温速率升至 800℃，并在该温度下保温 90min；

④ 将烧结压力调至 280MPa，以 40℃/min 的升温速率升至 1100℃，并在该温度下烧结 5min；

⑤ 以 50℃/min 的冷却速率降温至 300℃，然后随炉冷却至室温即完成烧结。

所述步骤（1）中，将各材料混合磨粉是指，将各材料混合后加入球磨介质进行湿磨，湿磨完成后将料浆进行过滤，然后采用喷雾干燥器进行雾化干燥，最后得到的粉末粒径不超过 4μm；其中，球磨介质为乙醇和丙酮等体积混合，且球磨介质与各材料的原料液固比为 400～600mL/kg，球磨的球料比为 4～6∶1。

所述步骤（1）中，在氢气氛围中还原时，还原温度为 1100℃，还原时间为 60～70min。

所述步骤（1）中，将贫碳合金粉末压制成型后真空烧结是指，先将贫碳合金粉末在 240MPa 的压力下压制成型，而后在温度为 1500℃、真空度为 1×10^{-5}Pa、压力为 20MPa 的条件下烧结 80min。

本发明与现有技术相比，具有以下优点：

（1）本发明采用碳化铬、硼化锆、氧化铈、碳化钼和氮化镁共同组成晶粒细化剂，其中，氧化铈能够固溶到钴相中，起到抑制晶粒长大的作用，而且铈元素相比较于其他元素更活泼，能够与合金中的杂质元素结合，从而起到净化晶界、消除部分缺陷的作用；渗碳过程中，氧化铈可以减缓钴相中碳化钨的溶解析出，进而大大减缓了碳化钨晶粒的长大，这为制备高性能硬质合金提供了必要条件。渗碳过程中，添加氧化铈的合金晶粒仍然较未添加合金更为细小，所以最后形成的合金表层晶粒较为细小；同时细小的晶粒促进了渗碳反应的进行，更多的钴向硬质合金内部迁移，使得表层低钴、晶粒细小，进而提高了硬质合金表层的硬度。

（2）碳化铬、硼化锆、碳化钼和氮化镁不仅能够起到抑制晶粒长大的作用，而且硼化锆和氮化镁的加入，还可以提高合金材料的高温切削硬度和耐磨性。

（3）增强剂中的纳米晶勃姆石煅烧生成分散状态的纳米氧化铝粉，这些纳米氧化铝粉包覆在碳化钨颗粒表面形成了一层薄膜，该薄膜抑制了碳化钨晶粒的长大，起到了细化晶粒的作用；而且分散态的纳米氧化铝能够弥散在基体中，起到固溶强化的作用，提高了合金材料的强度和耐磨性；其中含有的氮化铝是一种高温下稳定的化合物，其具有有效隔绝硬质相中 Ti、N、C 原子向外扩散的作用，从而有效抑制 Ti、N、C 原子在黏结相中的溶解和析出，降低了高温下生成的碳氮化钛在黏结相中的溶解度，减少碳氮化钛在黏结相中溶解析出再长大导致的 N 分解，增强碳氮化钛的稳定性，使碳氮化钛晶粒得到细化，提高合金材料的硬度和强韧性。

（4）本发明中纳米氮化钛的加入可显著提高金属陶瓷的综合力学性能，纳米氮化钛在黏结相中的溶解占位而降低了硬质相在黏结相中的溶解度，由此使硬质相的晶粒得到细化；纳米氮化钛对位错起钉扎作用，造成金属陶瓷中位错不易运动而使屈服强度增高；纳米氮化钛易在黏结相中溶解，其剩余的钛对黏结相金属起固溶强化作用。

（5）本发明通过在烧结的模具中预先涂覆一层保护涂料，该保护涂料以氯磺化聚乙烯、聚氧丙基甘油醚、醋酸乙酯、羧甲基纤维素、正丁醇和吐温-80 形成有机基体，有机基体的存在，不仅使钛白粉和添加剂能够均匀地附着于烧结材料的外表，而且在高温下，能够作为一部分碳源来弥补烧结过程中碳的不足，从而平衡最终产品的碳含量，有助于提高产品的力学性能；添加剂中含有的碳化硅和硼化锆也能够在高温下参与合金材料的烧结，从而增强合金表层的强度、硬度和耐磨性。

（6）本发明制备的合金材料的硬度最高可达到 HRA112.7，抗弯强度最高可达 3017N/mm^2，具有良好的耐磨损性能，从而可以有效延长所加工刀具的寿命以及提高刀具的切削效率。

具体实施方式

下面结合具体实施例对本发明做进一步的阐述。本发明所用的碳化钨、碳化铌、铜粉、钴粉、碳化铬、硼化锆、氧化铈、碳化钼、氮化镁、氮化锰和氮化铝等原料均为超细粉末，其细度一般不超过 20μm。

1. 实施例 1

一种刀具用高耐磨合金材料，该合金材料的原料由基料、基料重量 6%的晶粒细化剂和基料重量 4%的增强剂组成，其中，按照重量比，基料由 55 份纳米碳化钛、8 份纳米氮化钛、12 份碳化钨、7 份碳化铌、5 份铜粉和 3 份钴粉组成，晶粒细化剂由 5 份碳化铬、4 份硼化锆、2 份氧化铈、1 份碳化钼和 1 份氮化镁组成，增强剂由 12 份纳米晶勃姆石、4 份氮化锰和 2 份氮化铝混合而成。

上述刀具用高耐磨合金材料的制备方法，包括以下步骤：

（1）按照上述比例分别称取各材料混合磨粉，并在氢气氛围中还原得到贫碳合金粉末，再将贫碳合金粉末压制成型后真空烧结，从而得到预烧结基体。

（2）对得到的预烧结基体在氢气氛围中 1480℃渗碳处理 110min，得到渗碳后的硬质合金材料。

（3）将渗碳后的硬质合金材料放入模具中进行烧结，从而得到产品。

其中，在将渗碳后的硬质合金材料放入模具中烧结之前，预先在模具的内壁涂覆一层保护涂料，该保护涂料由有机基体、有机基体重量 5%的钛白粉以及有机基体重量 12%的添加剂混合而成，其中，添加剂为石墨、碳化硅粉和硼化锆以 1：5：10 的重量比混合而成，有机基体由氯磺化聚乙烯、聚氧丙基甘油醚、醋酸乙酯、羧甲基纤维素、正丁醇和吐温-80 以 8：6：35：4：12：7 的重量比混合而成。

取样检测，该合金材料的硬度达 HRA99.3，抗弯强度最高可达 2980N/mm^2。

以上为本实施例的基本实施方式，可在以上基础上做进一步的优化和改进：

（1）所述晶粒细化剂中还含有 1 份碳化铍。

（2）所述增强剂中还含有 0.5 份纳米碳化硅。

（3）所述烧结为多段式烧结，具体步骤如下：

① 在 300MPa 压力下，以 40℃/min 的升温速率升至 150℃，并在该温度下保温 30min；

② 保持该压力，以 40℃/min 的升温速率升至 400℃，并在该温度下保温 30min；

③ 将压力增至 500MPa，以 110℃/min 的升温速率升至 800℃，并在该温度下保温 90min；

④ 将烧结压力调至 280MPa，以 40℃/min 的升温速率升至 1100℃，并在该温度下烧结 5min；

⑤ 以 50℃/min 的冷却速率降温至 300℃，然后随炉冷却至室温即完成烧结。

（4）所述步骤（1）中，将各材料混合磨粉是指将各材料混合后加入球磨介质进行湿磨，湿磨完成后将料浆进行过滤，然后采用喷雾干燥器进行雾化干燥，最后得到的粉末粒径不超过 4μm；其中，球磨介质为乙醇和丙酮等体积混合，且球磨介质与各材料的原料液固比为 400mL/kg，球磨的球料比为 4：1。

（5）所述步骤（1）中，在氢气氛围中还原时，还原温度为 1100℃，还原时间为 60min。

（6）所述步骤（1）中，将贫碳合金粉末压制成型后真空烧结是指先将贫碳合金粉末在 240MPa 的压力下压制成型，而后在温度为 1500℃、真空度为 1×10^{-5}Pa、压力为 20MPa 的条件下烧结 80min。

2. 实施例 2

一种刀具用高耐磨合金材料，该合金材料的原料由基料、基料重量 8%的晶粒细化剂和基料重量5%的增强剂组成，其中，按照重量比，基料由60份纳米碳化钛、12份纳米氮化钛、14份碳化钨、9份碳化铌、7份铜粉和5份钴粉组成，晶粒细化剂由7份碳化铬、5份硼化锆、3份氧化铈、2份碳化钼和2份氮化镁组成，增强剂由16份纳米晶勃姆石、6份氮化锰和3份氮化铝混合而成。

上述刀具用高耐磨合金材料的制备方法，包括以下步骤：

（1）按照上述比例分别称取各材料混合磨粉，并在氢气氛围中还原得到贫碳合金粉末，再将贫碳合金粉末压制成型后真空烧结，从而得到预烧结基体。

（2）对得到的预烧结基体在氢气氛围中 1500℃渗碳处理 110min，得到渗碳后的硬质合金材料。

（3）将渗碳后的硬质合金材料放入模具中进行烧结，从而得到产品。

其中，在将渗碳后的硬质合金材料放入模具中烧结之前，预先在模具的内壁涂覆一层保护涂料，该保护涂料由有机基体、有机基体重量 7%的钛白粉以及有机基体重量 16%的添加剂混合而成，其中，添加剂为石墨、碳化硅粉和硼化锆以 1∶5∶10 的重量比混合而成，有机基体为氯磺化聚乙烯、聚氧丙基甘油醚、醋酸乙酯、羧甲基纤维素、正丁醇和吐温-80 以 8∶6∶35∶4∶12∶7 的重量比混合而成。

取样检测，该合金材料的硬度达 HRA112.7，抗弯强度最高可达 3017N/mm^2。

以上为本实施例的基本实施方式，可在以上基础上做进一步的优化和改进：

（1）所述晶粒细化剂中还含有2份碳化铍。

（2）所述增强剂中还含有1份纳米碳化硅。

（3）所述烧结为多段式烧结，具体步骤如下：

① 在 300MPa 压力下，以 40℃/min 的升温速率升至 150℃，并在该温度下保温 30min；

② 保持该压力，以 40℃/min 的升温速率升至 400℃，并在该温度下保温 30min；

③ 将压力增至 500MPa，以 110℃/min 的升温速率升至 800℃，并在该温度下保温 90min；

④ 将烧结压力调至 280MPa，以 40℃/min 的升温速率升至 1100℃，并在该温度下烧结 5min；

⑤ 以 50℃/min 的冷却速率降温至 300℃，然后随炉冷却至室温即完成烧结。

（4）所述步骤（1）中，将各材料混合磨粉是指将各材料混合后加入球磨介质进行湿磨，湿磨完成后将料浆进行过滤，然后采用喷雾干燥器进行雾化干燥，最后得到的粉末粒径不超过 4μm；其中，球磨介质为乙醇和丙酮等体积混合，且球磨介质与各材料的原料液固比为 600mL/kg，球磨的球料比为 6∶1。

（5）所述步骤（1）中，在氢气氛围中还原时，还原温度为 1100℃，还原时间为70min。

（6）所述步骤（1）中，将贫碳合金粉末压制成型后真空烧结是指先将贫碳合金粉末在240MPa的压力下压制成型，而后在温度为1500℃、真空度为1×10^{-5}Pa、压力为20MPa的条件下烧结80min。

3. 实施例3

一种刀具用高耐磨合金材料，该合金材料的原料由基料、基料重量7%的晶粒细化剂和基料重量4.5%的增强剂组成，其中，按照重量比，基料由57.5份纳米碳化钛、10份纳米氮化钛、13份碳化钨、8份碳化铌、6份铜粉和4份钴粉组成，晶粒细化剂由6份碳化铬、4.5份硼化锆、2.5份氧化铈、1.5份碳化钼和1.5份氮化镁组成，增强剂由14份纳米晶勃姆石、5份氮化锰和2.5份氮化铝混合而成。

上述刀具用高耐磨合金材料的制备方法，包括以下步骤：

（1）按照上述比例分别称取各材料混合磨粉，并在氢气氛围中还原得到贫碳合金粉末，再将贫碳合金粉末压制成型后真空烧结，从而得到预烧结基体。

（2）对得到的预烧结基体在氢气氛围中1490℃渗碳处理110min，得到渗碳后的硬质合金材料。

（3）将渗碳后的硬质合金材料放入模具中进行烧结，从而得到产品。

其中，在将渗碳后的硬质合金材料放入模具中烧结之前，预先在模具的内壁涂覆一层保护涂料，该保护涂料由有机基体、有机基体重量6%的钛白粉以及有机基体重量14%的添加剂混合而成，其中，添加剂由石墨、碳化硅粉和硼化锆以1∶5∶10的重量比混合而成，有机基体为氯磺化聚乙烯、聚氧丙基甘油醚、醋酸乙酯、羧甲基纤维素、正丁醇和吐温-80以8∶6∶35∶4∶12∶7的重量比混合而成。

取样检测，该合金材料的硬度达HRA107.5，抗弯强度最高可达2997N/mm^2。

以上为本实施例的基本实施方式，可在以上基础上做进一步的优化和改进：

（1）所述晶粒细化剂中还含有1.5份碳化铍。

（2）所述增强剂中还含有0.75份纳米碳化硅。

（3）所述烧结为多段式烧结，具体步骤如下：

① 在300MPa压力下，以40℃/min的升温速率升至150℃，并在该温度下保温30min；

② 保持该压力，以40℃/min的升温速率升至400℃，并在该温度下保温30min；

③ 将压力增至500MPa，以110℃/min的升温速率升至800℃，并在该温度下保温90min；

④ 将烧结压力调至280MPa，以40℃/min的升温速率升至1100℃，并在该

温度下烧结 5min；

⑤ 以 50℃/min 的冷却速率降温至 300℃，然后随炉冷却至室温即完成烧结。

（4）所述步骤（1）中，将各材料混合磨粉是指将各材料混合后加入球磨介质进行湿磨，湿磨完成后将料浆进行过滤，然后采用喷雾干燥器进行雾化干燥，最后得到的粉末粒径不超过 4μm；其中，球磨介质为乙醇和丙酮等体积混合，且球磨介质与各材料的原料液固比为 500mL/kg，球磨的球料比为 5：1。

（5）所述步骤（1）中，在氢气氛围中还原时，还原温度为 1100℃，还原时间为 65min；

（6）所述步骤（1）中，将贫碳合金粉末压制成型后真空烧结是指先将贫碳合金粉末在 240MPa 的压力下压制成型，而后在温度为 1500℃、真空度为 1×10^{-5}Pa、压力为 20MPa 的条件下烧结 80min。

审查员在第一次审查意见通知书中指出：本通知书是针对原始申请文件进行审查并进行了检索的情况下做出的，引入了对比文件 1、2，给出结论性意见，即该申请的权利要求 1～8 不具备创造性，同时说明书中也没有记载其他任何可以授予专利权的实质性内容。第一次审查意见通知书具体如下所示。

第一次审查意见通知书

该申请涉及一种刀具用高耐磨合金材料及其制备方法，经审查，现提出如下审查意见。

1. 权利要求 1 请求保护一种刀具用高耐磨合金材料，对比文件 1（CN 104630533 A，公开日：2015 年 5 月 20 日）公开了一种刀具材料的复合硬质合金的制备方法，并具体公开了以下内容：一种刀具材料的复合硬质合金，复合硬质合金由下列重量份数的组分制得：纳米碳化钛 35～40 份、纳米氮化铁 5～15 份、碳化钨 7～9 份、碳化铌 5～8 份、碳化硅 3～7 份、钴粉 3～5 份、氧化钇 1～3 份、碳化硼 1～3 份、铜粉 1～5 份（参见权利要求 1）。对比文件 1 的刀具复合材料具有良好的强度、韧性以及耐磨性能，复合硬质合金硬度达到 120～135HRA，材料抗弯曲强度达到 2400MPa 以上，材料的断裂韧性达到 13.5MPa · $m^{1/2}$ 以上。因此，权利要求 1 所要求保护的技术方案与对比文件 1 公开的技术内容相比，区别技术特征在于：合金材料的成分略有差异。基于上述区别技术特征，可以确定该发明相对于对比文件 1 实际解决的技术问题是如何优化刀具成分从而进一步提高其耐磨性能。

关于上述区别技术特征，对比文件 1 公开了该申请刀具材料中基料的所有成分，同时在制备硬质合金过程中添加了稀土氧化物，混合均匀后还原为稀土金属。在预烧结过程中，稀土元素一方面可以固溶到 Co 相中，起到抑制晶粒长大的作用（即该申请中的晶粒细化剂的作用）；另一方面，由于稀土元素相对于硬质合金中其他元素更为活泼，易与合金中的氧、硫等杂质结合，净化晶界，消除缺陷。而氧化铈和氧化钴都是本领域常用的稀土氧化物，本领域技术人员可以进行选择性使用。对于碳化铬、硼化锆、碳化钼以及氮化镁，根据本领域的公知常识，在陶瓷材料中添加碳化物、硼化物、氮化物和硅化物可以使陶瓷材料具有优异的耐磨性，同时可以使陶瓷材料具有高的硬度、耐热性，所以碳化物、硼化物、氮化物和硅化物能够应用于金属切削刀具等材料中（参见《矿物加工机械设计基础》，刘焕胜，孙凤杰，第 44～45 页，中国矿业大学出版社，2011 年 2 月）。因此，本领域技术人员有动机在对比文件 1 的耐磨刀具中添加上述碳化物、硼化物、氮化物和硅化物提高合金的性能，而将碳化物、硼化物、氮化物选择为碳化铬、硼化锆、碳化钼以及氮化镁也是本领域的常规选择，碳化硼也是常规碳化物，本领域技术人员可以根据实际需要对其进行选择性添加。同时，对比文件 1 公开了（参见说明书[0019]）预烧结过程中，AlN 与 TiCN 结合面上生成 TiAlN 化合物。AlN 与 TiAlN 化合物为一种高温下稳定的化合物，其具有有效隔绝硬质相中 Ti、N、C 原子向外扩散的作用，从而有效抑制 Ti、N、C 原子在黏结相中的溶解和析出。同时，降低了碳氮化钛在黏结相中的溶解度，减少碳氮化钛在黏结相中溶解析出再长大导致的 N 分解，增强碳氮化钛的稳定性，使碳氮化钛晶粒得到细化，提高金属陶瓷的硬度和强韧性。即对比文件 1 中应当同样添加了氮化铝，而氮化锰也是本领域的常规氮化物，勃姆石的主要成分是氧化铝，氧化铝也是硬质合金材料中常用的添加剂，其能够提高合金的强度以及耐磨性能，因此本领域技术人员可以根据刀具性能的要求选择合适的组分作为基料、晶粒细化剂以及增强相，对于耐磨合金中各个组分的含量，可以根据各个组分的作用结合耐磨合金材料性能的要求通过有限的试验获得。

因此，在对比文件 1 的基础上结合本领域常规技术手段以获得权利要求 1 所要求保护的技术方案，对本领域技术人员来说是显而易见的，因此权利要求 1 所要求保护的技术方案不具备突出的实质性特点和显著的进步，因而不具备创造性，不符合专利法第二十二条第三款的规定。

2. 权利要求 2～3 对权利要求 1 进行了限定。对比文件 1 公开了添加碳化硅，而采用纳米碳化硅并将其作为增强相对本领域技术人员来说是常规技术手段，根据本领域的公知常识，在陶瓷材料中添加碳化物、硼化物、氮化物和硅化物能使其具有优异的耐磨性，高的硬度、耐热性，能够应用于金属切削刀具等材料中（参见《矿物加工机械设计基础》，刘焕胜，孙凤杰，第 44～45 页，中国矿业大学出版社，2011 年 2 月）。添加一定量的碳化铍对本领域技术人员来说是容易想到的，对于碳化铍以及纳米碳化硅的具体含量，可以根据耐磨合金材料性能的要求通过有限的试验获得。因此，在其引用的权利要求不具备创造性的基础上，权利要求 2～3 也不具有创造性，不符合专利法第二十二条第三款的规定。

3. 权利要求 4 要求保护一种刀具用高耐磨合金材料的制备方法。对比文件 1 公开了一种刀具材料的复合硬质合金的制备方法，包括如下步骤：

（1）备料。按如下重量份准备原材料：纳米碳化钛 35～40 份、纳米氮化钛 5～15 份、碳化钨 7～9 份、碳化铌 5～8 份、碳化硅 3～7 份、钴粉 3～5 份、氧化钇 1～3 份、碳化硼 1～3 份、铜粉 1～5 份。

（2）制备贫碳合金粉末。将按上述组分称取的纳米碳化钛、纳米氮化钛、碳化钨、碳化铌、碳化硅、钴粉、氧化钇、碳化硼、铜粉，干式球磨混合均匀后，在氢气氛围中还原，得到贫碳合金粉末。

（3）制备预烧结基体。将上述贫碳合金粉末压制成型，真空烧结，得到贫碳预烧结基体。

（4）渗碳处理。将预烧结基体置于氢气气氛中，在 1420～1450℃进行渗碳处理 60～100min，得到渗碳后的硬质合金。

（5）分步烧制。

第一步：将渗碳后的硬质合金球磨至粒度为 0.1～5μm 的粉末，粉末装入硬质合金模具预压，然后放入放电等离子烧结设备中进行低温高压预烧结，采用如下工艺参数：在烧结压力 100～300MPa 下，温度从室温升至 100℃，升温速率为 10～50℃/min，在 100℃保温 10～30min；保温结束后，温度由 100℃升至 300℃，升温速率为 10～50℃/min，在 300℃下保温 10～30min；保温结束后，增加烧结压力至 300～500MPa，在此压力下温度由 300℃升至 500～700℃，升温速率为 10～100℃/min，在 500～700℃温度下保温 30～60min。

第二步：将第一步得到的硬质合金模具中预烧结后的块体装入高强石墨模具中，放入放电等离子烧结设备中进行第二步致密化烧结，采用的工艺参数如下：烧结压力为 70～240MPa，升温速率为 50～100℃/min，烧结温度为 980～1040℃，在 980～1040℃温度下保温 1～3min，保温结束后以 10～100℃/min 的冷却速率降温至 300℃，然后随炉冷却至室温，最后得到刀具材料的复合硬质合金。

因此，权利要求 4 所要求保护的技术方案与对比文件 1 公开的技术内容相比，区别技术特征在于：合金材料的成分略有差异、制备工艺参数略有区别，同样烧结之前在模具内壁上涂覆保护涂料。基于上述区别技术特征，可以确定该发明相对于对比文件 1 实际解决的技术问题是优化刀具成分以及制备工艺参数从而进一步提高其耐磨性能。

关于上述区别技术特征，对于耐磨合金成分，具体参见权利要求 1 的评述，对于制备工艺中的渗碳处理，对比文件 1 公开了将预烧结基体置于氢气氛围中，在 1420～1450℃进行渗碳处理 60～100min，该申请中的上述参数与对比文件 1

非常接近，本领域技术人员可以根据实际生产情况对上述参数进行上下浮动的略微调整。对于将模具内壁进行涂覆一层保护涂料，对比文件 2（CN 103831222 A，公开日：2014 年 6 月 4 日）公开了一种硬质合金表面非层状氧化铝/碳化钛涂层的制备方法，同时其公开了以下内容：在硬质合金基体上涂覆一层或多层 TiC、TiN、TiCN、Al_2O_3、TiAlN 等薄膜构成的涂层刀具，其强韧性由基体保证，而高硬度与耐磨性由涂层解决，涂层在切削过程中作为化学屏障和热屏障减少了硬质合金的月牙洼磨损，刀具寿命大幅度提高。因此，本领域技术人员为了进一步提高刀具的使用寿命，有动机在其表面涂覆保护涂层，对于保护涂层的组成，对比文件 2 公开的涂层主要由氧化铝、TiC 以及各种有机物组成，而根据本领域的公知常识，碳化物、硼化物、氮化物和硅化物具有优异的耐磨性，同时具有高的硬度、耐热性。因此，当本领域技术人员为了进一步增加耐磨材料的性能时，可以在涂层中添加一定量的碳化物以及硼化物，而添加一定量的钛白粉，其能够转化为 TiC 进一步增强合金性能，由于对比文件 1 的合金粉末在渗碳后进行烧结处理，因此将烧结模具内壁涂覆上述保护层从而使得在烧结过程中上述保护层能够附在硬质合金表面达到提高其性能的作用，对于保护涂层的具体组成，添加石墨可以弥补烧结过程中碳的不足，碳化硅和硼化物能够提高其耐磨性及硬度。氯磺化聚乙烯涂料具有耐酸碱、耐油、耐老化的性能，聚氧丙基甘油醚是一种消泡剂，正丁醇是一种良好的溶剂，羧甲基纤维素是常用的黏合剂以及增稠稳定剂，醋酸乙酯作为溶剂常用于涂料中，吐温-80 是一种常用的表面活化剂及乳化剂，本领域技术人员可以根据涂层性能的要求选择合适的添加物以及含量，其效果是本领域技术人员可以预期的。

因此，在对比文件 1 的基础上结合对比文件 2 以及本领域常规技术手段以获得权利要求 4 所要求保护的技术方案，对本领域技术人员来说是显而易见的，因此权利要求 4 所要求保护的技术方案不具备突出的实质性特点和显著的进步，因而不具备创造性，不符合专利法第二十二条第三款的规定。

4. 权利要求 5 对烧结工艺进行了进一步限定。对比文件 1 公开了烧结工艺采用如下参数：在烧结压力 100～300MPa 下，温度从室温升至 1000℃，升温速率为 10～50℃/min，在 1000℃保温 10～30min；保温结束后，温度由 1000℃升至 300℃，升温速率为 10～50℃/min，在 300℃下保温 10～30min；保温结束后，增加烧结压力至 300～500MPa，在此压力下温度由 300℃升至 500～700℃，升温速率为 10～100℃/min，在 500～700℃温度下保温 30～60min。预烧结后的块体装入高强石墨模具中，放入放电等离子烧结设备中进行第二步致密化烧结，采用如下工艺参数：烧结压力为 70～240MPa，升温速率为 50～100℃/min，烧结温度为 980～1040℃，在 980～1040℃温度下保温 1～3min，保温结束后以 10～100℃/min 的冷却速率降温至 300℃，然后随炉冷却至室温，最后得到刀具材料的复合硬质合金。即对比文件 1 和该申请的烧结都是采用多段式烧结，对于具体的各段烧结温度、压力、保温时间、升温速率等参数，本领域技术人员可以根据烧结设备、合金性能要求通过有限的试验获得，其效果是本领域技术人员可以预期的。因此，在其引用的权利要求不具备创造性的基础上，权利要求 5 也不具有创造性，不符合专利法第二十二条第三款的规定。

5. 权利要求 6～8 对制备工艺参数进行了进一步限定。对比文件 1 公开（参见权利要求 6）在步骤（3）压制成型之前，将贫碳硬质合金粉末进行湿磨，球磨介质为酒精，所述酒精与贫碳硬质合金粉末的原料液固比为 400～600mL/kg，球磨的球料比为 4～6∶1，湿磨完成后将料浆进行过滤，采用喷雾干燥器进行雾化干燥制粒。因此，本领域技术人员有动机将氢气气氛还原之前的球磨同样采用湿法球磨，乙醇和丙酮是本领域的常规湿法球磨介质，对于具体的球料比、球磨介质的添加量、球磨介质的组成等，本领域技术人员可以通过有限的试验获得最佳参数，而在球磨后对料浆进行过滤、喷雾干燥得到一定粒度的原料粉末也是本领域的常规技术手段，对比文件 1 公开了在氢气气氛中还原，还原的温度为 900～1050℃、时间为 45～75min，对于贫碳合金粉末的压制烧结，对比文件 1 公开了（参见权利要求 4）将含有稀土的贫碳硬质合金粉末在 150～200MPa 下压制成型后，经加压烧结，得到贫碳预烧结基体，加压烧结时，控制温度为 1430～1445℃、真空度为 5×10^{-5}～5×10^{-4}Pa，压力为 8～10MPa，时间为 50～75min，该申请中的上述参数与对比文件 1 较为接近，本领域技术人员可以根据合金材料的组成、性能要求结合具体的生产实际条件获得最佳参数。因此，在其引用的权利要求不具备创造性的基础上，权利要求 6～8 也不具有创造性，不符合专利法第二十二条第三款的规定。

基于上述理由，该申请的权利要求 1～8 不具备创造性，同时说明书中也没有记载其他任何可以授予专利权的实质性内容，因而即使申请人对权利要求进行重新组合或根据说明书记载的内容做进一步的限定，该申请也不具备被授予专利权的前景。如果申请人不能在本通知书规定的答复期限内提出表明该申请具有创造性的充分理由，该申请将被驳回。

对比文件 1

申请公布号：CN 104630533 A

申请公布日：2015. 05. 20

发明名称：一种刀具材料的复合硬质合金的制备方法

摘要：本发明公开了一种刀具材料的复合硬质合金的制备方法，该复合硬质合金材料由下列重量份数的组分制得。按如下重量份准备原材料：纳米碳化钛 35～40 份、纳米氮化钛 5～15 份、碳化钨 7～9 份、碳化铌 5～8 份、碳化硅 3～7 份、钴粉 3～5 份、氧化钇 1～3 份、碳化硼 1～3 份、铜粉 1～5 份。该方法包括如下步骤：备料、制备贫碳合金粉末、制备预烧结基体、渗碳处理和分步烧制。本发明制备的复合硬质合金强度高、韧性好、耐磨、热冲击性能好。

权利要求书

1. 一种刀具材料的复合硬质合金的制备方法，包括如下步骤：

（1）备料。按如下重量份准备原材料：纳米碳化钛 35～40 份、纳米氮化钛 5～15 份、碳化钨 7～9 份、碳化铌 5～8 份、碳化硅 3～7 份、钴粉 3～5 份、氧化钇 1～3 份、碳化硼 1～3 份、铜粉 1～5 份。

（2）制备贫碳合金粉末。将按上述组分称取的纳米碳化钛、纳米氮化钛、碳化钨、碳化铌、碳化硅、钴粉、氧化钇、碳化硼、铜粉，干式球磨混合均匀后，在氢气氛围中还原，得到贫碳合金粉末。

（3）制备预烧结基体。将上述贫碳合金粉末压制成型，真空烧结，得到贫碳预烧结基体。

（4）渗碳处理。将预烧结基体置于氢气气氛中，在 1420～1450℃进行渗碳处理 60～100min，得到渗碳后的硬质合金。

（5）分步烧制。

第一步：将渗碳后的硬质合金球磨至粒度为 0.1～5μm 的粉末，粉末装入硬质合金模具预压，然后放入放电等离子烧结设备中进行低温高压预烧结，采用如下工艺参数：在烧结压力 100～300MPa 下，温度从室温升至 100℃，升温速率为 10～50℃/min，在 100℃保温 10～30min；保温结束后，温度由 100℃升至 300℃，升温速率为 10～50℃/min，在 300℃下保温 10～30min；保温结束后，增加烧结压力至 300～500MPa，在此压力下温度由 300℃升至 500～700℃，升温速率为 10～100℃/min，在 500～700℃温度下保温 30～60min。

第二步：将第一步得到的硬质合金模具中预烧结后的块体装入高强石墨模具中，放入放电等离子烧结设备中进行第二步致密化烧结，采用的工艺参数如下：烧结压力为 70～240MPa，升温速率为 50～100℃/min，烧结温度为 980～1040℃，在 980～1040℃温度下保温 1～3min，保温结束后以 10～100℃/min 的冷却速率降温至 300℃，然后随炉冷却至室温，最后得到刀具材料的复合硬质合金。

2. 如权利要求 1 所述的方法，其特征在于，所述碳化钨的粒度为 2.0～5.0μm，所述钴粉的粒度为 1.5～3.5μm，所述铁粉的粒度为 1.8～3.5μm，所述氧化钇的粒度为 1.0～3.0μm，所述碳化铌、碳化硅和碳化铝的粒度为 1.5～3.5μm。

3. 如权利要求 2 所述的方法，其特征在于，在步骤（2）中，纳米碳化钛、纳米氮化钛、碳化钨、碳化铌、碳化硅、钴粉、氧化钇、碳化铝、钛粉，干式球磨混合均匀后，在氢气气氛中还原，还原的温度为 900～1050℃、时间为 45～75min。

还原反应方程为

$$Y_2O_3 + 3H_2 = 2Y + 3H_2O$$

4. 如权利要求 2 或 3 所述的方法，其特征在于，在步骤（3）中，将含有稀土的贫碳硬质合金粉末在 150～200MPa 下压制成型后，经加压烧结，得到贫碳预烧结基体，加压烧结时，控制温度为 1430～1445℃、真空度为 5×10^{-5}～5×10^{-4}Pa，压力为 8～10MPa，时间为 50～75min。

5. 如权利要求 2 或 3 所述的方法，其特征在于，渗碳所用碳源选自致密结晶状石墨、鳞片状石墨、隐晶质石墨中的至少一种。

6. 如权利要求 5 所述的方法，其特征在于，在步骤（3）压制成型之前，将贫碳硬质合金粉末进行湿磨，球磨介质为酒精，所述酒精与贫碳硬质合金粉末的原料液固比为 400～600mL/kg，球磨的球料比为 4～6∶1，湿磨完成后将料浆进行过滤，采用喷雾干燥器进行雾化干燥制粒。

7. 如权利要求 6 所述的方法，其特征在于，所述湿磨的球磨机转速为 50～100r/min，球磨时间为 15～20h。

对比文件 2

申请公布号： CN 103831222 A

申请公布日： 2014. 06. 04

发明名称： 一种硬质合金表面非层状氧化铝/碳化钛涂层的制备方法

摘要： 本发明公开了一种硬质合金表面非层状氧化铝/碳化钛涂层的制备方法，其特征在于采用液相法制备出 $Al(OH)_3/Ti(OH)_4$ 核/壳结构溶胶，然后旋涂在经过固相烧结致密度达到 90%～95%的硬质合金坯体表面形成 Al_2O_3/TiO_2 层，再利用液相烧结过程中的 CO/CH_4 渗碳气氛与表层发生碳热还原反应使 TiO_2 转化为 TiC，最终在硬质合金表面制造出非层状 Al_2O_3/TiC。本发明制造的 Al_2O_3/TiC 涂层为均质复合涂层，每个涂层晶粒为 Al_2O_3/TiC 核/壳结构，避免了传统的气相沉积形成的层状结构因层间差异巨大而容易失效的问题，而且工艺过程简单，易于控制。

权利要求书

1. 一种硬质合金表面非层状 Al_2O_3/TiC 涂层的制备方法，其特征在于依次包含以下步骤：

（1）$Al(OH)_3/Ti(OH)_4$ 核/壳结构溶胶制备。依次将吐温-80、吐温-60、正丁醇、环己烷加入去离子水中；按体积百分含量，吐温-80 占 15%～25%、吐温-60 占 5%～10%、正丁醇占 5%～15%、正己烷占 5%～12%，其余为去离子水；用磁力搅拌器在 60～90℃下搅拌 3～10h，然后放置 10～24h，得到油包水型微乳液；将 $AlCl_3$ 加入油包水型微乳液中，使其体积百分含量为 0.5%～2.5%，再加入氨水调节溶液 pH 到 8～9，用磁力搅拌器在 20～60℃下搅拌 1～6h，然后放置 6～12h，形成 $Al(OH)_3$ 溶胶；再加入 $C_{16}H_{36}TiO_4$，使其体积百分含量为 $AlCl_3$ 体积百分含量的 5%～45%，并加入氨水调节 pH 到 8～9，用磁力搅拌器在 40～90℃下搅拌 1～6h，然后放置 6～12h，生成 $Ti(OH)_4$ 包覆 $Al(OH)_3$ 的 $Al(OH)_3/Ti(OH)_4$ 核/壳结构溶胶。

（2）硬质合金生坯固相烧结。称取各种原料粉末配料，按质量分数，TiC 占 0～15%，TaC 占 0～15%，NbC 占 0～10%，Co 占 4%～15%，其余为 WC；混合粉末经过球磨、过滤、干燥、掺成型剂、压制成型得到硬质合金生坯；硬质合金生坯在真空烧结炉中升温到 1250～1350℃，真空度为 3～10Pa，并保温 2～4h 以完成固相烧结，形成致密度为 90%～95%的坯体。

（3）旋涂与硬质合金坯体表面 Al_2O_3/TiO_2 核/壳结构生成。将 $Al(OH)_3/Ti(OH)_4$ 核/壳结构溶胶旋涂在固相烧结后的硬质合金坯体表面，旋涂时每层在 550r/min 转速下转 20s，再用 1100r/min 的转速转 20s，每层涂完后在 115～230℃下烘焙 1h 并冷却到 20～30℃后再涂下一层，旋涂层数为 3～6，在硬质合金坯体表面形成 Al_2O_3/TiO_2 核/壳结构。

（4）液相烧结制造 Al_2O_3/TiC 涂层硬质合金。将表面有 Al_2O_3/TiO_2 核/壳结构的硬质合金坯体在低压气氛烧结炉中 CH_4/CO 气氛下烧结，CH_4/CO 混合气体压力为 1～3MPa，CH_4、CO 摩尔比为 1∶2，反应加热温度为 1400～1500℃，保温时间为 0.5h，硬质合金坯体表面的 Al_2O_3/TiO_2 发生碳热还原反应转变成 Al_2O_3/TiC 涂层；保温结束后充入氧气排除 CH_4/CO 气体，保持氧气压力为 3～5MPa，烧结温度不变，再保温 1～3h，实现硬质合金基体液相烧结致密化，制备出表面具有 Al_2O_3/TiC 复合涂层的涂层硬质合金。

2. 根据权利要求 1 所述硬质合金表面非层状 Al_2O_3/TiC 涂层的制备方法，其进一步的特征在于：

（1）吐温-80、吐温-60、正丁醇、环己烷、$AlCl_3$、$C_{16}H_{36}TiO_4$ 和氨水均为分析纯；制备 $Al(OH)_3/Ti(OH)_4$ 核/壳结构溶胶时，磁力搅拌的速度为 20～50r/min。

（2）硬质合金生坯制备时球磨时间为 24～72h，过滤采用 400 目筛网，采用 85～100℃干燥，按 70～90mL/kg 的比例掺入丁钠橡胶成型剂，在 300～500MPa 压力下压制成型。

（3）硬质合金生坯固相烧结时，升温速度为 5～15℃/min。

（4）液相烧结结束后的降温速度为 5～15℃/min。

由上述可以看出，审查员提供的对比文件 1 公开了一种刀具材料的复合硬质合金的制备方法，与该申请属于相同技术领域，但最终获得的技术效果不同，这是因为制备过程中的某些核心技术不同，特别是区别技术特征所实际解决的技术问题是：如何提高烧结后刀具的力学性能。经过仔细全面比对，发现区别特征在于：在烧结前，在模具的内壁涂覆一层特殊成分的保护涂料。可以确定，相对于对比文件 1，该发明实际解决的技术问题与获得的技术效果是不同的。

审查员提供的对比文件 2 公开了一种硬质合金表面非层状氧化铝/碳化钛涂层的制备方法，其特征在于采用液相法制备出 $Al(OH)_3/Ti(OH)_4$ 核/壳结构溶胶，然后旋涂在经过固相烧结致密度达到 90%～95%的硬质合金坯体表面形成 Al_2O_3/TiO_2 层，再利用液相烧结过程中的 CO/CH_4 渗碳气氛与表层发生碳热还原反应使 TiO_2 转化为 TiC，最终在硬质合金表面制造出非层状 Al_2O_3/TiC。表面上看，对比文件 2 可以对上述区别技术特征进行相关补充，但是本申请保护涂料中的有机基体的作用有以下两方面：第一是起到黏合作用，使钛白粉和添加剂能够均匀附着在烧结材料表面进行烧结；第二是在高温下作为部分碳源来弥补烧结过程中碳的缺失，从而平衡最终烧结产品的碳含量，最终提高产品的力学性能，这一点在对比文件 2 中并未有任何公开报道，这样看来权利要求是有创造性的。

根据审查意见，可以对说明书或权利要求进行适应性修改或合并，但是绝不能超出专利申请时的专利保护主体范围。通常适应性修改是指：对说明书的技术方案部分进行修改，使之与权利要求相适应，说明书中有关发明的技术方案的用语与权利要求书中用语相应或相同。当然这种修改一定要符合专利法及专利法实施细则的有关规定，修改内容的语句最好是原申请文件的语句，不要刻意去另做其他文章，以免画蛇添足；必要时也可以对背景技术及说明书摘要进行修改。这里需要特别指出的是，修改申请文件时，一般不允许对说明书中的具体实施方式的实质内容进行修改，特别是对说明书附图进行内容修改。

在答复审查员意见时没有必要每一条审查意见均一一详细答复，抓住主要区别点进行针对性答复可能效果更加理想。这里应当指出的是，按照专利法的规定，答复第一次审查意见的期限是 4 个月，如逾期不答复，其申请将被视为撤回。

第一次审查意见答复书

国家知识产权局：

本意见陈述书是针对国家知识产权局于 2018 年 3 月 27 日发出的第一次审查意见通知书所做的答复，并随此意见陈述书附上修改后的权利要求书一份。

一、修改说明

申请人将原权利要求 1 和原权利要求 4 合并作为修改后的权利要求 1，其余权利要求不做变动。

以上修改未超出原权利要求书和说明书的记载范围，符合专利法第三十三条的规定。

二、关于修改后的权利要求1具备创造性的论述

将对比文件1作为最接近的现有技术。

修改后的权利要求1与对比文件1相比，区别技术特征主要在于：在烧结前，在模具的内壁涂覆一层特殊成分的保护涂料；以上区别技术特征所实际解决的技术问题是如何提高烧结后刀具的力学性能。

审查意见通知书中认为，对比文件2中公开了在硬质合金基体上涂覆一层或多层TiC、TiN、TiCN、Al_2O_3、TiAlN等薄膜构成涂层刀具，而且公开了涂层主要由氧化铝、TiC以及有机物组成，因此根据本领域的公知常识，氯磺化聚乙烯涂料具有耐酸碱、耐油、耐老化的性能，聚氧丙基甘油醚是一种消泡剂，正丁醇是一种良好的溶剂，羧甲基纤维素是常用的黏合剂及增稠稳定剂，醋酸乙酯作为溶剂，吐温-80是常用的表面活性剂和乳化剂，本领域技术人员能够根据性能需求选择添加，从而得到本申请的技术方案。

申请人认同审查意见通知书中关于碳化硅和硼化锆是常规涂层添加成分的认定，但是对于有机物的相关认定，申请人持有异议，具体论述如下：

本申请说明书的第15段有益效果第（5）条中有如下记载，"保护涂料以氯磺化聚乙烯、聚氧丙基甘油醚、醋酸乙酯、羧甲基纤维素、正丁醇和吐温-80形成有机基体，有机基体的存在，不仅使钛白粉和添加剂能够均匀地附着于烧结材料的外表，而且在高温下，能够作为一部分碳源来弥补烧结过程中碳的不足，从而平衡最终产品的碳含量，有助于提高产品的力学性能"。

也就是说，本申请保护涂料中的有机基体的作用有以下两方面：第一是起到黏合作用，能够使钛白粉和添加剂均匀附着在烧结材料表面进行烧结；第二是在高温下作为部分碳源来弥补烧结过程中碳的缺失，从而平衡最终烧结产品的碳含量，最终提高产品的力学性能。

这一点在对比文件2中并未有任何公开，对比文件2中的涂层虽然也用到了有机物，但是其作用仅仅是有机溶剂来使氧化铝、TiC能够均匀涂覆在刀具表面，而本领域技术人员所公知的，作为溶剂的有机物，在高温烧结时会完全挥发掉，并不能起到本申请有机基体的作用，而且，对比文件2中也未给出可以对有机物进行改进，从而弥补烧结过程中碳缺失的技术启示，与现有技术相比，本申请修改后的权利要求1具备突出的实质性特点和显著的进步，符合专利法第二十二条三款有关创造性的规定。

审查员在第二次审查意见通知书中指出：申请人于2018年7月23日提交了意见陈述书和经修改的权利要求书，审查员在仔细阅读了上述文件后，对该申请继续进行审查，特别指出本领域技术人员可以根据涂层性能的要求选择合适的添加物以及含量，其效果是本领域技术人员可以预期的。第二次审查意见通知书原

文如下。

第二次审查意见通知书

申请人于2018年7月23日提交了意见陈述书和经修改的权利要求书，审查员在仔细阅读了上述文件后，对该申请继续进行审查，再次提出如下审查意见。

一、关于申请人的意见陈述

申请人认为："保护涂料以氯磺化聚乙烯、聚氧丙基甘油醚、醋酸乙酯、羧甲基纤维素、正丁醇和吐温-80 形成有机基体，有机基体的存在，不仅使钛白粉和添加剂能够均匀地附着于烧结材料的外表，而且在高温下，能够作为一部分碳源来弥补烧结过程中碳的不足，从而平衡最终产品的碳含量，有助于提高产品的力学性能"。也就是说，该申请保护涂料中的有机基体的作用有以下两方面，第一是起到黏合作用，能够使钛白粉和添加剂均匀附着在烧结材料表面进行烧结；第二是在高温下作为部分碳源来弥补烧结过程中碳的缺失，从而平衡最终烧结产品的碳含量，最终提高产品的力学性能。这一点在对比文件2中并未有任何的公开，对比文件2中的涂层虽然也用到了有机物，但是其作用仅仅是作为有机溶剂来使氧化铝、TiC 均匀涂覆在刀具表面，而本领域技术人员所公知的，作为溶剂的有机物，在高温烧结时会完全挥发掉，并不能起到有机基体的作用，而且，对比文件2中也未给出可以对有机物进行改进，从而弥补烧结过程中碳缺失的技术启示。

对此，审查员认为：对于有机涂层，对比文件2公开了在硬质合金基体上涂覆一层或多层 TiC、TiN、TiCN、Al_2O_3、TiAlN 等薄膜构成了涂层刀具，其强韧性由基体保证，而高硬度与耐磨性由涂层解决，涂层在切削过程中作为化学屏障和热屏障减少了硬质合金的月牙洼磨损，刀具寿命大幅度提高。因此，本领域技术人员为了进一步提高刀具的使用寿命，有动机在其表面涂覆保护涂层，对于保护涂层的组成，对比文件2公开的涂层主要由氧化铝、TiC 以及各种有机物组成，而根据本领域的公知常识，碳化物、硼化物、氮化物和硅化物具有优异的耐磨性，同时具有高的硬度、耐热性，因此当本领域技术人员为了进一步增加耐磨材料的性能时，可以在涂层中添加一定量的碳化物以及硼化物，而添加一定量的钛白粉其能够转化为 TiC 进一步增强合金性能，由于对比文件1的合金粉末在渗碳后进行烧结处理，因此将烧结模具内壁涂覆上述保护层从而使得在烧结过程中上述保护层能够附在硬质合金表面达到提高其性能的作用，对于保护涂层的具体组成，添加石墨可以弥补烧结过程中碳的不足，碳化硅和硼化锆能够提高耐磨性及硬度。氯磺化聚乙烯涂料具有耐酸碱、耐油、耐老化的性能，聚氧丙基甘油醚是一种消泡剂，正丁醇是一种良好的溶剂，羧甲基纤维素是常用的黏合剂以及增稠稳定剂，由于黏合剂羟基纤维素的添加，其能够起到黏结剂的作用，使钛白粉和添加剂能够均匀附着在烧结材料表面进行烧结，醋酸乙酯作为溶剂常用于涂料中，吐温-80

是一种常用的表面活化剂及乳化剂，本领域技术人员可以根据涂层性能的要求选择合适的添加物及其含量，其效果是本领域技术人员可以预期的。

因此，对于申请人意见陈述中认为该申请具备创造性的理由，审查员不予接受。

二、权利要求 1 不符合专利法第二十二条第三款的规定

1. 权利要求 1 要求保护一种刀具用高耐磨合金材料的制备方法。权利要求 1 请求保护一种刀具用高耐磨合金材料，对比文件 1（CN 104630533 A，公开日：2015 年 5 月 20 日）公开了一种刀具材料的复合硬质合金的制备方法，并具体公开了以下内容。

一种刀具材料的复合硬质合金，复合硬质合金由下列重量份数的组分制得：纳米碳化钛 35～40 份、纳米氮化钛 5～15 份、碳化钨 7～9 份、碳化铌 5～8 份、碳化硅 3～7 份、钴粉 3～5 份、氧化钇 1～3 份、碳化硼 1～3 份、铜粉 1～5 份（参见权利要求 1）。对比文件 1 的刀具复合材料具有良好的强度、韧性及耐磨性能，复合硬质合金硬度达到 120～135HRA，材料抗弯曲强度达到 2400MPa 以上，材料的断裂韧性达到 13.5MPa + $m^{1/2}$ 以上，该刀具材料的复合硬质合金的制备方法包括如下步骤。

（1）备料。按如下重量份准备原材料：纳米碳化钛 35～40 份、纳米氮化钛 5～15 份、碳化钨 7～9 份、碳化铌 5～8 份、碳化硅 3～7 份、钴粉 3～5 份、氧化钇 1～3 份、碳化硼 1～3 份、铜粉 1～5 份。

（2）制备贫碳合金粉末。将按上述组分称取的纳米碳化钛、纳米氮化钛、碳化钨、碳化铌、碳化硅、钴粉、氧化钇、碳化硼、铜粉，干式球磨混合均匀后，在氢气氛围中还原，得到贫碳合金粉末。

（3）制备预烧结基体。将上述贫碳合金粉末压制成型，真空烧结，得到贫碳预烧结基体。

（4）渗碳处理。将预烧结基体置于氢气气氛中，在 1420～1450℃进行渗碳处理 60～100min，得到渗碳后的硬质合金。

（5）分步烧制。

第一步：将渗碳后的硬质合金球磨至粒度为 0.1～5μm 的粉末，粉末装入硬质合金模具预压，然后放入放电等离子烧结设备中进行低温高压预烧结，采用如下工艺参数：在烧结压力 100～300MPa 下，温度从室温升至 100℃，升温速率为 10～50℃/min，在 100℃保温 10～30min；保温结束后，温度由 100℃升至 300℃，升温速率为 10～50℃/min，在 300℃下保温 10～30min；保温结束后，增加烧结压力至 300～500MPa，在此压力下温度由 300℃升至 500～700℃，升温速率为 10～100℃/min，在 500～700℃温度下保温 30～60min。

第二步：将第一步得到的硬质合金模具中预烧结后的块体装入高强石墨模具中，放入放电等离子烧结设备中进行第二步致密化烧结，采用如下工艺参数：烧

结压力为 70～240MPa，升温速率为 50～100℃/min，烧结温度为 980～1040℃，在 980～1040℃温度下保温 1～3min，保温结束后以 10～100℃/min 的冷却速率降温至 300℃，然后随炉冷却至室温，最后得到刀具材料的复合硬质合金。

因此，权利要求 1 所要求保护的技术方案与对比文件 1 公开的技术内容相比，区别技术特征在于：合金材料的成分略有差异，制备工艺参数略有区别，烧结之前在模具内壁上涂覆保护涂料。基于上述区别技术特征，可以确定该发明相对于对比文件 1 实际解决的技术问题是优化刀具成分以及制备工艺参数从而进一步提高其耐磨性能。

关于上述区别技术特征，对于耐磨合金成分，对比文件 1 公开了该申请刀具材料中基料的所有成分，同时在制备硬质合金过程中添加了稀土氧化物，混合均匀后还原为稀土金属，在预烧结过程中，稀土元素一方面可以固溶到 Co 相中，起到抑制晶粒长大的作用（即该申请中的晶粒细化剂的作用）；另一方面，由于稀土元素相对于硬质合金中其他元素更为活泼，易与合金中的氧、硫等杂质结合，净化晶界，消除缺陷，而氧化铈和氧化钴都是本领域常用的稀土氧化物，本领域技术人员可以进行选择性使用，对于碳化铬、硼化锆、碳化钼和氮化镁，根据本领域的公知常识，在陶瓷材料中添加碳化物、硼化物、氮化物和硅化物可以使陶瓷材料具有优异的耐磨性同时可以使陶瓷材料具有高的硬度、耐热性，碳化物、硼化物、氮化物和硅化物能够应用于金属切削刀具等材料中（参见《矿物加工机械设计基础》，刘焕胜，孙凤杰，第 44～45 页，中国矿业大学出版社，2011 年 2 月），因此，本领域技术人员有动机在对比文件 1 的耐磨刀具中添加上述碳化物、硼化物、氮化物和硅化物提高合金的性能，而将碳化物、硼化物、氮化物选择为碳化铬、硼化锆、碳化钼和氮化镁也是本领域的常规选择，碳化硼也是常规的碳化物，本领域技术人员可以根据实际需要对其进行选择性添加，同时对比文件 1 公开了（参见说明书第[0019]段）预烧结过程中，AlN 与 TiCN 结合面上生成 TiAlN 化合物，AlN 与 TiAlN 化合物为一种高温下稳定的化合物，其具有有效隔绝硬质相中 Ti、N、C 原子向外扩散的作用，从而有效抑制 Ti、N、C 原子在黏结相中的溶解和析出，降低了碳氮化钛在黏结相中的溶解度，减少了碳氮化钛在黏结相中溶解析出再长大导致的 N 分解，增强碳氮化钛的稳定性，使碳氮化钛晶粒得到细化，提高金属陶瓷的硬度和强韧性，即对比文件 1 中应当同样添加了氮化铝，而氮化锰也是本领域的常规氮化物。勃姆石的主要成分是氧化铝，氧化铝也是硬质合金材料中常用的添加剂，其能够提高合金的强度以及耐磨性能，因此本领域技术人员可以根据刀具性能的要求选择合适的组分作为基料、晶粒细化剂以及增强相，对于耐磨合金中各个组分的含量，可以根据各个组分的作用结合耐磨合金材料性能的要求通过有限的试验获得。对于制备工艺中的渗碳处理，对比文件 1 公开了将预烧结基体置于氢气气氛中，在 1420～1450℃进行渗碳处理 60～100min，该申请中的上述参数与对比文件 1 非常接近，本领域技术人员可以根据实际生产情况对上述参数进行上下浮动的略微调整，对于将模具内壁进行涂覆一层保护涂料，对比文件 2（CN 103831222 A，公开日：2014 年 6 月 4 日）公开了一种硬质合金表面非层状氧化铝/碳化钛涂层的制备方法，同时其公开了以下内容：在硬质合金基体上涂覆一层或多层 TiC、TiN、TiCN、Al_2O_3、TiAlN 等薄膜构成涂层刀具，其强韧性由基体保证，而高硬度与耐磨性由涂层解决，涂层在切削过程中作为化学屏障和热屏障减少了硬质合金的月牙洼磨损，刀具寿命大幅度提高。因此，本领域技术人员为了进一步提高刀具的使用寿命，有动机在其表面涂覆保护涂层，对于保护涂层的组成，对比文件 2 公开的涂层主要由氧化铝、TiC 以及各种有机物组成，而根据本领域的公知常识，碳化物、硼化物、氮化物和硅化物具有优异的耐磨性，同时具有高的硬度、耐热性。因此，当本领域技术人员为了进一步增加耐磨材料的性能时，可以在涂层中添加一定量的碳化物以及硼化物，而添加一定量的钛白粉，其能够转化为 TiC 进一步增强合金性能，由于对比文件 1 的合金粉末在渗碳后进行烧结处理，因此将烧结模具内壁涂覆上述保护层从而使得在烧结过程中上述保护层能够附在硬质合金表面达到提高其性能的作用，对于保护涂层的具体组成，添加石墨可以弥补烧结过程中碳的不足，碳化硅和硼化锆能够提高耐磨性及硬度。氯磺化聚乙烯涂料具有耐酸碱、耐油、耐老化的性能，聚氧丙基甘油醚是一种消泡剂，正丁醇是一种良好的溶剂，羟基纤维素是常用的黏合剂以及增稠稳定剂，醋酸乙酯作为溶剂常用于涂料中，吐温-80 是一种常用的表面活化剂及乳化剂，本领域技术人员可以根据涂层性能的要求选择合适的添加物及含量，其效果是本领域技术人员可以预期的。

因此，在对比文件 1 的基础上结合对比文件 2 以及本领域常规技术手段以获得权利要求 1 所要求保护的技术方案，对本领域技术人员来说是显而易见的，因此权利要求 1 所要求保护的技术方案不具备突出的实质性特点和显著的进步，因而不具备创造性，不符合专利法第二十二条第三款的规定。

对于权利要求 2～7，具体参见前次审查意见通知书的内容。

基于上述理由，该申请的权利要求 1～7 不具备创造性，同时说明书中也没有记载其他任何可以授予专利权的实质性内容，因而即使申请人对权利要求进行重新组合或根据说明书记载的内容做进一步的限定，该申请也不具备被授予专利权的前景。如果申请人不能在本通知书规定的答复期限内提出表明该申请具有创造性的充分理由，该申请将被驳回。

第二次审查意见中，审查员仍然认为：对于“将烧结模具内壁涂覆上述保护层从而使得在烧结过程中上述保护层能够附在硬质合金表面达到提高其性能的作用，对于保护涂层的具体组成，添加石墨可以弥补烧结过程中碳的不足，碳化硅和硼化物能够提高其耐磨性及硬度”这部分内容，本领域技术人员可以根据涂层性能的要求选择合适的添加物及其含量，其效果是本领域技术人员可以预期的。经过分析，此为创新性研判的焦点，回复时必须能提供足够的理由才能证明该申请的创新性。

关于现有技术是否存在技术启示的问题，如果区别技术特征是另一对比文件中记载的相关技术手段，其所起的作用在两个文件中相同，则认为存在技术启示；但如果区别技术特征并不是另一对比文件中记载的相关技术手段，或者说两者存在不同，则应当证明或合理地说明主体存在创新性发明。

实际上，该申请保护涂料中的有机基体的作用有以下两方面：第一是起到黏合作用，能够使钛白粉和添加剂均匀附着在烧结材料表面进行烧结；第二是在高温下作为部分碳源来弥补烧结过程中碳的缺失,从而平衡最终烧结产品的碳含量，提高产品的力学性能。由于该申请中有机基体的作用与现有技术中有机溶剂的作用完全不同，因此就不存在通过改变有机溶剂的组分来弥补烧结过程中碳缺失进而提高刀具性能的技术启示，本领域技术人员也就不能将现有的有机溶剂进行组合从而提高刀具的力学性能，故而该申请具备创造性。

另外，申请人补充了该申请后续的试验图片和数据，以便于审查员能够直观地判断该申请所起到的优良的技术效果。当证明专利申请或专利相对于现有技术具备创造性时，是可以适当添加与专利密切相关的试验数据进行针对性答复的。

第二次审查意见答复书

国家知识产权局：

本意见陈述书是针对国家知识产权局于 2018 年 11 月 1 日发出的第二次审查意见通知书所做的答复，并随此意见陈述书附上修改后的权利要求书一份。

一、修改说明

申请人删除权利要求 1，将权利要求 2、3 和 4 合并作为修改后的权利要求 1，其余权利要求不做变动，引用修改后的权利要求 1。

以上修改未超出原权利要求书和说明书的记载范围，符合专利法第三十三条的规定。

二、关于修改后的权利要求 1 具备创造性的论述

将对比文件 1 作为最接近的现有技术。

修改后的权利要求 1 与对比文件 1 相比，区别技术特征主要在于：烧结前，在模具的内壁涂覆一层含有有机基体的保护涂料，从而平衡产品中的碳含量；以上区别技术特征所实际解决的技术问题是：如何提高烧结后刀具的力学性能。

审查意见通知书中认为，氯磺化聚乙烯涂料具有耐酸碱、耐油、耐老化的性能，聚氧丙基甘油醚是一种消泡剂，正丁醇是一种良好的溶剂，羧甲基纤维素是常用的

黏合剂及增稠稳定剂，醋酸乙酯作为溶剂，吐温-80 是常用的表面活性剂和乳化剂，本领域技术人员能够根据性能需求选择添加，从而得到该申请的技术方案。

对于该认定，申请人持有异议，具体论述如下：

本领域技术人员所公知的，在刀具表面涂覆涂层时，一般都会用到有机溶剂，而有机溶剂的作用仅仅是为了将涂层成分进行分散，使其更均匀地涂覆在刀具表面，而起分散作用的有机溶剂，在高温条件下会挥发，从而使其中的涂层成分附着在刀具表面进行烧结，并不会对刀具性能产生影响。

而本申请的保护涂料中的有机基体的作用在本申请说明书第 15 段有益效果第（5）条中有明确记载，“保护涂料以氯磺化聚乙烯、聚氧丙基甘油醚、醋酸乙酯、羧甲基纤维素、正丁醇和吐温-80 形成有机基体，有机基体的存在，不仅使钛白粉和添加剂能够均匀地附着于烧结材料的外表，而且在高温下，能够作为一部分碳源来弥补烧结过程中碳的不足，从而平衡最终产品的碳含量，有助于提高产品的力学性能”。

也就是说，本申请保护涂料中的有机基体的作用有以下两方面：第一是起到黏合作用，能够使钛白粉和添加剂均匀附着在烧结材料表面进行烧结；第二是在高温下作为部分碳源来弥补烧结过程中碳的缺失，从而平衡最终烧结产品的碳含量，最终提高产品的力学性能。

由于本申请中有机基体的作用与现有技术中有机溶剂的作用完全不同，因此就不存在通过改变有机溶剂的组分来弥补烧结过程中碳缺失进而提高刀具性能的技术启示，本领域技术人员也就不能将现有的有机溶剂进行组合从而提高刀具的力学性能，因此本申请具备创造性。

另外，申请人补充了本申请后续的试验图片和数据，以便于审查员能够直观地判断本申请所起到的优良的技术效果。

刀具寿命判断方法和原则：在切削参数试验完成后，将刀片卸下，利用万能工具显微镜观察后刀面的磨损情况，刀具失效判据为平均后刀面磨损 VB = 0.3mm 或最大后刀面磨损 VB_{max} = 0.6mm，若发现刀具已失效，则更换新刀片重复进行该参数下的试验。

试验结果图片如图 1～图 4 所示。

图 1 为完全采用实施例 2 的硬质合金刀具精车 718 模具钢达到寿命后的前刀面磨损图（切削速度 v=120m/min，切削深度 a_p = 0.2mm，进给量 f = 0.1mm/r）。

图 2 为采用实施例 2 未涂覆保护涂料制备的硬质合金刀具精车 718 模具钢达到寿命后的前刀面磨损图（切削速度 v=120m/min，切削深度 a_p = 0.2mm，进给量 f = 0.1mm/r）。

图 3 为普通硬质合金-TiN 涂层刀具精车 718 模具钢达到寿命后的前刀面磨损图（切削速度 v=120m/min，切削深度 a_p = 0.2mm，进给量 f = 0.1mm/r）。

图 4 为三种不同刀具精车 718 模具钢切削时间和后刀面磨损量的关系（切削速度 v=120m/min，切削深度 a_p = 0.2mm，进给量 f = 0.1mm/r）。

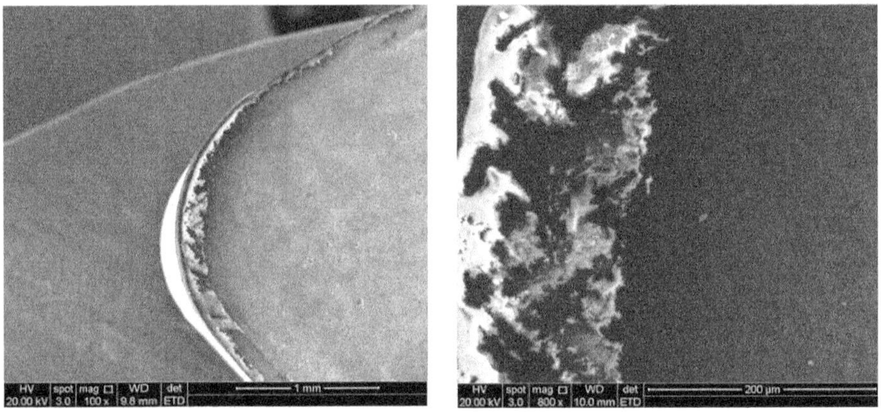

图 1

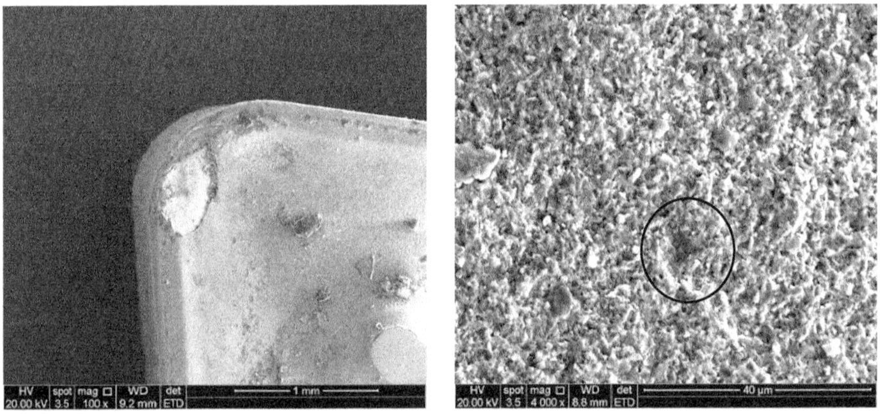

图 2

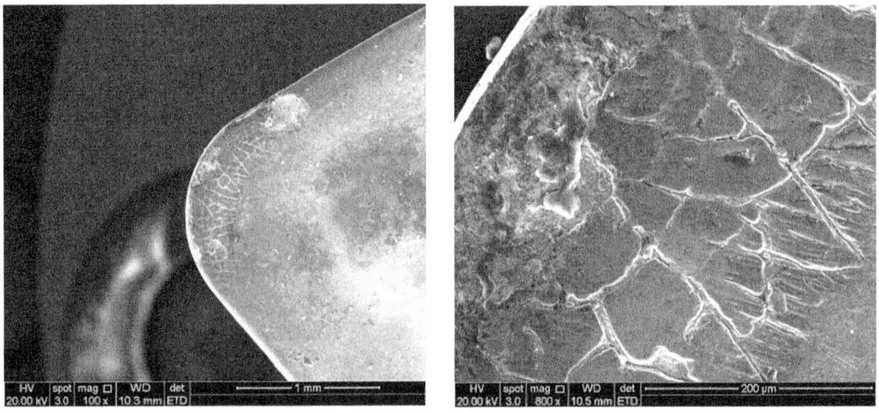

图 3

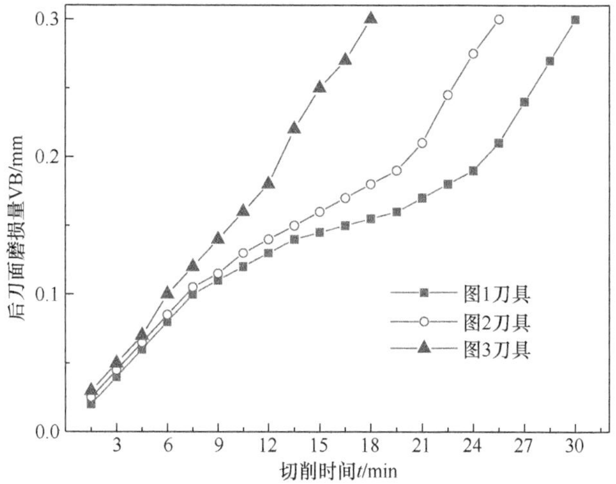

图 4

试验图片分析如下。

首先，从图 4 中可以看出，精车 718 模具钢在达到切削寿命时，完全采用实施例 2 的硬质合金刀具（图 1）可以切削加工 30min，采用实施例 2 未涂覆保护涂料制备的硬质合金刀具（图 2）可以切削加工 25.5min，普通硬质合金-TiN 涂层刀具（图 3）可以切削加工 18min。也就是说采用实施例 2 的硬质合金刀具切削寿命和耐磨性明显高于普通硬质合金-TiN 涂层刀具。

其次，由图 1 可以明显看出，完全采用实施例 2 的硬质合金刀具在切削 30min 后，前刀面的磨损几乎不太严重，而且从图片上看模具钢与刀具前刀面没有太多的黏结，摩擦较为顺滑，所以刀具可以实现高耐磨、高寿命。由于采用了“预先在模具的内壁涂覆一层保护涂料，该保护涂料由有机基体、有机基体重量 7%的钛白粉以及有机基体重量 16%的添加剂混合而成，其中，添加剂为石墨、碳化硅粉和硼化锆以 1∶5∶10 的重量比混合而成，有机基体为氯磺化聚乙烯、聚氧丙基甘油醚、醋酸乙酯、羧甲基纤维素、正丁醇和吐温-80 以 8∶6∶35∶4∶12∶7 的重量比混合而成”工艺，所以精车模具钢时工件材料很难摩擦渗透到表面材料内部，摩擦较为顺滑，所以刀具可以实现高耐磨、高寿命。

再次，由图 2 可以明显看出，由于没有采用权利要求书的工艺，所以刀具表面的结合程度明显不如图 1，工件材料容易渗入刀具的表层中，使得摩擦和磨损性能相对于图 1 有所下降，刀具的耐磨性和寿命下降。圆圈圈起的区域摩擦力较大，刀具晶粒脱离。

最后，由图 3 可以明显看出，在精车 718 模具钢时，普通硬质合金-TiN 涂层刀具的耐磨性能远远低于图 1 和图 2，由于普通的 TiN 涂层根本无法长时间承受住模具钢的长时间摩擦磨损，出现了涂层大量裂纹的情况，耐磨性和寿命相对于前两种刀具明显较低。

因此，通过上述试验结论分析可以得出，本申请的保护涂料能够起到很明显的增强刀具耐磨性的效果，与现有技术相比，具备突出的实质性特点和显著的进步，符合专利法第二十二条第三款有关创造性的规定。

实际上，该申请保护涂料中有机基体的作用有以下两方面：第一是起到黏合作用，能够使钛白粉和添加剂均匀附着在烧结材料表面进行烧结；第二是在高温下作为部分碳源来弥补烧结过程中碳的缺失，从而平衡最终烧结产品的碳含量，最终提高产品的力学性能。由于该申请中有机基体的作用与现有技术中有机溶剂的作用完全不同，所以就不存在通过改变有机溶剂的组分来弥补烧结过程中碳缺失进而提高刀具性能的技术启示，本领域技术人员也就不能将现有的有机溶剂进行组合从而提高刀具的力学性能，因此该申请具备创造性。

在判断发明专利对所属领域普通技术人员来说是否显而易见时，审查员会以发明专利最接近的现有技术和实际解决的技术问题为基础，确定现有技术整体上是否存在获得发明专利的技术启示，使得所属领域普通技术人员面对发明专利实际解决的技术问题,有动机将发明专利的区别技术特征应用于最接近的现有技术。若现有技术整体上没有这种技术启示，则该发明具有突出的实质性特点。所以，该发明在二审回复后就得到了授权。

3.2　案例 2：一种宽适应双机制自润滑轴承材料及其制备方法

案例 2 是关于一种宽适应双机制自润滑轴承材料及其制备方法的发明专利申请过程。该专利申请时提交的权利要求书和说明书原文如下所示。

发明名称：一种宽适应双机制自润滑轴承材料及其制备方法

权 利 要 求 书

1. 一种宽适应双机制自润滑轴承材料及其制备方法，其特征在于：该材料各原料的体积分数为：ZrB_2 57.0%～70.0%、ZrO_2 12.0%～37.0%、CaF_2 6.0%；ZrB_2 采用纳米粉，粒度为 40～50nm；ZrO_2 采用纳米粉，粒度为 10～20nm；CaF_2 采用纳米粉，粒度为 150～155nm。

2. 如权利要求 1 所述的一种宽适应双机制自润滑轴承材料，其特征在于：所述各原料的体积分数优选为：ZrB_2 60.0%、ZrO_2 34.0%、CaF_2 6.0%。

3. 如权利要求 1 或 2 所述的一种宽适应双机制自润滑轴承材料的制备方法，

其特征在于：包括以下步骤。

步骤一　原材料的预处理

分别将ZrB_2纳米粉、ZrO_2纳米粉和CaF_2纳米粉置于质量分数为1.8%的氢氟酸水溶液中，然后80～100Hz超声波、100～120r/min搅拌处理90～100min，静置60～90min，倒出上层溶液及漂浮的杂质，所得沉淀物加入去离子水进行洗涤，静置60～90min再次倒出上层溶液，再次加入去离子水进行洗涤，直至上层溶液pH大于6.5，分别得到酸洗后ZrB_2纳米粉、ZrO_2纳米粉和CaF_2纳米粉；将所得酸洗后ZrB_2纳米粉、ZrO_2纳米粉和CaF_2纳米粉分别加入无水乙醇洗涤，得到预处理后ZrB_2纳米粉、ZrO_2纳米粉和CaF_2纳米粉，备用。

步骤二　配料、搅拌、分散及第一次球磨

按照ZrB_2体积分数为57.0%～70.0%、ZrO_2体积分数为12.0%～37.0%分别取预处理后的ZrB_2纳米粉和ZrO_2纳米粉，倒入装有ZrB_2纳米粉和ZrO_2纳米粉混合物体积2～4倍的去离子水且设有温度传感器的容器中，得到混合物A；将装有混合物A的容器置于超声波发生器中，110～120Hz超声波处理，同时对其进行100～150r/min搅拌；在超声搅拌过程中，将混合物A的温度升高至110℃，维持该温度，超声搅拌30～40min，按照聚乙二醇和混合物A的质量比1∶90取聚乙二醇，加入混合物A中，继续超声搅拌10～20min，得到混合物B；将所得混合物B放入球磨罐中，以无水乙醇为介质，球磨180～220h，在140～160℃条件下真空干燥22～26h，过筛，得到细化粉末，备用。

步骤三　第二次球磨

按照步骤二所得细化粉末的体积分数为94%、步骤一预处理得到的CaF_2纳米粉的体积分数为6%，取步骤二所得细化粉末和步骤一预处理得到的CaF_2纳米粉，倒入步骤二所得细化粉末和步骤一预处理得到的CaF_2纳米粉总体积6～8倍的去离子水容器中，得到混合物C；所述容器设有温度传感器；将装有混合物C的容器置于超声波发生器中，80～100Hz超声波处理，同时对其进行100～150r/min搅拌；在超声搅拌过程中，将混合物温度升高至100℃，维持该温度，继续超声搅拌30～40min，按照聚乙二醇和混合物的质量比为1∶95加入聚乙二醇，然后继续超声搅拌分散10～20min，超声搅拌分散结束后，得到混合物D；将所得混合物D放入球磨罐中，以无水乙醇为介质，球磨180～220h，在140～160℃条件下真空干燥22～26h，过筛，得到二次球磨细化粉末，备用。

步骤四　放电等离子烧结

将步骤三所得二次球磨细化粉末装入石墨模具，置于真空环境中，然后均匀加压进行放电等离子烧结，烧结时，从室温上升至1700℃的过程中，环境压力平稳均匀地加至45MPa，之后在温度为1750℃、压力45MPa条件下保温10～25min，然后断电自然冷却至室温，即得到宽适应双机制自润滑轴承材料。

4. 如权利要求3所述宽适应双机制自润滑轴承材料的制备方法,其特征在于:步骤二和步骤三中所述的球磨罐均为玛瑙球磨罐。

5. 如权利要求3所述宽适应双机制自润滑轴承材料的制备方法,其特征在于:步骤二和步骤三中所述球磨的方法为湿式行星球磨。

6. 如权利要求3所述宽适应双机制自润滑轴承材料的制备方法,其特征在于:所述将所得酸洗后 ZrB_2 纳米粉、ZrO_2 纳米粉和 CaF_2 纳米粉采用无水乙醇进行洗涤的方法为分别加入无水乙醇洗涤一次,然后真空干燥至水的质量分数为 50%,再次加入无水乙醇洗涤一次,最后抽真空分别进行保存、备用。

说 明 书

技术领域

本发明涉及一种材料,具体来说是一种宽适应双机制自润滑轴承材料及其制备方法。

背景技术

机械制造业在整个国民经济中占有极其重要的地位,而轴承加工在制造业中占据主导地位。滑动轴承有时在很苛刻的条件下工作,且处于含尘环境中,使得普通液体润滑轴承因其摩擦特性所限,不能适应特殊工况的要求。自润滑技术轴承完全突破了依靠油脂润滑的局限性而实现了无油润滑,自润滑材料轴承技术是目前润滑技术发展的趋势,力学强度高和摩擦学性能好的自润滑复合材料的开发成为摩擦学领域的研究热点。

目前的轴承材料存在一些缺陷,由于轴承工作的工况如温度、载荷性质、载荷种类等非常复杂,尺寸规格众多,如何根据不同情况选择并设计合适的材料是个复杂的问题。发展高温、重载、低速、含衬及腐蚀性等复杂工况下的自润滑轴承材料是当务之急。

发明内容

本发明目的是提供一种宽适应双机制自润滑轴承材料及其制备方法,该方法结合添加固体润滑剂和原位氧化反应的双重机制,粉末状的 ZrB_2 作为基体材料并提供原位反应自润滑机制,ZrO_2 为增韧相,CaF_2 为添加剂式自润滑配料,制备出适合自润滑轴承,且温度适应范围比较宽的自润滑轴承材料。

一种宽适应双机制自润滑轴承材料,该材料各原料的体积分数为:ZrB_2 57.0%~70.0%、ZrO_2 12.0%~37.0%、CaF_2 6.0%。ZrB_2 采用纳米粉,粒度为 40~50nm;ZrO_2 采用纳米粉,粒度为 10~20nm;CaF_2 采用纳米粉,粒度为 150~155nm。所述各原料的体积分数优选为:ZrB_2 60.0%、ZrO_2 34.0%、CaF_2 6.0%。

一种宽适应双机制自润滑轴承材料制备包括以下步骤。

步骤一 原材料的预处理

所述 ZrB_2 纳米粉、ZrO_2 纳米粉和 CaF_2 纳米粉在制备和包装过程中可能混有杂质，为了提高其纯度，采用氢氟酸水溶液进行清洗。由于纳米粉料的粒度较小，活性较大，为避免粉料受氢氟酸的腐蚀，氢氟酸的浓度应适当。清洗方法为：分别将 ZrB_2 纳米粉、ZrO_2 纳米粉和 CaF_2 纳米粉置于质量分数为1.8%的氢氟酸水溶液中，然后80～100Hz超声波、100～120r/min搅拌处理90～100min，静置60～90min，倒出上层溶液及漂浮的杂质等，所得沉淀物加入去离子水进行洗涤，静置60～90min再次倒出上层溶液，再次加入去离子水进行洗涤，直至上层溶液pH大于6.5，分别得到酸洗后 ZrB_2 纳米粉、ZrO_2 纳米粉和 CaF_2 纳米粉；将所得酸洗后 ZrB_2 纳米粉、ZrO_2 纳米粉和 CaF_2 纳米粉分别加入无水乙醇洗涤一次，然后真空干燥至水的质量分数为50%，再次加入无水乙醇洗涤一次，然后抽真空分别进行保存，得到预处理后 ZrB_2 纳米粉、ZrO_2 纳米粉和 CaF_2 纳米粉，备用。

步骤二　配料、搅拌、分散及第一次球磨

按照 ZrB_2 体积分数57.0%～70.0%、ZrO_2 体积分数12.0%～37.0%分别取预处理后的 ZrB_2 纳米粉和 ZrO_2 纳米粉，倒入装有 ZrB_2 纳米粉和 ZrO_2 纳米粉混合物体积2～4倍的去离子水容器中，得到混合物A；该容器配合有温度传感器，可以随时测量容器内液体的温度；将容器置于超声波发生器中，110～120Hz超声波处理，同时对其进行100～150r/min搅拌；在超声搅拌过程中，将混合物A的温度快速升高至110℃，并保持不变。超声搅拌30～40min后，按照聚乙二醇和混合物A的质量比为1∶90取聚乙二醇，加入混合物A中，继续超声搅拌10～20min，得到混合物B；将所得混合物B放入球磨罐中，以无水乙醇为介质，球磨180～220h，在140～160℃条件下真空干燥22～26h，过筛，得到细化粉末，备用。

步骤三　第二次球磨

按照步骤二所得细化粉末的体积分数为94%、步骤一预处理得到的 CaF_2 纳米粉的体积分数为6%，取步骤二所得细化粉末和步骤一预处理得到的 CaF_2 纳米粉，倒入步骤二所得细化粉末和步骤一预处理得到的 CaF_2 纳米粉总体积6～8倍的去离子水容器中，得到混合物C；所述容器配合有温度传感器，可以随时测量容器内液体的温度；将装有混合物C的容器置于超声波发生器中，80～100Hz超声分散，同时对其进行100～150r/min搅拌；在超声搅拌过程中，将混合物温度快速升高至100℃，维持该温度，继续超声搅拌30～40min，按照聚乙二醇和混合物的质量比为1∶95加入聚乙二醇，然后继续超声搅拌分散10～20min，超声搅拌分散结束后，得到混合物D；将所得混合物D放入球磨罐中，以无水乙醇为介质，球磨180～220h，在140～160℃条件下真空干燥22～26h，过筛，得到二次球磨细化粉末，备用。

步骤四　放电等离子烧结

将步骤三所得二次球磨细化粉末装入石墨模具，置于真空环境中，然后均匀加压进行放电等离子烧结，烧结时，从室温上升至1700℃的过程中，环境压力平稳均匀地加至45MPa，之后在温度为1750℃、压力45MPa条件下保温10～25min，然后断电自然冷却至室温，即得到宽适应双机制自润滑轴承材料。

步骤二和步骤三中所述的球磨罐均为玛瑙球磨罐。

步骤二和步骤三中所述球磨的方法为湿式行星球磨。

有益效果是：

（1）本发明宽适应双机制自润滑轴承材料的制备方法，采用粉末状的 ZrB_2 作为基体材料并提供原位反应自润滑机制，ZrO_2 为增韧相，CaF_2 为添加剂式自润滑配料，并控制各组分的体积分数为：ZrB_2 60.0%～80.0%、ZrO_2 15.0%～35.0%、CaF_2 5.0%，引入15.0%～35.0%的 ZrO_2 主要可以提高复合材料的强度和韧性，ZrB_2 氧化后也可以生成 ZrO_2，使基体相 ZrB_2 与新生成的 ZrO_2、增强相 ZrO_2 相互穿插、包裹，形成较好的骨架结构，能够形成较好的相变增韧效果；引入5.0%的 CaF_2，主要是利用此高温润滑材料在摩擦时提供良好的自润滑，同时利用 ZrB_2/ZrO_2 陶瓷基体起到的支撑骨架作用，并依靠三次球磨技术，将 CaF_2 固体润滑剂嵌入连续的陶瓷骨架中，在低速切削或摩擦时可以析出，起到自润滑与减摩的作用。

（2）本发明提供宽适应双机制自润滑轴承材料的制备方法，通过在 ZrB_2 基体中添加 ZrO_2 粉末和 CaF_2 粉末，并控制各自的体积分数，采用真空环境，均匀加压的放电等离子烧结工艺，此烧结工艺可以有效降低较难烧结硼化物复合材料的烧结温度，从而获得致密度更高的材料；在此工艺条件下制备的宽适应双机制自润滑轴承材料，适合于高低温，具有粒度细小且分布均匀、高硬度、高抗弯强度、高断裂韧性、良好的高低温稳定性等特点，适合制成对高温及耐磨性要求较高的轴承。

附图说明

图1为原料中各组分的体积分数为 ZrB_2 55.0%、ZrO_2 40.0%、CaF_2 5.0%，其他条件按照本发明宽适应双机制自润滑轴承材料的制备方法中的不变，所制备的材料在700℃下摩擦磨损后图片。

图2为实施例2制备的宽适应双机制自润滑轴承材料在700℃下摩擦磨损后图片。

图3为原料中各组分的体积分数为 ZrB_2 85.0%、ZrO_2 10.0%、CaF_2 5.0%，其他条件按照该发明宽适应双机制自润滑轴承材料在700℃下摩擦磨损后图片。

图4为高温摩擦磨损试验中摩擦温度与摩擦系数关系图。

图5为宽适应双机制自润滑轴承材料在摩擦过程中的自润滑机理-摩擦开始阶段示意图。

图6为宽适应双机制自润滑轴承材料在摩擦过程中的自润滑机理-ZrB_2、CaF_2 颗粒逐渐析出示意图。

图 7 为宽适应双机制自润滑轴承材料在摩擦过程中的自润滑机理-B_2O_3、ZrO_2、CaF_2润滑膜在摩擦表面拖覆示意图。

图 8 为宽适应双机制自润滑轴承材料在摩擦过程中的自润滑机理-自润滑膜的形成示意图。

图 9 为宽适应双机制自润滑轴承材料在 700℃下空气中氧化 2h 后的残余抗弯强度图。

图 10 为宽适应双机制自润滑轴承材料在 700℃下空气中氧化 2h 后的残余断裂韧性图。

图 1

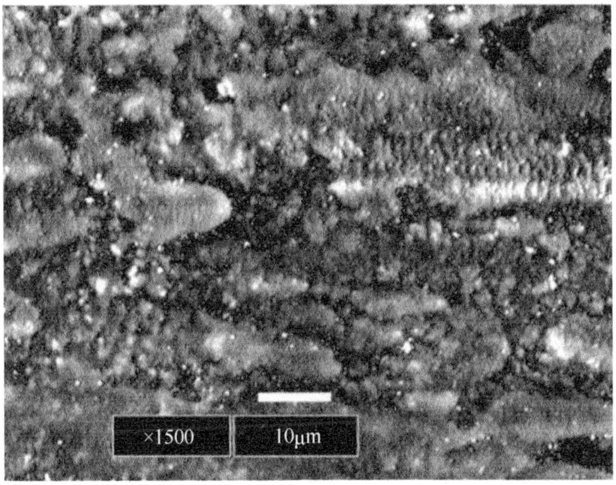

图 2

×1500
10μm

图 3

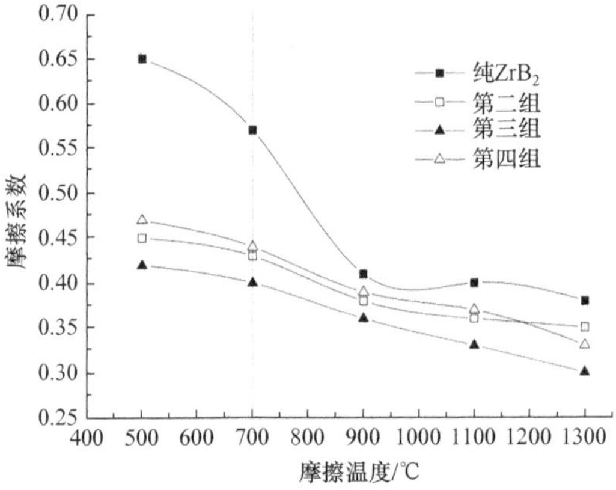
0.70
0.65
0.60
0.55
0.50
0.45
0.40
0.35
0.30
0.25
摩擦系数
纯ZrB₂
第二组
第三组
第四组
400 500 600 700 800 900 1000 1100 1200 1300
摩擦温度/℃

图 4

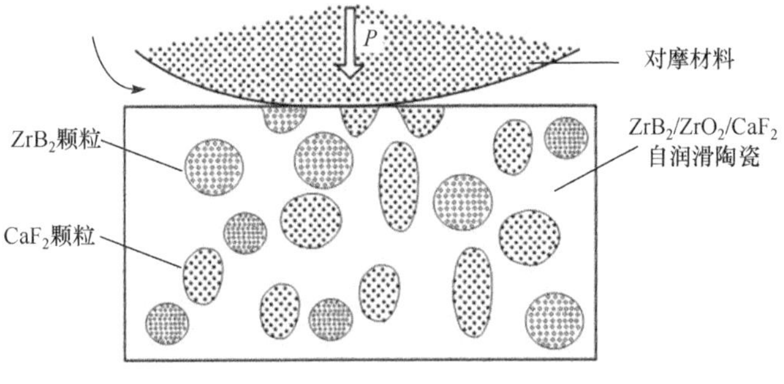
P
对摩材料
ZrB₂颗粒
CaF₂颗粒
ZrB₂/ZrO₂/CaF₂
自润滑陶瓷

图 5

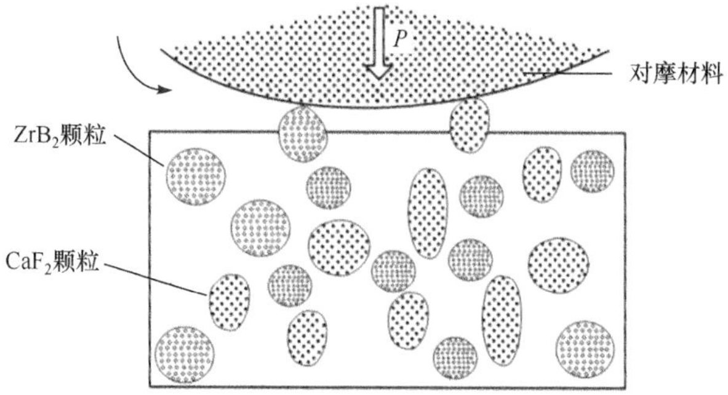

图 6

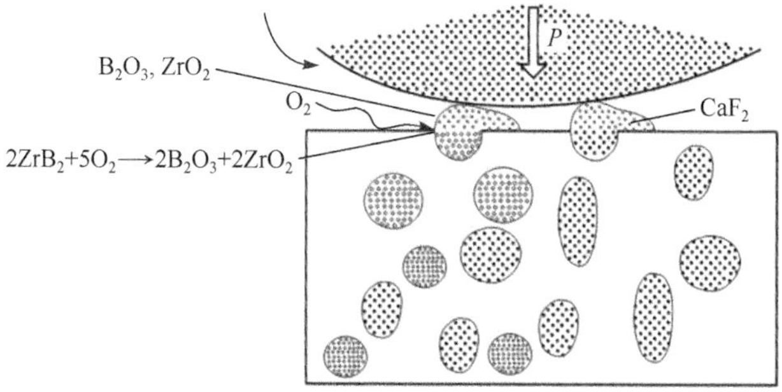

图 7

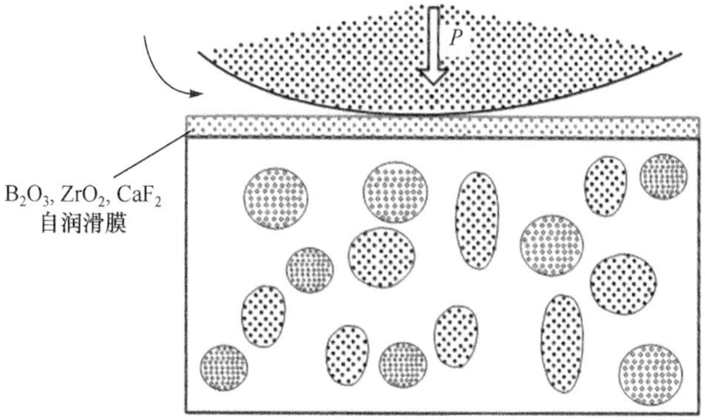

图 8

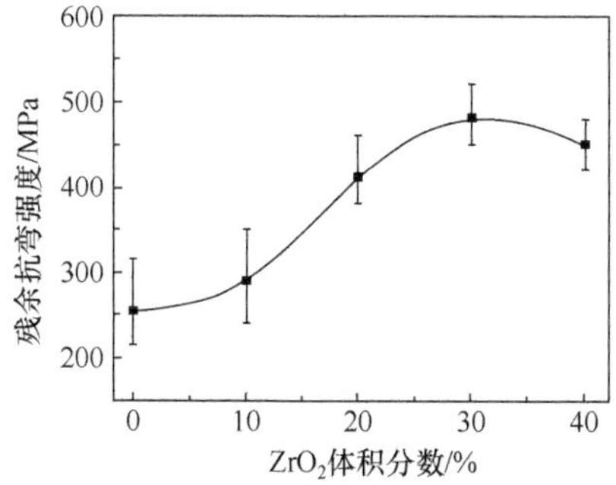

图 9

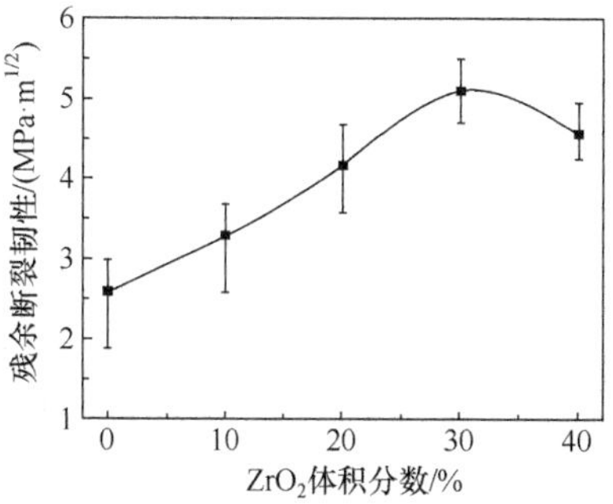

图 10

具体实施方式

一种宽适应双机制自润滑轴承材料，该材料各原料的体积分数为：ZrB_2 57.0%～70.0%、ZrO_2 12.0%～37.0%、CaF_2 6.0%；ZrB_2采用纳米粉，粒度为40～50nm；ZrO_2采用纳米粉，粒度为10～20nm；CaF_2采用纳米粉，粒度为150～155nm。所述各原料的体积分数优选为ZrB_2 60.0%、ZrO_2 34.0%、CaF_2 6.0%。

一种宽适应双机制自润滑轴承材料制备包括以下步骤。

步骤一　原材料的预处理

所述ZrB_2纳米粉、ZrO_2纳米粉和CaF_2纳米粉在制备和包装过程中可能混有杂质，为了提高其纯度，采用氢氟酸水溶液进行清洗。由于纳米粉料的粒度较小，活性较大，为避免粉料受氢氟酸的腐蚀，氢氟酸的浓度应适当。清洗方法为：分别将ZrB_2纳米粉、ZrO_2纳米粉和CaF_2纳米粉置于质量分数为1.8%的氢氟酸水溶液中，然后80～100Hz超声波、100～120r/min搅拌处理90～100min，静置60～90min，倒出上层溶液及漂浮的杂质等，所得沉淀物加入去离子水进行洗涤，静置60～90min再次倒出上层溶液，再次加入去离子水进行洗涤，直至上层溶液pH大于6.5，分别得到酸洗后ZrB_2纳米粉、ZrO_2纳米粉和CaF_2纳米粉；将所得酸洗后ZrB_2纳米粉、ZrO_2纳米粉和CaF_2纳米粉分别加入无水乙醇洗涤一次，然后真空干燥至水的质量分数为50%，再次加入无水乙醇洗涤一次，然后抽真空分别进行保存，得到预处理后ZrB_2纳米粉、ZrO_2纳米粉和CaF_2纳米粉，备用。

步骤二　配料、搅拌、分散及第一次球磨

按照ZrB_2的体积分数为57.0%～70.0%、ZrO_2的体积分数为12.0%～37.0%分别取预处理后的ZrB_2纳米粉和ZrO_2纳米粉，倒入装有ZrB_2纳米粉和ZrO_2纳米粉混合物体积2～4倍的去离子水容器中，得到混合物A；该容器配合有温度传感器，可以随时测量容器内液体的温度；将容器置于超声波发生器中，110～120Hz超声波处理，同时对其进行100～150r/min搅拌；在超声搅拌过程中，将混合物A的温度快速升高至110℃，并保持不变。超声搅拌30～40min后，按照聚乙二醇和混合物A的质量比为1∶90取聚乙二醇，加入混合物A中，继续超声搅拌10～20min，得到混合物B；将所得混合物B放入球磨罐中，以无水乙醇为介质，球磨180～220h，在140～160℃条件下真空干燥22～26h，过筛，得到细化粉末，备用。

步骤三　第二次球磨

按照步骤二所得细化粉末的体积分数为94%、步骤一预处理得到的CaF_2纳米粉的体积分数为6%，取步骤二所得细化粉末和步骤一预处理得到的CaF_2纳米粉，倒入步骤二所得细化粉末和步骤一预处理得到的CaF_2纳米粉总体积6～8倍的去离子水容器中，得到混合物C；所述容器配合有温度传感器，可以随时测量容器内液体的温度；将装有混合物C的容器置于超声波发生器中，80～100Hz超声分散，同时对其进行100～150r/min搅拌；在超声搅拌过程中，将混合物温度快速升高至 100℃，维持该温度，继续超声搅拌 30～40min，按照聚乙二醇和混合物的质量比为 1∶95 加入聚乙二醇，然后继续超声搅拌分散 10～20min，超声搅拌分散结束后，得到混合物 D；将所得混合物 D 放入球磨罐中，以无水乙醇为介质，球磨 180～220h，在 140～160℃条件下真空干燥 22～26h，过筛，得到二次球磨细化粉末，备用。

步骤四　放电等离子烧结

将步骤三所得二次球磨细化粉末装入石墨模具，置于真空环境中，然后均匀加压进行放电等离子烧结，烧结时，从室温上升至 1700℃的过程中，环境压力平稳均匀地加至 45MPa，之后在温度为 1750℃、压力 45MPa 条件下保温 10～25min，然后断电自然冷却至室温，即得到宽适应双机制自润滑轴承材料。

步骤二和步骤三中所述的球磨罐均为玛瑙球磨罐。

步骤二和步骤三中所述球磨的方法为湿式行星球磨。

1. 实施例 1

一种宽适应双机制自润滑轴承材料，该材料各原料的体积分数为：ZrB_2 57.0%、ZrO_2 37.0%、CaF_2 6.0%。ZrB_2 采用纳米粉，粒度为 40nm；ZrO_2 采用纳米粉，粒度为 10nm；CaF_2 采用纳米粉，粒度为 150nm。

一种宽适应双机制自润滑轴承材料制备，包括以下步骤。

步骤一　原材料的预处理

所述 ZrB_2 纳米粉、ZrO_2 纳米粉和 CaF_2 纳米粉在制备和包装过程中可能混有杂质，为了提高其纯度，采用氢氟酸水溶液进行清洗。由于纳米粉料的粒度较小，活性较大，为避免粉料受氢氟酸的腐蚀，氢氟酸的浓度应适当。清洗方法为：分别将 ZrB_2 纳米粉、ZrO_2 纳米粉和 CaF_2 纳米粉置于质量分数为 1.8%的氢氟酸水溶液中，然后 80Hz 超声波、100r/min 搅拌处理 90min，静置 60min，倒出上层溶液及漂浮的杂质等，所得沉淀物加入去离子水进行洗涤，静置 60min 再次倒出上层溶液，再次加入去离子水进行洗涤，直至上层溶液 pH 大于 6.5，分别得到酸洗后 ZrB_2 纳米粉、ZrO_2 纳米粉和 CaF_2 纳米粉；将所得酸洗后 ZrB_2 纳米粉、ZrO_2 纳米粉和 CaF_2 纳米粉分别加入无水乙醇洗涤一次，然后真空干燥至水的质量分数为 50%，再次加入无水乙醇洗涤一次，然后抽真空分别进行保存，得到预处理后 ZrB_2 纳米粉、ZrO_2 纳米粉和 CaF_2 纳米粉，备用。

步骤二　配料、搅拌、分散及第一次球磨

按照 ZrB_2 的体积分数为 57.0%、ZrO_2 的体积分数为 37.0%分别取预处理后的 ZrB_2 纳米粉和 ZrO_2 纳米粉，倒入装有 ZrB_2 纳米粉和 ZrO_2 纳米粉混合物体积 2 倍的去离子水容器中，得到混合物 A；该容器配合有温度传感器，可以随时测量容器内液体的温度；将容器置于超声波发生器中，110～120Hz 超声波处理，同时对其进行 100～150r/min 搅拌；在超声搅拌过程中，将混合物 A 的温度快速升高至

110℃，并保持不变。超声搅拌 30～40min 后，按照聚乙二醇和混合物 A 的质量比为 1∶90 取聚乙二醇，加入混合物 A 中，继续超声搅拌 10～20min，得到混合物 B；将所得混合物 B 放入球磨罐中，以无水乙醇为介质，球磨 180～220h，在 140～160℃条件下真空干燥 22～26h，过筛，得到细化粉末，备用。

步骤三　第二次球磨

按照上述步骤二所得细化粉末的体积分数为 94%、步骤一预处理得到的 CaF_2 纳米粉的体积分数为 6%，取步骤二所得细化粉末和步骤一预处理得到的 CaF_2 纳米粉，倒入步骤二所得细化粉末和步骤一预处理得到的 CaF_2 纳米粉总体积 6～8 倍的去离子水容器中，得到混合物 C；所述容器配合有温度传感器，可以随时测量容器内液体的温度；将装有混合物 C 的容器置于超声波发生器中，80～100Hz 超声分散，同时对其进行 100r/min 搅拌；在超声搅拌过程中，将混合物温度快速升高至 100℃，维持该温度，继续超声搅拌 30～40min，按照聚乙二醇和混合物的质量比为 1∶95 加入聚乙二醇，然后继续超声搅拌分散 10min，超声搅拌分散结束后，得到混合物 D；将所得混合物 D 放入玛瑙球磨罐中，以无水乙醇为介质，湿式行星球磨 180h，在 140℃条件下真空干燥 22h，过筛，得到二次球磨细化粉末，备用。

步骤四　放电等离子烧结

将步骤三所得二次球磨细化粉末装入石墨模具，置于真空环境中，然后均匀加压进行放电等离子烧结，烧结时，从室温上升至 1700℃过程中，环境压力平稳均匀地加至 45MPa，之后在温度为 1750℃、压力 45MPa 条件下保温 10min，然后断电自然冷却至室温，即得到宽适应双机制自润滑轴承材料。

2. 实施例 2

一种宽适应双机制自润滑轴承材料，该材料的各原料的体积分数为：ZrB_2 60.0%、ZrO_2 34.0%、CaF_2 6.0%。ZrB_2 采用纳米粉，粒度为 45nm；ZrO_2 采用纳米粉，粒度为 15nm；CaF_2 采用纳米粉，粒度为 152nm。

一种宽适应双机制自润滑轴承材料制备，包括以下步骤。

步骤一　原材料的预处理

所述 ZrB_2 纳米粉、ZrO_2 纳米粉和 CaF_2 纳米粉在制备和包装过程中可能混有杂质，为了提高其纯度，采用氢氟酸水溶液进行清洗。由于纳米粉料的粒度较小，活性较大，为避免粉料受氢氟酸的腐蚀，氢氟酸的浓度应适当。清洗方法为：分别将 ZrB_2 纳米粉、ZrO_2 纳米粉和 CaF_2 纳米粉置于质量分数为 1.8%的氢氟酸水溶液中，然后 90Hz 超声波、110r/min 搅拌处理 95min，静置 80min，倒出上层溶液及漂浮的杂质等，所得沉淀物加入去离子水进行洗涤，静置 80min 再次倒出上层溶液，再次加入去离子水进行洗涤，直至上层溶液 pH 大于 6.5，分别得到酸洗后 ZrB_2 纳米粉、ZrO_2 纳米粉和 CaF_2 纳米粉；将所得酸洗后 ZrB_2 纳米粉、ZrO_2 纳米

粉和 CaF_2 纳米粉分别加入无水乙醇洗涤一次，然后真空干燥至水的质量分数为 50%，再次加入无水乙醇洗涤一次，然后抽真空分别进行保存，得到预处理后 ZrB_2 纳米粉、ZrO_2 纳米粉和 CaF_2 纳米粉，备用。

步骤二　配料、搅拌、分散及第一次球磨

按照 ZrB_2 的体积分数为 60.0%、ZrO_2 的体积分数为 34.0%分别取预处理后的 ZrB_2 纳米粉和 ZrO_2 纳米粉，倒入装有 ZrB_2 纳米粉和 ZrO_2 纳米粉混合物体积 3 倍的去离子水容器中，得到混合物 A；该容器配合有温度传感器，可以随时测量容器内液体的温度；将容器置于超声波发生器中，110Hz 超声波处理，同时对其进行 100r/min 搅拌；在超声搅拌过程中，将混合物 A 的温度快速升高至 110℃，并保持不变。超声搅拌 30min 后，按照聚乙二醇和混合物 A 的质量比为 1∶90 取聚乙二醇，加入混合物 A 中，继续超声搅拌 10min，得到混合物 B；将所得混合物 B 放入球磨罐中，以无水乙醇为介质，球磨 200h，在 140℃条件下真空干燥 22h，过筛，得到细化粉末，备用。

步骤三　第二次球磨

按照步骤二所得细化粉末的体积分数为 94%、步骤一预处理得到的 CaF_2 纳米粉的体积分数为 6%，取步骤二所得细化粉末和步骤一预处理得到的 CaF_2 纳米粉，倒入步骤二所得细化粉末和步骤一预处理得到的 CaF_2 纳米粉总体积 7 倍的去离子水容器中，得到混合物 C；所述容器设有温度传感器，可以随时测量容器内液体的温度；将装有混合物 C 的容器置于超声波发生器中，90Hz 超声分散，同时对其进行 120r/min 搅拌；在超声搅拌过程中，将混合物温度快速升高至 100℃，维持该温度，继续超声搅拌 35min，按照聚乙二醇和混合物的质量比为 1∶95 加入聚乙二醇，然后继续超声搅拌分散 15min，超声搅拌分散结束后，得到混合物 D；将所得混合物 D 放入玛瑙球磨罐中，以无水乙醇为介质，湿式行星球磨 200h，在 150℃条件下真空干燥 24h，过筛，得到二次球磨细化粉末，备用。

步骤四　放电等离子烧结

将步骤三所得二次球磨细化粉末装入石墨模具，置于真空环境中，然后均匀加压进行放电等离子烧结，烧结时，从室温上升至 1700℃的过程中，环境压力平稳均匀地加至 45MPa，之后在温度为 1750℃、压力 45MPa 条件下保温 20min，然后断电自然冷却至室温，即得到宽适应双机制自润滑轴承材料。

图 2 为实施例 2 制备的宽适应双机制自润滑轴承材料在 700℃下摩擦磨损后图片。对摩材料为 Al_2O_3。对比图 1，从形态上看实施例 2 制备的宽适应双机制自润滑轴承材料经过对摩后具有较好的自润滑表现，自润滑膜的分布较为均匀，未出现表面颗粒严重脱落的现象，材料整体的性能较好。

3. 实施例 3

一种宽适应双机制自润滑轴承材料，该材料各原料的体积分数为：ZrB_2

70.0%、ZrO_2 24.0%、CaF_2 6.0%。ZrB_2 采用纳米粉，粒度为 50nm；ZrO_2 采用纳米粉，粒度为 20nm；CaF_2 采用纳米粉，粒度为 155nm。

一种宽适应双机制自润滑轴承材料制备，包括以下步骤。

步骤一　原材料的预处理

所述 ZrB_2 纳米粉、ZrO_2 纳米粉和 CaF_2 纳米粉在制备和包装过程中可能混有杂质，为了提高其纯度，采用氢氟酸水溶液进行清洗。由于纳米粉料的粒度较小，活性较大，为避免粉料受氢氟酸的腐蚀，氢氟酸的浓度应适当。清洗方法为：分别将 ZrB_2 纳米粉、ZrO_2 纳米粉和 CaF_2 纳米粉置于质量分数为 1.8%的氢氟酸水溶液中，然后 100Hz 超声波、120r/min 搅拌处理 100min，静置 60～90min，倒出上层溶液及漂浮的杂质等，所得沉淀物加入去离子水进行洗涤，静置 90min 再次倒出上层溶液，再次加入去离子水进行洗涤，直至上层溶液 pH 大于 6.5，分别得到酸洗后 ZrB_2 纳米粉、ZrO_2 纳米粉和 CaF_2 纳米粉；将所得酸洗后 ZrB_2 纳米粉、ZrO_2 纳米粉和 CaF_2 纳米粉分别加入无水乙醇洗涤一次，然后真空干燥至水的质量分数为 50%，再次加入无水乙醇洗涤一次，然后抽真空分别进行保存，得到预处理后 ZrB_2 纳米粉、ZrO_2 纳米粉和 CaF_2 纳米粉，备用。

步骤二　配料、搅拌、分散及第一次球磨

按照 ZrB_2 体积分数 70.0%、ZrO_2 体积分数 24.0%分别取预处理后的 ZrB_2 纳米粉和 ZrO_2 纳米粉，倒入装有 ZrB_2 纳米粉和 ZrO_2 纳米粉混合物体积 2～4 倍的去离子水容器中，得到混合物 A；该容器配合有温度传感器，可以随时测量容器内液体的温度；将容器置于超声波发生器中，110～120Hz 超声波处理，同时对其进行 150r/min 搅拌；在超声搅拌过程中，将混合物 A 的温度快速升高至 110℃，并保持不变。超声搅拌 40min 后，按照聚乙二醇和混合物 A 的质量比为 1∶90 取聚乙二醇，加入混合物 A 中，继续超声搅拌 20min，得到混合物 B；将所得混合物 B 放入球磨罐中，以无水乙醇为介质，球磨 220h，在 160℃条件下真空干燥 26h，过筛，得到细化粉末，备用。

步骤三　第二次球磨

按照步骤二所得细化粉末的体积分数为 94%、步骤一预处理得到的 CaF_2 纳米粉的体积分数为 6%，取步骤二所得细化粉末和步骤一预处理得到的 CaF_2 纳米粉，倒入步骤二所得细化粉末和步骤一预处理得到的 CaF_2 纳米粉总体积 8 倍的去离子水容器中，得到混合物 C；所述容器配合有温度传感器，可以随时测量容器内液体的温度；将装有混合物 C 的容器置于超声波发生器中，100Hz 超声分散，同时对其进行 150r/min 搅拌；在超声搅拌过程中，将混合物温度快速升高至 100℃，维持该温度，继续超声搅拌 40min，按照聚乙二醇和混合物的质量比为 1∶95 加入聚乙二醇，然后继续超声搅拌分散 20min，超声搅拌分散结束后，得到混合物 D；将所得混合物 D 放入玛瑙球磨罐中，以无水乙醇为介质，湿式行星球磨 220h，在 160℃条件下真空干燥 26h，过筛，得到二次球磨细化粉末，备用。

步骤四　放电等离子烧结

将步骤三所得二次球磨细化粉末装入石墨模具，置于真空环境中，然后均匀加压进行放电等离子烧结，烧结时，从室温上升至 1700℃的过程中，环境压力平稳均匀地加至 45MPa，之后在温度为 1750℃、压力 45MPa 条件下保温 10～25min，然后断电自然冷却至室温，即得到宽适应双机制自润滑轴承材料。

本发明宽适应双机制自润滑轴承材料在摩擦过程中的自润滑机理。

图 5～图 8 为宽适应双机制自润滑轴承材料在摩擦过程中的自润滑机理示意图，图 5 为摩擦开始阶段，图 6 为 ZrB_2、CaF_2 颗粒逐渐析出，图 7 为 B_2O_3、ZrO_2、CaF_2 润滑膜在摩擦表面拖覆，图 8 为自润滑膜形成。如图 5 所示，当自润滑材料进行切削或摩擦时，摩擦副间会产生大量摩擦热，处于自润滑材料表层受到摩擦热和压应力的作用，TiB_2、ZrB_2 颗粒逐渐析出。如图 6 所示，在高温高压和氧气的作用下，容易发生摩擦化学反应，在材料表面生成具有润滑作用的 ZrB_2、ZrO_2、CaF_2 润滑膜。如图 7 所示，经过摩擦后，由于固体润滑剂的硬度和剪切强度较低，因此析出表面的固体润滑剂在摩擦作用下，很容易被拖覆在摩擦表面，当大量固体润滑剂颗粒被拖覆时，便在摩擦表面形成了润滑膜。如图 8 所示，无论摩擦面间是形成完整的润滑膜，还是形成部分润滑膜，都会起到减摩的作用。

本发明利用硼化锆、氧化锆、氟化钙所制备的宽适应双机制自润滑轴承材料，在高温摩擦作用下的固体润滑剂和原位氧化反应的双重机制自润滑，在材料表面生成具有润滑作用的反应膜，从而实现自润滑，相关技术可以制备出一种不仅适合高速切削而且在低温也不受限制的宽适应双机制自润滑轴承材料。

相关试验

（1）本发明宽适应双机制自润滑轴承材料高温摩擦磨损试验。

摩擦磨损试验在 UMT-2 多功能摩擦试验机（美国，CETR 公司）上进行。该摩擦试验机传感器的工作范围在 0～200N，精度可达 10mN；水平和竖直精度为 0.1mm/s；主轴转速在 0～5000r/min，精度可达 0.1r/min；加热室的工作范围在 0～1000℃，精度为 0.1℃。红外温度检测系统精度为 0.5℃。摩擦副形式选用球-盘摩擦式。对摩材料为 Al_2O_3。试验分别选用四组材料，第一组是纯 ZrB_2，第二组是原料体积分数 ZrB_2 55.0%、ZrO_2 40.0%、CaF_2 5.0%的混合物；第三组是本发明宽适应双机制自润滑轴承材料；第四组是原料的体积分数 ZrB_2 65.0%、ZrO_2 30.0%、CaF_2 5.0%的混合物，其他成分制备方法和本发明相同。图 4 为高温摩擦磨损试验中摩擦系数与摩擦温度的关系。从图中可以看出，一般 ZrB_2 在 500～700℃发生原位反应，形成原位反应自润滑。然而，在 500℃纯 ZrB_2 与 Al_2O_3 对摩时，由于不能发生自润滑，摩擦系数达到了 0.65，本发明宽适应双机制自润滑轴承材料，在 500℃以下时，添加的固体润滑剂 CaF_2 可以生成润滑膜，故摩擦系数明显低于纯 ZrB_2。本发明宽适应双机制自润滑轴承材料，温度高于 700℃后，均可以发生原位反应。从图中可以看出本发明的材料在温度高于 700℃和低于 500℃时均能表现出较好的自润滑性能，是较好的刀具材料。

（2）本发明宽适应双机制自润滑轴承材料在 700℃下空气中氧化试验。

试验中的材料，ZrO_2 的体积分数不同；试验结果如图 9 和图 10 所示，两图分别为不同 ZrO_2 含量的材料在 700℃下空气中氧化 2h 后的残余抗弯强度与残余断裂韧性；从图中可以看出，当 ZrB_2 为的体积分数为 30%时氧化后的残余力学性能最好，比（ZrB_2 95% + CaF_2 5%）陶瓷材料的残余抗弯强度提高了 88.3%，残余断裂韧性提高了 96.9%。试验证明，本发明宽适应双机制自润滑轴承材料具有较强的抗弯强度和残余断裂韧性。

（3）本发明宽适应双机制自润滑轴承材料的制备方法中原料成分比例发生变化时试验。

① 当原料中各组分的体积分数为 ZrB_2 55.0%、ZrO_2 40.0%、CaF_2 5.0%，其他条件按照本发明宽适应双机制自润滑轴承材料的制备方法不变时，用所制备的材料，进行 700℃下摩擦磨损试验，对摩材料为 Al_2O_3。图 1 为试验结果；根据能量色散 X 射线光谱仪（EDX）图和 X 射线衍射可知图 1 中的黑色区域为 ZrO_2，灰白色区域为 ZrB_2，白色反光区域为 CaF_2。从图 1 中可以看出，高温摩擦磨损试验后的晶粒之间界面的结合程度有所减弱，表面有颗粒脱落现象，从形态上看并未表现出很好的双机制自润滑效果，主要是因为当 ZrO_2 的体积分数超过 35%时，ZrO_2 材料本身硬度较低的特点就展现出来，虽然 ZrO_2 具有相变增韧的作用，但是材料的整体强度在高温摩擦磨损后还是受到一定影响。

② 当原料中各组分的体积分数为 ZrB_2 85.0%、ZrO_2 10.0%、CaF_2 5.0%，其他条件按照本发明宽适应双机制自润滑轴承材料的制备方法不变时，用所制备的材料，进行 700℃下摩擦磨损试验，对摩材料为 Al_2O_3。图 3 为试验结果，对比图 2，所制备的材料经过对摩后材料的磨损脱落情况较为严重，材料的致密度比本发明所制备的宽适应双机制自润滑轴承材料要差一些，并未表现出很好的双机制自润滑效果。当 ZrB_2 的体积分数超过 80%时，ZrB_2 材料本身致密化较难的特点就展现出来，虽然少量的 ZrO_2 具有相变增韧的作用，但是材料的整体强度在高温摩擦磨损后还是受到一定影响。

审查员在第一次审查意见通知书中指出：针对原始申请文件进行审查，且本通知书是在进行了检索的情况下做出的，并引入了对比文件 1、2，审查员指出权利要求 1 和 2 不具备专利法第二十二条第三款规定的创造性。第一次审查意见通知书具体如下所示。

第一次审查意见通知书

申请号：2015103354905

经审查，意见如下。

权利要求 1 和 2 不具备专利法第二十二条第三款规定的创造性，具体理由如下。

1. 权利要求 1 请求保护一种宽适应双机制自润滑轴承材料，对比文件 1（CN 101913876 A）公开了一种硼化锆-碳化钨钛自润滑复合陶瓷材料的制备方法，并具体公开了如下技术内容：该材料以初次细化的 ZrB_2 作为基体材料，（W, Ti）C 为强化相，ZrO_2 为增韧相，添加 MgO 助烧剂，各组分的体积分数为 ZrB_2 45.2%～82.1%、（W, Ti）C 10.0%～50.0%、ZrO_2 3.8%～6.9%，MgO 1.0%（参见对比文件 1 权利要求书）。

权利要求 1 所要保护的技术方案与对比文件 1 公开的技术内容相比，区别技术特征是：权利要求 1 中还含有 CaF_2，对比文件 1 中使用（W, Ti）C 为强化相，添加 MgO 助烧剂。基于上述区别技术特征，可以确定权利要求 1 实际解决的技术问题是如何提高材料的润滑性能。

对于该区别技术特征，对比文件 2（CN 102899550 A）公开了一种耐高温自润滑轴承材料及其制备方法，其中选用 MoS_2、CaF_2 为润滑减磨相（参见对比文件 1 摘要）。对比文件 2 同样是使用陶瓷原料制备自润滑轴承材料，在此基础上，当本领域技术人员需要提高材料的润滑性能时，有动机将 CaF_2 作为润滑减磨相应用于对比文件 1 中。（W, Ti）C 作为强化相、MgO 作为助烧剂的机理在现有技术中是已知的，CaF_2 在本领域中含有降低烧结温度、加速形成自修复层的作用，为简化工艺、降低成本，本领域技术人员容易想到使用 CaF_2，不使用（W, Ti）C 和 MgO，在对比文件 1 公开内容和现有技术的基础上通过有限的常规试验对各物质的用量进行进一步调整、优化而容易获得的权利要求 1 中的体积分数和粒度并制得宽适应双机制自润滑轴承材料，并不需要付出创造性劳动。

因此，在对比文件 1 的基础上结合本领域公知常识、对比文件 2 得到权利要求 1 所要保护的技术方案对本领域技术人员是显而易见的，权利要求 1 不具备突出的实质性特点和显著的进步，不符合专利法第二十二条第三款的规定。

2. 权利要求 2 对引用的权利要求做了进一步限定，各原料的体积分数优选为 ZrB_2 60.0%、ZrO_2 34.0%、CaF_2 6.0%也是本领域技术人员根据实际需要可以调整得到的。因此，在其引用的权利要求不具备创造性的前提下，权利要求 2 也不具备突出的实质性特点和显著的进步，不符合专利法第二十二条第三款的规定。

申请人应当在本通知书指定的答复期限内对本通知书提出的问题逐一进行答复，必要时应修改专利申请文件，否则本申请将难以获得批准。申请人对申请文件的修改应当符合专利法第三十三条的规定，不得超出原说明书和权利要求书记载的范围。

对比文件 1

申请公布号：CN 101913876 A

申请公布日：2010. 12. 15

发明名称：一种硼化锆-碳化钨钛自润滑复合陶瓷材料的制备方法

摘要：本发明涉及一种硼化锆-碳化钨钛自润滑复合陶瓷材料的制备方法。本发明是在 ZrB_2 基体中添加（W, Ti）C 固溶体和 ZrO_2 粉末，以 MgO 为助烧剂，在真空环境下采用热压烧结技术制备。引入（W, Ti）C 固溶体可以使基体相 ZrB_2 与增强相（W, Ti）C 形成较好的骨架结构，原加 ZrO_2 是利用其相变特性以提高复合陶瓷材料的韧性。添加 MgO 助烧剂来降低 ZrB_2 的烧结温度，从而获得致密度更高的材料。利用硼化锆-碳化钨钛自润滑复合陶瓷材料在高温摩擦作用下的化学反应，可实现该复合材料的自润滑功能。本发明具有高硬度、高抗弯强度和高断裂韧性等特点，适合制备金属切削刀具、模具、喷嘴等。

权利要求书

一种硼化锆-碳化钨钛自润滑复合陶瓷材料的制备方法，该材料主要包括 ZrB_2、（W, Ti）C 和 ZrO_2，其特征是通过以下方法制备：

（1）初次球磨工艺。先分别将 ZrB_2 原料和（W, Ti）C 原料以无水乙醇为介质湿式球磨 100h，然后在 150℃下用真空干燥箱干燥 24h 后过筛，得到较均匀的细化粉末。

（2）配料、搅拌及二次球磨工艺。以初次细化的 ZrB_2 作为基体材料，（W, Ti）C 为强化相，ZrO_2 为增韧相，添加 MgO 助烧剂；各组分的体积分数为 ZrB_2 45.2%～82.1%、（W, Ti）C 10.0%～50.0%、ZrO_2 3.8%～6.9%、MgO 1.0%。将配置好的混合原料倒入以无水乙醇为介质的烧杯中，超声波振荡搅拌 30min；混合料以无水乙醇为介质湿式球磨 200h，在 150℃下用真空干燥箱干燥 24h 后过筛，得到适于烧结的均匀细化复合粉末。

（3）热压烧结。将混合好的复合粉末装入高强石墨模具中，然后在真空环境下热压烧结，烧结温度范围为 1700～1800℃，压力为 30MPa，保温时间为 30～35min。

对比文件 2

申请公布号：CN 102899550 A

申请公布日：2013. 01. 30

发明名称：一种耐高温自润滑轴承材料及其制备方法

摘要：本发明公开了一种耐高温自润滑轴承材料及其制备方法，主要以 06Cr19Ni10 不锈钢粉为基体材料，选用高纯度（≥95%）的 Cu、Mo、Co 金属粉体为增强相，MoS_2、CaF_2为润滑减磨相，同时添加适量的硬脂酸钠作为黏结剂，采用冷压成型、无压真空烧结工艺制备而成。用本发明方法制备得到的高温自润滑轴承材料在 600℃的高温环境下仍然具有较低的摩擦系数以及良好的耐磨损性能，可应用于钢铁、冶金等重型机械装备中，特别适合要求无油润滑的场合。

权利要求书

1. 一种耐高温自润滑轴承材料，其特征在于，按照质量分数由如下成分配比而成：MoS_2 15%～20%、CaF_2 5%～10%、Mo 8%～10%、Co 3%～5%、Cu10%～15%、硬脂酸钠 3%～5%，余量为 06Cr19Ni10 不锈钢粉。

2. 根据权利要求 1 所述的铁基高温自润滑轴承材料的制备方法，其特征在于包括如下步骤：

（1）将符合配方要求的 200 目左右的 Mo 粉、Co 粉、Cu 粉、不锈钢粉混合，得到混合金属粉末。

（2）将符合配方要求的 MoS_2、CaF_2 粉体和硬脂酸钠一起混合到金属粉末中，放入球磨机内球磨 2～3h。

（3）将步骤（2）中球磨后的混合料装入轴套模具在 600MPa 的压力下压制成型，压制过程中保压 20～30min，获得轴承毛坯。

（4）将轴承毛坯置入真空烧结炉中进行烧结，烧结温度为 1100～1200℃，以 10℃/min 的升温速率进行升温，达到设定温度后保温 1h，然后随炉冷却。

（5）将步骤（3）得到的轴套毛坯进行表面磨削、去毛刺、倒角等处理，即得到耐高温自润滑轴承。

该申请中审查员提供的对比文件 1 公开了一种硼化锆-碳化钨钛自润滑复合陶瓷材料的制备方法，对比文件 2 公开了一种耐高温自润滑轴承材料及其制备方法，这两个对比文件与该申请属于相同技术领域。但是，最终获得的技术效果不同，这是因为两个对比文件的自润滑机理与该发明有着本质不同。对比文件 1 是一种单机制的自润滑，该发明是一种宽适应双机制自润滑，明显是两种不同机理的自润滑，故与对比文件 1 还是有较大的区别。对比文件 2 主体并没有采用陶瓷原料来制备高温自润滑轴承材料，而主要是以 06Cr19Ni10 不锈钢粉为基体材料，其次，该发明专利与对比文件 2 的自润滑机理有着本质的不同。因此，该权利要求所要求保护的技术方案具有突出的实质性特点和显著的进步，具备创造性。由此，申请人递交了第一次审查意见答复书。

第一次审查意见答复书

国家知识产权局：

本意见陈述书是针对国家知识产权局于 2016 年 6 月 1 日发出的第一次审查意

见通知书所做的答复。

对比文件 1（CN 101913876 A）公开了一种硼化锆-碳化钨钛自润滑复合陶瓷材料的制备方法，但此发明更强调的是利用复合陶瓷材料在高温摩擦作用下的化学反应，在材料表面生成具有润滑作用的反应膜，从而实现自润滑。虽然引入（W, Ti）C 后可以大幅度提高复合材料的韧性，但是（W, Ti）C 固溶体本身的硬度不是太高，因此复合材料的硬度会有所下降。然而，在不需要长时间应用的场合这种设计还是非常适用的，如在刀具、喷嘴与模具行业，这种制备方法更适合应用。对比文件 1（CN 101913876 A）公开的方法并不适用于轴承行业，因为轴承需要较长时间的工作，采用硼化锆-碳化钨钛的主体设计方法不足以为轴承圈套提供长时间的支撑。从应用的角度来说，对比文件 1 与本发明的目的不同。

对比文件 1 是一种单机制的自润滑，本发明是一种宽适应双机制自润滑，明显是两种不同机理的自润滑，故与对比文件 1 有较大的区别。

对比文件 2（CN 102899550 A）公开了一种耐高温自润滑轴承材料及其制备方法，主要以 06Cr19Ni10 不锈钢粉为基体材料，选用高纯度（≥95%）的 Cu、Mo、Co 金属粉体为增强相，选用 MoS_2、CaF_2 为润滑减磨相，同时添加适量的硬脂酸钠作为黏结剂，采用冷压成型、无压真空烧结工艺制备而成。

首先，对比文件 2 主体并没有采用陶瓷原料来制备高温自润滑轴承材料，而主要以 06Cr19Ni10 不锈钢粉为基体材料，选用高纯度（≥95%）的 Cu、Mo、Co 金属粉体为增强相，以上使用的均为金属，MoS_2、CaF_2 主要是固体润滑剂，本身仅为添加剂，故对比文件 2 几乎没有采用陶瓷原料制备自润滑轴承材料，审查员提出的论述是不成立的。

其次，本发明专利与对比文件 2 的自润滑机理有着本质的不同。对比文件 2 起自润滑作用的主要是 MoS_2（15%～20%）、CaF_2（5%～10%），在 600℃的高温环境下仍然具有较低的摩擦系数和良好的耐磨损性能，能在无油润滑的场合长时间使用。其起作用的主要是 MoS_2 固体自润滑剂，而且含量非常高，达到 15%～20%，如果将相关固体润滑剂 MoS_2（15%～20%）、CaF_2（5%～10%）应用到陶瓷基体中，则会因软质体的含量过高而根本无法烧结。本发明专利是将 CaF_2 固体润滑剂嵌入连续的陶瓷骨架中，在低速切削或摩擦时 CaF_2 可以析出，起到自润滑与减摩的作用。也就是说，本发明专利中，CaF_2 固体润滑剂应用在低温自润滑中，而 ZrB_2 氧化后生成 ZrO_2 的原位反应自润滑主要应用在高温自润滑中（>700℃）。本发明专利与对比文件 2 所应用的范围完全不同，MoS_2、CaF_2 在对比文件 2 中应用于高温自润滑，但是 CaF_2 在本发明专利中应用于相对低温自润滑，本发明专利的高温自润滑采用的是原位反应自润滑。另外，本发明专利的自润滑机制及设计与对比文件 2 也存在着相当大的不同。

再次，从对比文件 2 中可以看出，温度对其摩擦系数的影响不大。然而，本发明专利在高温下的摩擦系数明显优于低温，主要是由高温下两种机制的自润滑同时起作用引起的。对比文件 2 并未提供高温下材料的力学性能，MoS_2 这种片层状的固体润滑剂会大大降低材料的力学性能，很多情况下由于 MoS_2 的加入材料根本无法烧结成型，故对比文件 2 在高温下的力学性能值得考虑。像轴承这种高载荷的应用场合，在高温下力学性能过差的情况下，其磨损作用会大大超过润滑作用，自润滑也起不到相应的效果。

综上所述，在对比文件 1 的基础上结合对比文件 2 以及本领域的公知常识，无法得出该权利要求的技术方案，对本技术领域的技术人员来说并不是显而易见的，因此该权利要求所要求保护的技术方案具有突出的实质性特点和显著的进步，因而具备创造性。

在创造性判断过程中，通常需要将权利要求与对比文件中的特征进行一一对比，为进行准确的事实认定，必须判断待评价的权利要求中的技术特征和对比文件中的技术特征的异同。“技术特征相同”包含狭义和广义两种理解，从狭义上讲，它是指从字面上表达的含义看特征本身相同，而不考虑特征的作用和机制是否相同；从广义上讲，它是指技术特征本身及其所起的作用都相同。而技术特征与该技术特征的作用是密不可分的整体，从技术特征字面含义进行比对容易脱离技术特征本身的实质性含义。

对比文件 1 是一种单机制的自润滑，本发明是一种宽适应双机制自润滑，是两种不同机理的自润滑，故与对比文件 1 还是有较大的区别。对比文件 2 主体并没有采用陶瓷原料来制备高温自润滑轴承材料，而主要是以 06Cr19Ni10 不锈钢粉为基体材料，另外，本发明专利与对比文件 2 的自润滑机理有着本质的不同。所以，本发明在一审回复后就得到了授权。

3.3　案例 3：一种叠层复合刀具材料及其制备方法

案例 3 涉及一种叠层复合刀具材料的发明和制备，属于刀具材料及加工技术领域。该专利申请时提交的权利要求书和说明书原文如下所示。

发明名称：一种叠层复合刀具材料及其制备方法

权 利 要 求 书

1. 一种叠层复合刀具材料，其特征在于：该材料具有经放电等离子烧结得到的 5 层对称结构，中心为基体层，由基体层向两侧依次为中间过渡层和外耐磨层，基体层为 WC-Co，中间过渡层为 WC-Co 和 Al_2O_3-Co 的混合物，WC-Co 在混合物中的质量分数为 70%～80%，Al_2O_3-Co 在混合物中的质量分数为 20%～30%；

外耐磨层为 WC-Co 和 CBN-Co 的混合物，WC-Co 在混合物中的质量分数为 80%～85%，CBN-Co 在混合物中的质量分数为 15%～20%，并且该材料从一侧到另一侧每一层占材料总质量的 5%、15%、60%、15%和 5%。

2. 一种制备如权利要求 1 所述的叠层复合刀具材料的方法，其特征在于：通过化学镀在 WC、Al_2O_3 和 CBN 三种粉体表面包覆金属 Co，得到 WC-Co、Al_2O_3-Co 和 CBN-Co 三种粉体，并以 WC-Co 作为基体层、Al_2O_3-Co 和 WC-Co 的混合物为中间过渡层、WC-Co 和 CBN-Co 的混合物为外耐磨层，按照外耐磨层、中间过渡层、基体层、中间过渡层和外耐磨层的顺序，依次装填在石墨模具内后，于真空条件下均匀加压进行放电等离子烧结，然后断电自然冷却至室温，即得到叠层复合刀具材料。

所述化学镀所用的镀液中主盐为 15～40g/L 的硫酸钴、络合剂为 50g/L 的柠檬酸三钠、还原剂为 20～60g/L 的次亚磷酸钠、缓冲剂为 25g/L 的硼酸，配制镀液的步骤如下：

（1）用去离子水溶解硫酸钴，得到溶液 a。

（2）用去离子水溶解柠檬酸三钠，得到澄清溶液 b。

（3）将溶液 a 加入溶液 b 中，搅拌混合溶液，得到主盐络合溶液 c。

（4）常温下，用去离子水溶解次亚磷酸钠，搅拌均匀，得到溶液 d。

（5）将溶液 d 加入主盐络合溶液 c 中，边加边搅拌，得到溶液 e。

（6）用去离子水溶解硼酸，搅拌均匀，得到澄清溶液 f。

（7）将溶液 f 加入溶液 e 中，边加边搅拌，得到镀液。

（8）用氢氧化钠调整镀液的 pH 为 8～11，然后加去离子水定容。

所述 Al_2O_3-Co 和 WC-Co 的混合物由占混合物质量分数 70%～80%的 WC-Co 和 20%～30%的 Al_2O_3-Co 混合而成，其混合方法如下：按照 WC-Co 质量分数为 70%～80%、Al_2O_3-Co 质量分数 20%～30%分别取经化学镀得到的 WC-Co 粉体和 Al_2O_3-Co 粉体，倒入装有去离子水的容器中，得到混合物 A，去离子水的质量为 WC-Co 粉体和 Al_2O_3-Co 粉体总质量的 7～8 倍；对混合物 A 进行超声搅拌，并将混合物 A 的温度保持在 105℃；超声搅拌 35min 后，按照聚乙二醇和混合物 A 的质量比为 1∶80，取聚乙二醇加入混合物 A 中，继续超声搅拌，得到混合物 B；将所得混合物 B 真空干燥后过筛，得到 Al_2O_3-Co 和 WC-Co 的混合物。

所述 WC-Co 和 CBN-Co 的混合物由占混合物质量分数 80%～85%的 WC-Co 和占混合物质量分数 15%～20%的 CBN-Co 混合而成，其混合方法如下：按照 WC-Co 质量分数 80%～85%、CBN-Co 质量分数 15%～20%分别取经化学镀所得的 WC-Co 粉体和 CBN-Co 粉体，倒入装有去离子水的容器中，混匀得到混合物 C，去离子水的质量为 WC-Co 粉体和 CBN-Co 粉体总质量的 7～8 倍；对混合物 C 进行超声搅拌，保持混合物 C 的温度为 105℃；超声搅拌 35min 后，按照聚乙二醇和混合物 C 的质量比为 1∶80，取聚乙二醇加入混合物 C 中，继续超声搅拌，得到混合物 D；将所得混合物 D 真空干燥后过筛，得到 WC-Co 和 CBN-Co 的混合物。

在所述放电等离子烧结过程中，装填在石墨模具中的外耐磨层、中间过渡层、基体层、中间过渡层和外耐磨层占叠层复合刀具材料的质量分数依次为 5%、15%、60%、15%和 5%。

3. 根据权利要求 2 所述制备叠层复合刀具材料的方法，其特征在于：所述 WC 粉体纯度大于 99.1%，平均粒径为 400nm，理论密度为 14.83g/cm^3；Al_2O_3 粉体纯度大于 99.97%，平均粒径为 150nm，理论密度为 3.979g/cm^3；CBN 粉体纯度大于 99.0%，平均粒径 500nm。

4. 根据权利要求 2 所述制备叠层复合刀具材料的方法，其特征在于：在对 WC、Al_2O_3 和 CBN 三种粉体进行化学镀之前，分别进行预处理，预处理包括粗化、敏化活化和烘干。

5. 根据权利要求 4 所述制备叠层复合刀具材料的方法，其特征在于：所述粗化是将待处理的粉体加入粗化液中，于室温下超声波振荡；然后静置至粉体沉降后，将粉体从粗化液中取出，用去离子水清洗沉降的粉体，分离出粉体；所述粗化液的组成包括 20mL/L 的氢氟酸和 2g/L 的氟化铵。

6. 根据权利要求 4 所述制备叠层复合刀具材料的方法，其特征在于：所述敏化活化是将经粗化处理后的粉体加入敏化活化液中，于室温下超声波振荡，然后静置至粉体沉降后，取出沉降的粉体，用去离子水清洗后，由离心机分离出粉体；所述敏化活化液的组成包括 0.5g/L 的氯化钯、30g/L 的氯化亚锡、160g/L 的氯化钠和 60mL/L 的盐酸。

7. 根据权利要求 4 所述制备叠层复合刀具材料的方法，其特征在于：在所述化学镀之前，将预处理过的粉体分别进行磁力搅拌预分散。

8. 根据权利要求 2 所述制备叠层复合刀具材料的方法，其特征在于：所述放电等离子烧结中，从室温上升至 1800℃的过程中，环境压力平稳均匀地加至 50MPa，之后在温度为 1700℃、压力 50MPa 条件下保温 20～30min，然后断电自然冷却至室温。

9. 根据权利要求 6 所述制备叠层复合刀具材料的方法，其特征在于：所述敏化活化液的配制步骤如下：

（1）称取 0.25g 的氯化钯加入 30mL 浓盐酸中搅拌溶解，完全溶解后变为橙红色透明溶液，再加入去离子水直至 50mL，即得到溶液 a。

（2）称取 80g 的氯化钠溶于 250mL 去离子水中，得到溶液 b。

（3）将溶液 a 与溶液 b 混合，搅拌均匀，得到溶液 c。

（4）称取 15g 的氯化亚锡溶于 150mL 的去离子水中，得到白色的溶液 d。

（5）将溶液 d 边搅拌边加入溶液 c 中，得到深绿色溶液 e。

（6）向溶液 e 加入去离子水定容至 500mL，得到深绿色的敏化活化液。

说　明　书

技术领域

本发明属于刀具材料及加工的技术领域，具体涉及一种叠层复合刀具材料及制备方法。

背景技术

在机加工过程中，刀具作为切削过程主要的直接执行者，在工件的切削加工过程中不可避免地存在磨损、破损甚至断裂等现象，特别是在高速切削中，刀具的磨损尤为严重；出现磨损现象后，刀具的寿命会急剧下降，所加工的工件表面粗糙度上升，易导致工件的尺寸超出设计公差，虽然及时更换刀具可以一定程度上解决工件精度不足的问题，但对于加工航空航天、新型模具等加工难度比较大的器具，特别是涉及国防要求的大型零件或精密零件，过频的换刀会增大零件的重复定位误差，达不到设计要求。

切削刀具表面涂层技术是近几十年来适应市场需求发展起来的材料表面改性技术。采用涂层技术可以有效提高切削刀具的使用寿命，使刀具获得优良的综合性能，从而大幅度提高机械加工效率。因此，业内人士把涂层技术、刀具材料、切削加工工艺称为切削刀具制造领域的三大关键技术。

尽管化学气相沉积（CVD）涂层具有很好的耐磨性，但 CVD 工艺也有其先天缺陷：一是工艺处理温度高，易造成刀具材料抗弯强度下降；二是薄膜内部呈拉应力状态，易导致刀具使用时产生微裂纹；三是 CVD 工艺排放的废气、废液会造成较严重的环境污染。同样，物理气相沉积（PVD）工艺虽然优点很多，但目前仍然存在一定的问题，例如，PVD 工艺处理温度较低，因此涂层与刀具基体、涂层与涂层之间的界面结合强度较低，一方面使涂层厚度受到了限制，同时使涂层在切削负荷的作用下很快因开裂和剥落而失效，涂层与刀具基体的性能差异较大，涂层内易形成较大的残余应力，导致刀具在切削（尤其是断续切削）负荷的作用下，易产生微裂纹。

叠层结构设计丰富了陶瓷材料强韧化的方法，是近几年发展起来的材料增强增韧新技术，这种结构通过模仿贝壳而来，自然界中贝壳的珍珠层是一种天然的层状结构材料，其断裂韧性却比普通单一均质结构高出 3000 倍以上。该种设计具有强韧化效果显著、材料体系多、设计灵活等优点，是目前复合材料强韧化的有效途径之一。对于叠层陶瓷的研究大部分还停留在材料体系的构建上，而对于叠层复合刀具，目前国内外研究较少。叠层结构的出现，如果合理地应用在上刀具，既可提高与基体的结合强度，又能具有多种涂层材料的综合物理机械性能，从而满足不同材料、不同加工条件件的要求（段振兴. 新型叠层复合陶瓷刀具的研制及其切削性能研究[D]. 济南：山东大学，2009）。

中国专利公开一种梯度叠层涂层刀具及其制备方法（ZL 201110214393.2），所制备的 ZrTiN 复合涂层刀具有较高的硬度和强度、优异的抗磨损和抗腐蚀性能，但是在切削有色金属材料时其表面摩擦系数较高，刀具使用寿命无法满足使用需要。中国专利公开了一种新型叠层自润滑陶瓷刀具材料及其制备方法（ZL 201610232992.X），它是涉及一种新型叠层自润滑陶瓷刀具材料 TiC/TiN+TiB_2/TiN 及其制备方法。以 TiC/30%TiN 为基体、TiB_2/15%TiN 为叠层，利用各层热膨胀系数差异在表层产生残余压应力及表层原位反应形成的润滑膜提高复合材料综合性能，但是由于各层材料本身的热膨胀系数差别，刀具在切削难加工材料时，叠层材料在其分界面处还是容易产生裂纹，刀具寿命较低。

立方氮化硼（CBN）属共价键化合物，有着高的化学稳定性、热稳定性和电阻率及仅次于金刚石的硬度。CBN 以微米级颗粒的形式添加在硬质合金中，不仅使耐磨性能有所提高，而且由于 CBN 对裂纹扩展的阻碍作用，复合材料的韧性会有明显提高。因此，WC-Co-CBN 复合材料有巨大潜力成为解决硬质合金硬度和韧性矛盾的复合材料。

中国专利公开了一种WC-Co-CBN复合材料的制备方法（ZL 201610232992.X），它是采用热压烧结的方法，烧结温度低，烧结时间较短，即可保证 CBN 不相变，也可使材料有大的收缩率和高的体积密度。WC 和 CBN 均非常难烧结，同时在烧结过程中存在 WC 颗粒与 CBN 颗粒的直接接触，使得该条件下制备高性能的 WC-Co-CBN 复合材料非常困难。

发明内容

本发明的目的在于克服上述现有技术的不足，提供一种叠层刀具复合材料及制备方法，采用化学镀的方法，在 WC、Al_2O_3 和 CBN 超细粉体表面镀一层 Co 金属，得到 WC-Co、Al_2O_3-Co 和 CBN-Co 三种超细粉体，按照一定的配比与顺序在石墨模具内进行放电等离子烧结，得到叠层复合刀具材料，该材料具有极好的硬度、耐磨性及低的摩擦系数，一定程度上解决了陶瓷复合材料的“硬度和韧性不可调和的矛盾”。

本发明解决上述技术问题所采用的技术方案是：

一种叠层复合刀具材料，该材料具有经放电等离子烧结得到的 5 层对称结构，中心为基体层，由基体层向两侧依次为中间过渡层和外耐磨层，基体层为 WC-Co，中间过渡层为 WC-Co 和 Al_2O_3-Co 的混合物，WC-Co 在混合物中的质量分数为 70%～80%，Al_2O_3-Co 在混合物中的质量分数为 20%～30%；外耐磨层为 WC-Co 和 CBN-Co 的混合物，WC-Co 在混合物中的质量分数为 80%～85%，CBN-Co 在混合物中的质量分数为 15%～20%，并且该材料从一侧到另一侧每一层材料的质量分数分别为 5%、15%、60%、15%和 5%。

一种制备所述叠层复合刀具材料的方法，通过化学镀在 WC、Al_2O_3 和 CBN 三种粉体表面包覆金属 Co，得到 WC-Co、Al_2O_3-Co 和 CBN-Co 三种粉体，并以 WC-Co 作为基体层、Al_2O_3-Co 和 WC-Co 的混合物为中间过渡层、WC-Co 和 CBN-Co 的混合物为外耐磨层，按照外耐磨层、中间过渡层、基体层、中间过渡层和外耐磨层的顺序，依次装填在石墨模具内后，于真空条件下均匀加压进行放电等离子烧结，然后断电自然冷却至室温，即得到叠层复合刀具材料。

所述化学镀所用的镀液中主盐为 15～40g/L 的硫酸钴、络合剂为 50g/L 的柠檬酸三钠、还原剂为 20～60g/L 的次亚磷酸钠、缓冲剂为 25g/L 的硼酸，配制镀液的步骤如下：

（1）用去离子水溶解硫酸钴，得到溶液 a。

（2）用去离子水溶解柠檬酸三钠，得到澄清溶液 b。

（3）将溶液 a 加入溶液 b 中，搅拌混合溶液，得到主盐络合溶液 c。

（4）常温下，用去离子水溶解次亚磷酸钠，搅拌均匀，得到溶液 d。

（5）将溶液 d 加入主盐络合溶液 c 中，边加边搅拌，得到溶液 e。

（6）用去离子水溶解硼酸，搅拌均匀，得到澄清溶液。

（7）将溶液 f 加入溶液 e 中，边加边搅拌，得到镀液。

（8）用氢氧化钠调整镀液的 pH 为 8～11，然后加去离子水定容。

所述 Al_2O_3-Co 和 WC-Co 的混合物由占混合物质量分数 70%～80%的 WC-Co 和 20%～30%的 Al_2O_3-Co 混合而成，其混合的方法为：按照 WC-Co 质量分数 70%～80%、Al_2O_3-Co 质量分数 20%～30%分别取经化学镀得到的 WC-Co 粉体和 Al_2O_3-Co 粉体，倒入装有去离子水的容器中，得到混合物 A，去离子水的质量为 WC-Co 粉体和 Al_2O_3-Co 粉体总质量的 7～8 倍；对混合物 A 进行超声搅拌，并将混合物 A 的温度保持在 105℃；超声搅拌 35min 后，按照聚乙二醇和混合物 A 的质量比为 1∶80，取聚乙二醇加入混合物 A 中，继续超声搅拌，得到混合物 B；将所得混合物 B 真空干燥后过筛，得到 Al_2O_3-Co 和 WC-Co 的混合物。

所述 WC-Co 和 CBN-Co 的混合物由占混合物质量分数 80%～85%的 WC-Co 和占混合物质量分数 15%～20%的 CBN-Co 混合而成，其混合方法为：按照 WC-Co 质量分数 80%～85%、CBN-Co 质量分数 15%～20%分别取经化学镀所得的 WC-Co 粉体和 CBN-Co 粉体，倒入装有去离子水的容器中，混匀得到混合物 C，去离子水的质量为 WC-Co 粉体和 CBN-Co 粉体总质量的 7～8 倍；对混合物 C 进行超声搅拌，保持混合物 C 的温度为 105℃；超声搅拌 35min 后，按照聚乙二醇和混合物 C 的质量比为 1∶80，取聚乙二醇加入混合物 C 中，继续超声搅拌，得到混合物 D；将所得混合物 D 真空干燥后过筛，得到 WC-Co 和 CBN-Co 的混合物。

在所述放电等离子烧结过程中，装填在石墨模具中的外耐磨层、中间过渡层、基体层、中间过渡层和外耐磨层占叠层复合刀具材料的质量分数依次为5%、15%、60%、15%和5%。

优选的，所述WC粉体纯度大于99.1%，平均粒径为400nm，理论密度为14.83g/cm^3；Al_2O_3粉体纯度大于99.97%，平均粒径为150nm，理论密度为3.979g/cm^3；CBN粉体纯度大于99.0%，平均粒径500nm。

优选的，在对WC、Al_2O_3和CBN三种粉体进行化学镀之前，分别进行预处理，预处理包括粗化、敏化活化和烘干。

进一步的，所述粗化是将待处理的粉体加入粗化液中，于室温下超声波振荡；然后静置至粉体沉降后，将粉体从粗化液中取出，用去离子水清洗沉降的粉体，分离出粉体；所述粗化液的组成包括20mL/L的氢氟酸和2g/L的氟化铵。

进一步的，所述敏化活化是将经粗化处理后的粉体加入敏化活化液中，于室温下超声波振荡，然后静置至粉体沉降后，取出沉降的粉体，用去离子水清洗后，由离心机分离出粉体；所述敏化活化液的组成包括0.5g/L的氯化钯、30g/L的氯化亚锡、160g/L的氯化钠和60mL/L的盐酸。

优选的，在所述化学镀之前，将预处理过的粉体分别进行磁力搅拌预分散。

优选的，所述放电等离子烧结中，从室温上升至1800℃的过程中，环境压力平稳均匀地加至50MPa，之后在温度为1700℃、压力50MPa条件下保温20～30min，然后断电自然冷却至室温。

优选的，所述敏化活化液的配制步骤如下：

（1）称取0.25g的氯化钯加入30mL浓盐酸中搅拌溶解，完全溶解后变为橙红色透明溶液，再加入去离子水直至50mL，即得到溶液a。

（2）称取80g的氯化钠溶于250mL去离子水中，得到溶液b。

（3）将溶液a与溶液b混合，搅拌均匀，得到溶液c。

（4）称取15g的氯化亚锡溶于150mL的去离子水中，得到白色的溶液d。

（5）将溶液d边搅拌边加入溶液c中，得到深绿色溶液e。

（6）向溶液e加入去离子水定容至500mL，得到深绿色的敏化活化液。

与现有技术相比，本发明的有益效果如下：

（1）根据难加工材料刀具的设计理念，这种叠层复合刀具材料，基体WC-Co具有极好的韧性，表层WC-Co/CBN-Co具有极好的硬度、耐磨性及低的摩擦系数，一定程度上解决了陶瓷复合材料的“硬度和韧性不可调和的矛盾”；同时，该叠层复合刀具材料整体上由Co金属关联，一定程度上解决了叠层材料在其分界面处容易产生裂纹、寿命较低的难题。

（2）由于在烧结过程中每种陶瓷粉末的外层均包裹了Co金属，它们不会直接接触，这样就降低了烧结难度，同时保证了烧结材料的致密度。

（3）放电等离子烧结过程中，由于 Co 是导电粉体，通过施加电场，包覆的 Co 接触部位会发生放电现象，产生局部高温，促使 Co 金属熔化，在大压力的同时作用下，熔融的钴填充到陶瓷颗粒的间隙中，形成致密的叠层刀具复合材料。

（4）在制备过程中，对粉体进行多次分散处理，可以避免粉体颗粒产生较大的团聚，以保证烧结后最终产品具有较好的力学性能。

附图说明

图 1～图 5 是试验过程设计的主要图片。

图 1 是叠层复合刀具材料 5 层对称结构的示意图。

图 2 是图 1 中 A 处的放大图。

图 3 是图 1 中 B 处的放大图。

图 4 是化学镀金属 Co 所用装置的结构示意图。

图 5 是以 WC-Co 粉体和 CBN-Co 粉体为例，叠层复合刀具材料的放电等离子烧结过程示意图。

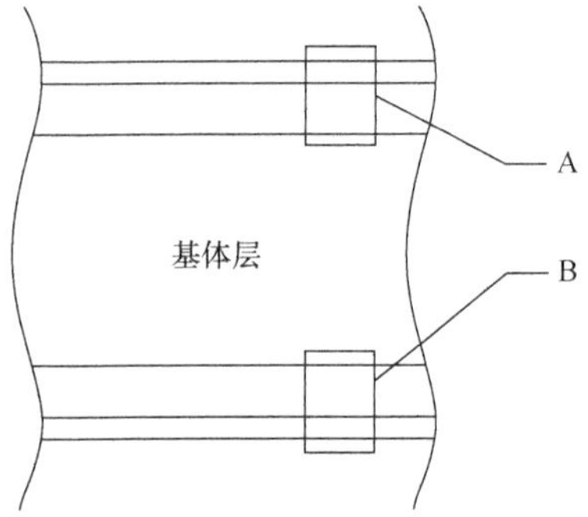

图 1

图 2

图 3

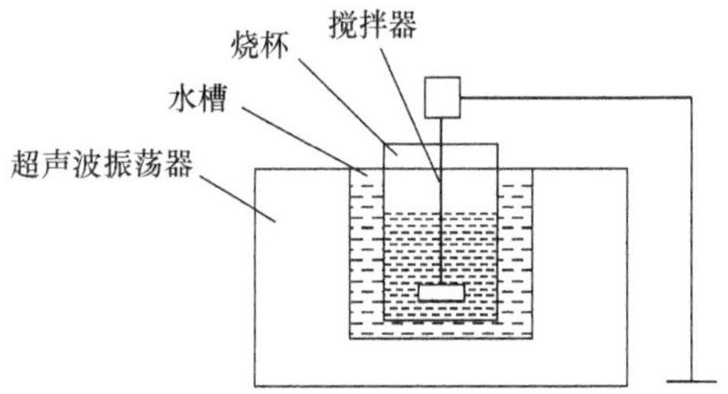

图 4

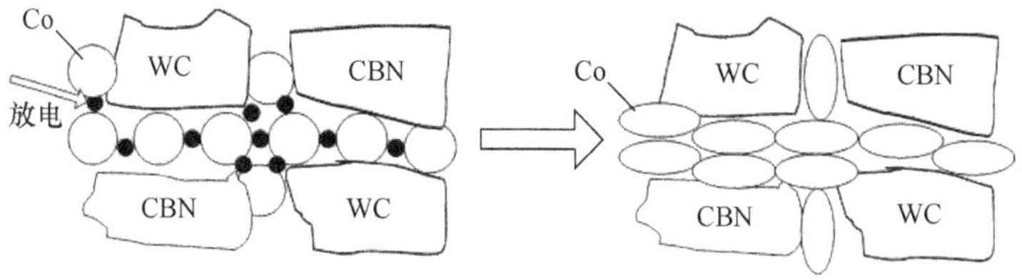

图5

具体实施方式

下面结合图1～图5，通过具体的实施方式对本发明的技术方案做进一步的说明。

一种叠层复合刀具材料，如图1～图3所示，该材料具有5层对称结构，中心为基体层，由基体层向两侧依次为中间过渡层和外耐磨层，基体层为WC-Co，中间过渡层为WC-Co和Al_2O_3-Co的混合物，WC-Co在混合物中的质量分数为70%～80%，Al_2O_3-Co在混合物中的质量分数为20%～30%；外耐磨层为WC-Co和CBN-Co的混合物，WC-Co在混合物中的质量分数为80%～85%，CBN-Co在混合物中的质量分数为15%～20%，并且该材料从一侧到另一侧每一层占材料总质量的5%、15%、60%、15%和5%。

优选的，中间过渡层为质量分数70%的WC-Co和质量分数30%的Al_2O_3-Co，外耐磨层为质量分数85%的WC-Co和质量分数15%的CBN-Co。

优选的，中间过渡层为质量分数80%的WC-Co和质量分数20%的Al_2O_3-Co，外耐磨层为质量分数80%的WC-Co和质量分数20%的CBN-Co。

优选的，中间过渡层为质量分数75%的WC-Co和质量分数25%的Al_2O_3-Co，外耐磨层为质量分数83%的WC-Co和质量分数17%的CBN-Co。

以下实施例1～3是上述叠层复合刀具材料的制备方法。

1. 实施例1

一种制备叠层复合刀具材料的方法，包括原料的选择、粉体的预处理、化学镀金属Co和放电等离子烧结，具体步骤如下。

1）原料的选择

本方法采用的超细陶瓷粉体是：①WC粉体，纯度大于99.1%，平均粒径为400nm，无规则多角状颗粒，理论密度为14.83g/cm^3；②Al_2O_3粉体，纯度大于99.97%，平均粒径为150nm，理论密度为3.979g/cm^3；③CBN粉体，纯度大于99.0%，平均粒径为500nm。

2）预处理

化学镀必须在具有催化活性的表面才能发生，而WC、Al_2O_3和CBN陶瓷粉体表面不具有这种催化活性，所以必须对其进行表面预处理，在其表面沉积一层具有催化性能的贵金属才能使得化学镀顺利进行。预处理一般包括粗化、敏化、活化、烘干。超细粉体的预处理对施镀过程有很大的影响，尤其是敏化活化过程。

在本发明中，采用敏化活化一步法对陶瓷粉体进行处理，以缩短预处理时间。

（1）粗化处理。

分别对上述三种陶瓷粉体进行粗化处理。粗化的目的是使陶瓷粉体颗粒表面形成无数的微小凹面，增加吸附表面力大，使贵金属离子吸附在该处，便于还原过程的进行。

粗化过程如下：

① 将待预处理 WC、Al_2O_3 和 CBN 粉体分别加入粗化液中，在室温下超声波振荡 30min。

② 静置至粉体沉降后，取出粉体，再用去离子水清洗粉体三次。

粗化后的粉体沉降比较快，大约 0.5h 就能沉降完全，由于粗化液含有氢氟酸，必须在塑料容器中进行。

粗化处理所用的粗化液组成为 20mL/L 的氢氟酸和 2g/L 的氟化铵。以配置 100mL 粗化液为例，其配制方法为：将 0.2g 氟化铵溶于 50mL 去离子水中，然后在完全溶解的氟化铵中加入 2mL 浓度约 40%的氢氟酸，搅拌均匀后定容至 100mL。

（2）敏化活化处理。

敏化处理使经粗化处理后的陶瓷颗粒表面吸附一层具有还原能力的胶体物质，在随后的活化处理时，这些物质使活化剂被还原形成催化晶核，以后的化学镀可以在这些表面进行。

本发明使用敏化活化一步法，并辅以超声波对粉体进行分散。

敏化活化过程：在室温下，将粗化过的 WC、Al_2O_3 和 CBN 粉体分别加入敏化活化液中，超声波振荡反应 30min，然后静置至粉体沉降后，将粉体从敏化活化液中取出，用去离子水清洗 3 次，并用离心机分离出粉体。

所用敏化活化液的组成为 0.5g/L 的氯化钯、30g/L 的氯化亚锡、160g/L 的氯化钠和 60mL/L 的盐酸。以配置 500mL 敏化活化液为例，其配制步骤如下：

① 称取 0.25g 的氯化钯加入 30mL 浓盐酸（浓度为 37%）中搅拌溶解，完全溶解后变为橙红色透明溶液，再加入去离子水直至 50mL，即得到溶液 a。

② 称取 80g 的氯化钠溶于 250mL 去离子水中，得到溶液 b。

③ 将溶液 a 与溶液 b 混合，搅拌均匀，得到溶液 c。

④ 称取 15g 的氯化亚锡溶于 150mL 的去离子水中，得到白色的溶液 d。

⑤ 把溶液 d 边搅拌边加入溶液 c 中，得到深绿色溶液 e。

⑥ 加入去离子水定容至 500mL，即得到深绿色的敏化活化液。

（3）烘干。

使用 101A-1 型干燥箱（加热功率 3kW）对敏化活化后的 WC、Al_2O_3和 CBN 粉体进行烘干，温度为 80℃。

3）化学镀金属 Co

利用化学镀的方法，在图 4 所示的装置中对经预处理的 WC、Al_2O_3和 CBN 粉体表面镀一层 Co 金属。

所用的镀液组成为：以 15g/L 的硫酸钴为主盐、50g/L 的柠檬酸三钠为络合剂、20g/L 的次亚磷酸钠为还原剂、25g/L 硼酸为缓冲剂。以配置 500mL 镀液为例，其配制步骤如下：

① 用去离子水溶解主盐，得到溶液 a。

② 用去离子水溶解柠檬酸三钠，得到澄清溶液 b。

③ 将溶液 a 加入溶液 b 中，搅拌混合溶液，得到主盐络合溶液 c。

④ 常温下，用去离子水溶解次亚磷酸钠，搅拌均匀，得到溶液 d。

⑤ 将溶液 d 加入溶液 c 中，边加边搅拌，得到溶液 e。

⑥ 用去离子水溶解硼酸，搅拌均匀，得到澄清溶液 f。

⑦ 将溶液 f 加入 e 中，边加边搅拌，得到镀液。

⑧ 用氢氧化钠调整 pH 为 8，然后加水用容量瓶定容。

如图 4 所示，进行化学镀的反应容器烧杯置于超声波振荡器的水槽中，并设有搅拌器；在施镀之前，将待镀的粉体用磁力搅拌装置进行 10min 的搅拌预分散，以确保粉体中没有大颗粒存在，提高超声波分散和辅助增强作用；然后称取一定量预分散后的陶瓷粉体置于烧杯中，再量取一定量配制好的镀液倒入烧杯中，然后将烧杯置于如图 4 所示的装置中进行包覆。工作时，开动搅拌器搅拌，使陶瓷颗粒悬浮在镀液中，并保证镀液浓度均匀，保持反应温度小于 70℃。

化学镀反应开始后，镀液中将产生大量气泡（这也是试验中观察反应进行的标准），反应进行一段时间后，随镀液中气泡的消失，反应停止。静置后，包覆了金属 Co 的陶瓷复合粉体沉积到烧杯底部，镀液颜色变浅。

4）粉体的后处理

化学镀获得的复合粉体沉积于容器底部，用离心机分离镀液和复合粉体后，用去离子水清洗复合粉体 3～4 次，直到清洗去离子水呈透明，方可将清洗干净的复合粉体置于 101A-1 型干燥箱进行烘干，避免残余镀液成分对粉体的影响，烘干后的粉体即可用于随后的制备应用。

5）混合粉体的配制

如图 1～图 3 所示，叠层刀具复合材料为 5 层对称结构，从上到下的每一层占总质量的 5%、15%、60%、15%、5%。由于占总质量 60%的中间层为 WC-Co，前面的步骤已经得到故不需要再进行混合，下面主要是对 70% WC-Co 和 30% Al_2O_3-Co 的混合粉体，以及 85% WC-Co 和 15% CBN-Co 的混合粉体进行配制。

（1）70% WC-Co 和 30% Al_2O_3-Co 混合粉体的配制。

按照 WC-Co 质量分数 70%、Al_2O_3-Co 质量分数 30%分别取经化学镀得到的 WC-Co 粉体和 Al_2O_3-Co 粉体，倒入装有去离子水的容器中，得到混合物 A，去离子水的质量为 WC-Co 粉体和 Al_2O_3-Co 粉体总质量的 7～8 倍；对混合物 A 进行超声搅拌，超声波为 120～170Hz，搅拌速度为 180～220r/min，并将混合物 A 的温度保持在 105℃；超声搅拌 35min 后，按照聚乙二醇和混合物 A 的质量比为 1∶80，取聚乙二醇加入混合物 A 中，继续超声搅拌 15～20min，得到混合物 B；将所得混合物 B 在 140～160℃条件下真空干燥 24～25h，过筛，得到 70% WC-Co 和 30% Al_2O_3-Co 的混合粉体。

（2）85% WC-Co 和 15% CBN-Co 混合粉体的配制。

按照 WC-Co 质量分数 85%、CBN-Co 质量分数 15%分别取经化学镀所得的 WC-Co 粉体和 CBN-Co 粉体，倒入装有去离子水容器中，混匀得到混合物 C，去离子水的质量为 WC-Co 粉体和 CBN-Co 粉体总质量的 7～8 倍；对混合物 C 进行超声搅拌，超声波为 120～170Hz，搅拌速率为 180～220r/min，并保持混合物 C 的温度为 105℃；超声搅拌 35min 后，按照聚乙二醇和混合物 C 的质量比为 1∶80，取聚乙二醇加入混合物 C 中，继续超声搅拌 15～20min，得到混合物 D；将所得混合物 D 在 140～160℃条件下真空干燥 24～25h，过筛，得到 85% WC-Co 和 15% CBN-Co 的混合粉体。

6）放电等离子烧结

将上述所得 WC-Co 粉体、70% WC-Co 和 30% Al_2O_3-Co 混合粉体、85% WC-Co 和 15% CBN-Co 混合粉体，按照图 1～图 3 所示的材料顺序（即按照外耐磨层、中间过渡层、基体层、中间过渡层和外耐磨层的顺序）分别装入石墨模具，置于真空环境中，然后均匀加压进行放电等离子烧结；烧结时，从室温上升至 1800℃的过程中，环境压力平稳均匀地加至 50MPa，之后在温度为 1700℃、压力 50MPa 条件下保温 20～30min，然后断电自然冷却至室温，即得到叠层复合刀具材料。

图 5 是叠层复合刀具材料的放电等离子烧结过程中，在颗粒接触处产生放电现象的示意图。由于 Co 是导电粉体，通过施加电场，包覆的 Co 接触部位会发生放电现象，产生局部高温，促使 Co 金属熔化，在大压力的同时作用下，熔融的钴填充到陶瓷颗粒的间隙中，形成致密的叠层刀具复合材料。

2. 实施例 2

一种制备叠层复合刀具材料的方法，包括原料的选择、粉体的预处理、化学镀金属 Co 和放电等离子烧结，具体的步骤如下。

1）原料的选择

本方法采用的超细陶瓷粉体是：①WC 粉体，纯度大于 99.1%，平均粒径为

400nm，无规则多角状颗粒，理论密度为 14.83g/cm³；②Al_2O_3 粉体，纯度大于 99.97%，平均粒径为 150nm，理论密度为 3.979g/cm³；③CBN 粉体，纯度大于 99.0%，平均粒径 500nm。

2）粉体的预处理

（1）粗化处理。

粗化过程如下：

① 将待预处理 WC、Al_2O_3 和 CBN 粉体分别加入粗化液中，在室温下超声波振荡 30min。

② 静置至粉体沉降后，取出粉体，再用去离子水清洗粉体三次。

粗化后的粉体沉降比较快，大约 0.5h 就能沉降完全，由于粗化液含有氢氟酸，必须在塑料容器中进行。

粗化处理所用的粗化液组成为 20mL/L 的氢氟酸和 2g/L 的氟化铵。以配置 100mL 粗化液为例，其配制方法为：将 0.2g 氟化铵溶于 50mL 去离子水中，然后在完全溶解的氟化铵中加入 2mL 浓度约 40%的氢氟酸，搅拌均匀后定容至 100mL。

（2）敏化活化处理。

本发明使用敏化活化一步法，并辅以超声波对粉体进行分散。

敏化活化过程：在室温下，将粗化过的 WC、Al_2O_3 和 CBN 粉体分别加入敏化活化液中，超声波振荡反应 30min，然后静置至粉体沉降后，将粉体从敏化活化液中取出，用去离子水清洗 3 次，并用离心机分离出粉体。

所用敏化活化液的组成为 0.5g/L 的氯化钯、30g/L 的氯化亚锡、160g/L 的氯化钠和 60mL/L 的盐酸；以配置 500mL 敏化活化液为例，其配制步骤如下：

① 称取 0.25g 的氯化钯加入 30mL 浓盐酸（浓度为 37%）中搅拌溶解，完全溶解后变为橙红色透明溶液，再加入去离子水直至 50mL，即得到溶液 a。

② 称取 80g 的氯化钠溶于 250mL 去离子水中，得到溶液 b。

③ 将溶液 a 与溶液 b 混合，搅拌均匀，得到溶液 c。

④ 称取 15g 的氯化亚锡溶于 150mL 的去离子水中，得到白色的溶液 d。

⑤ 把溶液 d 边搅拌边加入溶液 c 中，得到深绿色溶液 e。

⑥ 加入去离子水定容至 500mL，即得到深绿色的敏化活化液。

（3）烘干。

使用 101A-1 型干燥箱（加热功率 3kW）对敏化活化后的 WC、Al_2O_3 和 CBN 粉体进行烘干，温度为 80℃。

3）化学镀金属 Co

利用化学镀的方法，在图 4 所示的装置中对经预处理的 WC、Al_2O_3 和 CBN 粉体表面镀一层 Co 金属。

所用的镀液组成为：以 40g/L 的硫酸钴为主盐、50g/L 的柠檬酸三钠为络合剂、60g/L 的次亚磷酸钠为还原剂、25g/L 硼酸为缓冲剂。以配置 500mL 镀液为例，其配制步骤如下：

（1）用去离子水溶解主盐，得到溶液 a。

（2）用去离子水溶解柠檬酸三钠，得到澄清溶液 b。

（3）将溶液 a 加入溶液 b 中，搅拌混合溶液，得到主盐络合溶液 c。

（4）常温下，用去离子水溶解次亚磷酸钠，搅拌均匀，得到溶液 d。

（5）将溶液 d 加入溶液 c 中，边加边搅拌，得到溶液 e。

（6）用去离子水溶解硼酸，搅拌均匀，得到澄清溶液 f。

（7）将溶液 f 加入 e 中，边加边搅拌，得到镀液。

（8）用氢氧化钠调整 pH 为 11，然后加水用容量瓶定容。

如图 4 所示，进行化学镀的反应容器烧杯置于超声波振荡器的水槽中，并设有搅拌器；在施镀之前，将待镀的粉体用磁力搅拌装置进行 10min 的搅拌预分散，以确保粉体中没有大颗粒存在，提高超声波分散和辅助增强作用；然后称取一定量预分散后的陶瓷粉体置于烧杯中，再量取一定量配制好的镀液倒入烧杯中，然后将烧杯置于图 4 所示的装置中进行包覆。工作时，开动搅拌器搅拌，使陶瓷颗粒悬浮在镀液中，并保证镀液浓度均匀，保持反应温度小于 70℃。

化学镀反应开始后，镀液中将产生大量气泡（这也是试验中观察反应进行的标准），反应进行一段时间后，随镀液中气泡的消失，反应停止。静置后，包覆了金属 Co 的陶瓷复合粉体沉积到烧杯底部，镀液颜色变浅。

4）粉体的后处理

化学镀获得的复合粉体沉积于容器底部，用离心机分离镀液和复合粉体后，用去离子水清洗复合粉体 3～4 次，直到清洗去离子水呈透明，方可将清洗干净的复合粉体置于 101A-1 型干燥箱进行烘干，避免残余镀液成分对粉体的影响，烘干后的粉体即可用于随后的制备应用。

5）混合粉体的配制

如图 1～图 3 所示，叠层刀具复合材料为 5 层对称结构，从上到下每一层占总质量分数分别为 5%、15%、60%、15%、5%。由于占总质量 60%的中间层为 WC-Co，前面的步骤已经得到故不需要再进行混合，下面主要是对 80% WC-Co 和 20% Al_2O_3-Co 的混合粉体，以及 80% WC-Co 和 20% CBN-Co 的混合粉体进行配料、搅拌、分散和烘干。

（1）80% WC-Co 和 20% Al_2O_3-Co 混合粉体的配制。

按照 WC-Co 的质量分数为 80%、Al_2O_3-Co 的质量分数为 20%分别取经化学镀得到的 WC-Co 粉体和 Al_2O_3-Co 粉体，倒入装有去离子水的容器中，得到混合物 A，去离子水的质量为 WC-Co 粉体和 Al_2O_3-Co 粉体总质量的 7～8 倍；对混合物 A 进行超声搅拌，超声波为 120～170Hz，搅拌速度为 180～220r/min，并将混合物 A 的温度保持在 105℃；超声搅拌 35min 后，按照聚乙二醇和混合物 A 的质量比为 1∶80，取聚乙二醇加入混合物 A 中，继续超声搅拌 15～20min，得到混合物 B；将所得混合物 B 在 140～160℃条件下真空干燥 24～25h，过筛，得到 80% WC-Co 和 20% Al_2O_3-Co 的混合粉体。

（2）80% WC-Co 和 20% CBN-Co 混合粉体的配制。

按照 WC-Co 的质量分数为 80%、CBN-Co 的质量分数为 20%分别取经化学镀所得的 WC-Co 粉体和 CBN-Co 粉体，倒入装有去离子水的容器中，混匀得到混合物 C，去离子水的质量为 WC-Co 粉体和 CBN-Co 粉体总质量的 7～8 倍；对混合物 C 进行超声搅拌，超声波为 120～170Hz，搅拌速率为 180～220r/min，并保持混合物 C 的温度为 105℃；超声搅拌 35min 后，按照聚乙二醇和混合物 C 的质量比为 1∶80，取聚乙二醇加入混合物 C 中，继续超声搅拌 15～20min，得到混合物 D；将所得混合物 D 在 140～160℃条件下真空干燥 24～25h，过筛，得到 80% WC-Co 和 20% CBN-Co 的混合粉体。

6）放电等离子烧结

将上述所得的 WC-Co 粉体、80% WC-Co 和 20% Al_2O_3-Co 混合粉体、80% WC-Co 和 20% CBN-Co 混合粉体，按照图 1 所示的材料顺序（即按照外耐磨层、中间过渡层、基体层、中间过渡层和外耐磨层的顺序）分别装入石墨模具，置于真空环境中，然后均匀加压进行放电等离子烧结；烧结时，从室温上升至 1800℃的过程中，环境压力平稳均匀地加至 50MPa，之后在温度为 1700℃、压力 50MPa 条件下保温 20～30min，然后断电自然冷却至室温，即得到叠层复合刀具材料。

3. 实施例 3

一种制备叠层复合刀具材料的方法，包括原料的选择、粉体的预处理、化学镀金属 Co 和放电等离子烧结，具体的步骤如下。

1）原料的选择

本方法采用的超细陶瓷粉体是：①WC 粉体，纯度大于 99.1%，平均粒径为 400nm，无规则多角状颗粒，理论密度为 14.83g/cm^3；②Al_2O_3 粉体，纯度大于 99.97%，平均粒径为 150nm，理论密度为 3.979g/cm^3；③CBN 粉体，纯度大于 99.0%，平均粒径 500nm。

2）粉体的预处理

（1）粗化处理。

粗化过程如下：

① 将待预处理 WC、Al_2O_3 和 CBN 粉体分别加入粗化液中，在室温下超声波振荡 30min。

② 静置至粉体沉降后，取出粉体，再用去离子水清洗粉体三次。

粗化后的粉体沉降比较快，大约 0.5h 就能沉降完全，由于粗化液含有氢氟酸，必须在塑料容器中进行。

粗化处理所用的粗化液组成为 20mL/L 的氢氟酸和 2g/L 的氟化铵。以配置 100mL 粗化液为例，其配制方法为：将 0.2g 氟化铵溶于 50mL 去离子水中，然后在完全溶解的氟化铵中加入 2mL 浓度约 40%的氢氟酸，搅拌均匀后定容至 100mL。

（2）敏化活化处理。

本发明使用敏化活化一步法，并辅以超声波对粉体进行分散。

敏化活化过程：在室温下，将粗化过的 WC、Al_2O_3 和 CBN 粉体分别加入敏化活化液中，超声波振荡反应 30min，然后静置至粉体沉降后，将粉体从敏化活化液中取出，用去离子水清洗 3 次，并用离心机分离出粉体。

所用敏化活化液的组成为 0.5g/L 的氯化钯、30g/L 的氯化亚锡、160g/L 的氯化钠和 60mL/L 的盐酸。以配置 500mL 敏化活化液为例，其配制步骤如下：

① 称取 0.25g 的氯化钯加入 30mL 浓盐酸（浓度为 37%）中搅拌溶解，完全溶解后变为橙红色透明溶液，再加入去离子水直至 50mL，即得到溶液 a。

② 称取 80g 的氯化钠溶于 250mL 去离子水中，得到溶液 b。

③ 将溶液 a 与溶液 b 混合，搅拌均匀，得到溶液 c。

④ 称取 15g 的氯化亚锡溶于 150mL 的去离子水中，得到白色的溶液 d。

⑤ 把溶液 d 边搅拌边加入溶液 c 中，得到深绿色溶液 e。

⑥ 加入去离子水定容至 500mL，即得到深绿色的敏化活化液。

（3）烘干。

使用 101A-1 型干燥箱（加热功率 3kW）对敏化活化后的 WC、Al_2O_3 和 CBN 粉体进行烘干，温度为 80℃。

3）化学镀金属 Co

利用化学镀的方法，在如图 4 所示的装置中对经预处理的 WC、Al_2O_3 和 CBN 粉体表面镀一层 Co 金属。

所用的镀液组成为：以 25g/L 的硫酸钴为主盐、50g/L 的柠檬酸三钠为络合剂、40g/L 的次亚磷酸钠为还原剂、25g/L 硼酸为缓冲剂；以配置 500mL 镀液为例，其配制步骤如下：

① 用去离子水溶解主盐，得到溶液 a。

② 用去离子水溶解柠檬酸三钠，得到澄清溶液 b。

③ 将溶液 a 加入溶液 b 中，搅拌混合溶液，得到主盐络合溶液 c。

④ 常温下，用去离子水溶解次亚磷酸钠，搅拌均匀，得到溶液 d。

⑤ 将溶液 d 加入溶液 c 中，边加边搅拌，得到溶液 e。

⑥ 用去离子水溶解硼酸，搅拌均匀，得到澄清溶液 f。

⑦ 将溶液 f 加入 e 中，边加边搅拌，得到镀液。

⑧ 用氢氧化钠调整 pH 为 10，然后加水用容量瓶定容。

如图 4 所示，进行化学镀的反应容器烧杯置于超声波振荡器的水槽中，并设有搅拌器；在施镀之前，将待镀的粉体用磁力搅拌装置进行 10min 的搅拌预分散，以确保粉体中没有大颗粒存在，提高超声波分散和辅助增强作用；然后称取一定量预分散后的陶瓷粉体置于烧杯中，再量取一定量配制好的镀液倒入烧杯中，然后将烧杯置于如图 4 所示的装置中进行包覆。工作时，开动搅拌器搅拌，使陶瓷颗粒悬浮在镀液中，并保证镀液浓度均匀，保持反应温度小于 70℃。

化学镀反应开始后，镀液中将产生大量气泡（这也是试验中观察反应进行的标准），反应进行一段时间后，随镀液中气泡的消失，反应停止。静置后，包覆了金属 Co 的陶瓷复合粉体沉积到烧杯底部，镀液颜色变浅。

4）粉体的后处理

化学镀获得的复合粉体沉积于容器底部，用离心机分离镀液和复合粉体后，用去离子水清洗复合粉体 3～4 次，直到清洗去离子水呈透明，方可将清洗干净的复合粉体置于 101A-1 型干燥箱进行烘干，避免残余镀液成分对粉体的影响，烘干后的粉体即可用于随后的制备应用。

5）混合粉体的配制

如图 1～图 3 所示，叠层刀具复合材料为 5 层对称结构，从上到下的每一层占总质量分数分别为 5%、15%、60%、15%、5%。由于占总质量 60%的中间层为 WC-Co，前面的步骤已经得到故不需要再进行混合，下面主要是对 75% WC-Co 和 25% Al_2O_3-Co 的混合粉体，以及 83% WC-Co 和 17% CBN-Co 的混合粉体进行配料、搅拌、分散和烘干。

（1）75% WC-Co 和 25% Al_2O_3-Co 的混合粉体的配制。

按照 WC-Co 的质量分数为 75%、Al_2O_3-Co 的质量分数为 25%分别取经化学镀得到的 WC-Co 粉体和 Al_2O_3-Co 粉体，倒入装有去离子水的容器中，得到混合物 A，去离子水的质量为 WC-Co 粉体和 Al_2O_3-Co 粉体总质量的 7～8 倍；对混合物 A 进行超声搅拌，超声波为 120～170Hz，搅拌速度为 180～220r/min，并将混合物 A 的温度保持在 105℃；超声搅拌 35min 后，按照聚乙二醇和混合物 A 的质量比为 1∶80，取聚乙二醇加入混合物 A 中，继续超声搅拌 15～20min，得到混合物 B；将所得混合物 B 在 140～160℃条件下真空干燥 24～25h，过筛，得到 75% WC-Co 和 25% Al_2O_3-Co 的混合粉体。

（2）83% WC-Co 和 17% CBN-Co 的混合粉体的配制。

按照 WC-Co 的质量分数为 83%、CBN-Co 的质量分数为 17%分别取经化学镀所得的 WC-Co 粉体和 CBN-Co 粉体，倒入装有去离子水的容器中，混匀得到混合物 C，去离子水的质量为 WC-Co 粉体和 CBN-Co 粉体总质量的 7～8 倍；对混合物C进行超声搅拌，超声波为120～170Hz，搅拌速率为180～220r/min，并保持混合物C的温度为105℃；超声搅拌35min后，按照聚乙二醇和混合物C的质量比为1∶80，取聚乙二醇加入混合物C中，继续超声搅拌15～20min，得到混合物D；将所得混合物D在140～160℃条件下真空干燥24～25h，过筛，得到83% WC-Co和17% CBN-Co的混合粉体。

6）放电等离子烧结

将上述所得的WC-Co粉体、75% WC-Co和25% Al_2O_3-Co混合粉体、83% WC-Co和17% CBN-Co混合粉体，按照如图1所示的材料顺序（即按照外耐磨层、中间过渡层、基体层、中间过渡层和外耐磨层的顺序）分别装入石墨模具，置于真空环境中，然后均匀加压进行放电等离子烧结；烧结时，从室温上升至1800℃的过程中，环境压力平稳均匀地加至50MPa，之后在温度为1700℃、压力50MPa条件下保温20～30min，然后断电自然冷却至室温，即得到叠层复合刀具材料。

在本发明所述的制备方法中，需要注意：

（1）敏化活化处理后的陶瓷粉体沉降速度很慢，在活化液中沉降4～5h才能沉降完全；在加入去离子水清洗时，沉降速度明显降低，甚至很难完全沉降，清洗后沉降要达到15h以上；第二次、第三次清洗甚至要24h以上都难以完全沉降。这可能是由于敏化活化后的纳米粉体表面吸附了大量的带电离子，使得颗粒之间有一定的排斥作用，提高了陶瓷粉体的分散性，导致沉降变慢，因此需要使用离心机分离粉体。

（2）预处理后的粉体外观与处理前相比变化不大，尺度相当，但经过预处理的粉体的分散性较好。该结果与预处理过程中观察到的现象是一致的，可以认为预处理过程不仅对粉体进行了活化，而且起到了理想的分散效果。

（3）超声波施加过程中会发热，使得水槽中的水升温，为了将反应温度控制在一定范围之内，须循环水冷却，温度过高（70℃以上）会对超声波发生器造成损坏，且会降低镀液稳定性，发生自分解，产生游离的金属单质。

审查员在第一次审查意见通知书中指出：针对原始申请文件进行审查，且本通知书是在进行了检索的情况下做出的，并引入了对比文件1、2和3，特别是在审查的结论性意见“关于权利要求书”一栏中指出：该申请的权利要求不具备创造性，不符合专利法第二十二条第三款的规定，同时说明书中也没有记载其他任何可以授予专利权的实质性内容。

第一次审查意见通知书

申请号：2017101774338

该申请涉及一种叠层复合刀具材料及其制备方法，经审查，现提出如下审查意见。

本通知书中引用了如下 3 篇对比文件：

对比文件 1 CN 102505090 A，公开日 2012 年 6 月 20 日。

对比文件 2 CN 101879612 A，公开日 2010 年 11 月 10 日。

对比文件 3 CN 104232967 A，公开日 2014 年 12 月 24 日。

1. 权利要求 1 不具备创造性，不符合专利法第二十二条第三款的规定。

权利要求 1 请求保护一种叠层复合刀具材料，对比文件 1 涉及一种高韧性聚晶立方氮化硼复合片的制备方法，并公开了一种叠层复合刀具材料，具体公开了如下技术特征。

在石墨模具中，先放入硬质合金基体片，然后铺放三层不同硬质合金微粉的混合物，分别经过压实。紧接着基体铺放第一层高含量硬质合金基体微粉的原料粉混合物，压实，紧接着第一层铺放第二层，硬质合金基体微粉含量少于第一层，紧接着第二层铺放第三层，硬质合金基体微粉又少于第二层。再通过超高压高温烧结在一起形成聚晶硬质合金复合片，复合片经打磨、开刃、检验制得成品刀片（相当于该申请的经烧结得到的叠层复合刀具材料），硬质合金微粉的混合物原料粉混合物包括立方氮化硼微粉、硬质合金基体微粉、无机非晶晶须、黏结剂，硬质合金基体是钨钴类硬质合金，即对比文件 1 公开了形成的叠层复合刀具材料中金属硬质合金基体片上的层叠物为立方氮化硼微粉、硬质合金基体微粉、无机非晶晶须、黏结剂，硬质合金基体是钨钴类硬质合金的混合物，硬质合金基体微粉与硬质合金基体属于同一合金，具有相同的化学成分，无机非金属晶须优选氧化铝和氧化锆晶须中的一种，黏结剂优选钴粉和氮化钛。

因此，权利要求 1 与对比文件 1 的区别技术特征在于：①该申请为 5 层对称结构，中心为基体层，由基体层向两侧依次为中间过渡层和外耐磨层，烧结的方式为放电等离子烧结。②基体层为 WC-Co，中间过渡层为 WC-Co 和 Al_2O_3-CO 的混合物，WC-Co 在混合物中的质量分数为 70%～80%，Al_2O_3-Co 在混合物中的质量分数为 20%～30%；外耐磨层为 WC-Co 和 CBN-Co 的混合物，WC-Co 在混合物中的质量分数为 80%～85%，CBN-Co 在混合物中的质量分数为 15%～20%，并且该材料从一侧到另一侧每一层占材料总质量的 5%、15%、60%、15% 和 5%。基于上述区别技术特征确定该申请实际解决的技术问题是如何选择基体及耐磨材料。

对于上述区别技术特征①，在对比文件 1 公开的以硬质合金基体片为基础形成的 4 层式的层状结构的基础上，且对比文件 1 中也对刀具材料的韧性、强度及耐磨性能作了改善，所形成的层状式结构也是相应地存在过渡层和耐磨层，本领域技术人员根据实际的刀具结构，形成对称室的叠层结构是本领域技术人员容易想到的，从而进一步选择相应的以中心为基体层，由基体层向两侧依次为中间过渡层和外耐磨层的5层式的对称结构；放电等离子烧结也属于本领域的常规烧结方式，本领域技术人员可以根据实际制备要求进行选择。

对于上述区别技术特征②，在对比文件1公开了合金基体为钨钴类硬质合金，叠层层为立方氮化硼微粉、硬质合金基体微粉、无机非晶晶须、黏结剂的混合物，同时对比文件2公开了包括硬质合金基体及其上涂覆的涂层，硬质合金基体的组成包含质量分数5.5%的Co、8%的Ti和Ta的立方碳氮化物，余量为WC，涂层为先在硬质合金基体上沉积一层TiN层，然后在TiN层上沉积一层TiCN层，再在TiCN层上沉积一层TiCO过渡层，最后在TiCO过渡层上沉积一层α-Al_2O_3层。较高的Co含量可以改善刀片的强度和韧性，α-Al_2O_3具有优异的力学性能、热稳定性和抗氧化性，而且α-Al_2O_3与钢铁类工件材料具有很小的化学亲和力，在加工中表现出良好的抗黏结磨损、扩散磨损和氧化磨损性能。由此可见，对比文件2公开了一种以WC为基的硬质合金基体，并通过Co改善刀片的强度和韧性，Al_2O_3有利于工件的磨损性能，本领域技术人员能容易结合实际需要，考虑刀具的强度、耐磨性以及韧性的综合性能，确定基体层为WC-Co,中间过渡层为WC-Co和Al_2O_3-Co的混合物，外耐磨层为WC-Co和CBN-Co的混合物是本领域技术人员在对比文件1的基础上结合对比文件2容易实现的；对于中间过渡层中WC-Co在混合物中的质量分数为70%～80%，Al_2O_3-CO在混合物中的质量分数为20%～30%；外耐磨层中WC-Co在混合物中的质量分数为80%～85%，CBN-Co在混合物中的质量分数为15%～20%，并且该材料从一侧到另一侧每一层占材料总质量的质量分数分别为5%、15%、60%、15%和5%是本领域技术人员能根据实际情况自由确定的。

由此可见，在对比文件1的基础上，结合对比文件2及公知常识的内容，得到权利要求1所要求保护的技术方案，对本领域技术人员来说是显而易见的，即权利要求1不具有突出的实质性特点和显著的进步，不符合专利法第二十二条第三款有关创造性的规定。

2. 权利要求2～9不具备专利法第二十二条第三款规定的创造性。

权利要求2请求保护一种制备如权利要求1所述的叠层复合刀具材料的方法，在权利要求1不具备创造性的情况下，对比文件1涉及一种高韧性聚晶立方氮化硼复合片的制备方法，并具体公开了如下技术特征：在石墨模具中，先放入硬质合金基体片，然后铺放三层不同硬质合金微粉的混合物，分别压实。在紧接着基体铺放第一层高含量硬质合金基体微粉的原料粉混合物，压实，紧接着第一层铺放第二层，硬质合金基体微粉含量少于第一层，紧接着第二层铺放第三层，硬质合金基体微粉又少于第二层。再通过超高压高温烧结在一起形成聚晶硬质合金复合片，复合片经打磨、开刃、检验制得成品刀片，原料粉混合物立方氮化硼微粉50%～80%，硬质合金基体微粉13%～30%，无机非晶晶须0.5%～2%，黏结剂

2%～20%，硬质合金基体是钨钴类硬质合金，硬质合金基体微粉与硬质合金基体属于同一合金，具有相同的化学成分，无机非金属晶须优选氧化铝和氧化锆晶须中的一种，黏结剂优选钴粉和氮化钛。可见对比文件1公开了各层原料粉体以不同混合比例，以及各层按照基体层到外耐磨层依次装填、烧结的步骤。

因此，权利要求2与对比文件1相比区别还在于：通过化学镀在WC、Al_2O_3和CBN三种粉体表面包覆金属Co，得到WC-Co、Al_2O_3-Co和CBN-Co三种粉体，并以WC-Co作为基体层、Al_2O_3-Co和WC-Co的混合物为中间过渡层、WC-Co和CBN-Co的混合物为外耐磨层，按照外耐磨层、中间过渡层、基体层、中间过渡层和外耐磨层的顺序，依次装填在石墨模具内后，于真空条件下均匀加压进行放电等离子烧结，然后断电自然冷却至室温，即得到叠层复合刀具材料。

所述化学镀所用的镀液中主盐为15～40g/L的硫酸钴、络合剂为50g/L的柠檬酸三钠、还原剂为20～60g/L的次亚磷酸钠、缓冲剂为25g/L硼酸，配制镀液的步骤如下：

（1）用去离子水溶解硫酸钴，得到溶液a。

（2）用去离子水溶解柠檬酸三钠，得到澄清溶液b。

（3）将溶液a加入溶液b中，搅拌混合溶液，得到主盐络合溶液c。

（4）常温下，用去离子水溶解次亚磷酸钠，搅拌均匀，得到溶液d。

（5）将溶液d加入主盐络合溶液c中，边加边搅拌，得到溶液e。

（6）用去离子水溶解硼酸，搅拌均匀，得到澄清溶液f。

（7）将溶液f加入溶液e中，边加边搅拌，得到镀液。

（8）用氢氧化钠调整镀液的pH为8～11，然后加去离子水定容。

所述Al_2O_3-Co和WC-Co的混合物由占混合物质量70%～80%的WC-Co和20%～30%的Al_2O_3-Co混合而成，其混合方法为：按照WC-Co的质量分数为70%～80%、Al_2O_3-CO的质量分数为20%～30%分别取经化学镀得到的WC-Co粉体和Al_2O_3-Co粉体，倒入装有去离子水的容器中，得到混合物A，去离子水的质量为WC-Co粉体和Al_2O_3-Co粉体总质量的7～8倍；对混合物A进行超声搅拌，并将混合物A的温度保持在105℃；超声搅拌35mm后，按照聚乙二醇和混合物A的质量比为1∶80，取聚乙二醇加入混合物A中，继续超声搅拌，得到混合物B；将所得混合物B真空干燥后过筛，得到Al_2O_3-Co和WC-Co的混合物。

所述WC-Co和CBN-Co的混合物由占混合物质量80%～85%的WC-Co和占混合物质量15%～20%的CBN-Co混合而成，其混合方法为：按照WC-Co的质量分数为80%～85%、CBN-Co的质量分数为15%～20%分别取经化学镀所得的WC-Co粉体和CBN-Co粉体，倒入装有去离子水的容器中，混匀得到混合物C去离子水的质量为WC-Co粉体和CBN-Co粉体总质量的7～8倍；对混合物C进行超声搅拌，保持混合物C的温度为105℃；超声搅拌35min后，按照聚乙二醇和混合物 C 的质量比为 1∶80，取聚乙二醇加入混合物 C 中，继续超声搅拌，得到混合物 D；将所得混合物 D 真空干燥后过筛，得到 WC-Co 和 CBN-Co 的混合物。

在所述放电等离子烧结过程中，装填在石墨模具中的外耐磨层、中间过渡层、基体层、中间过渡层和外耐磨层占叠层复合刀具材料的质量分数依次为 5%、15%、60%、15%和 5%。

基于以上区别技术特征，该发明实际要解决的技术问题是如何加强颗粒间的连接强度，提高合金韧性、组织均匀等性能。

对比文件 3 涉及一种少黏结相碳化钨硬质合金的制备方法，并具体公开了如下技术内容，包括如下步骤：①将 WC 粉体加入化学活化液中，室温下超声搅拌处理，静止沉降后分离化学活化液，再用去离子水清洗 WC 粉体；②将①得到的 WC 粉体加入化学镀液中，于 70～85℃水浴锅保温至有气泡产生，然后转入 40～60℃超声池进行超声搅拌化学镀 Co，静止沉降后分离化学镀液，用去离子水清洗粉体，干燥后得到低钴含量 WC-Co 复合粉体；③将②得到的低钴含量 WC-Co 复合粉体置于放电等离子烧结系统，抽真空使真空度达到 8Pa 以上，加压至 50MPa，升温至 1500～1700℃保温，卸压冷却后得到少黏结相碳化钨硬质合金。其中，化学镀液包括：硫酸钴 20～30g/L、次亚磷酸钠 20～30g/L、柠檬酸三钠 40～60g/L、硼酸 20～30g/L，化学镀液的 pH 为 9～11。采用化学镀法制备 WC-Co 复合粉体，Co 在 WC 颗粒表面分布均匀，不存在局部 Co 富集现象，在放电等离子烧结过程中，由于在 WC 颗粒间存在液相 Co，从而加强了颗粒间的连接强度，提高了合金的韧性，保证了制备的少黏结相碳化钨硬质合金具有良好的性能。由此可见，对比文件 3 公开了利用化学镀在 WC 粉体表面包覆金属 Co 得到 WC-Co，能够使 Co 在 WC 颗粒表面，分布均匀，不存在局部 Co 富集现象，在放电等离子烧结过程中，由于在 WC 颗粒间存在液相 Co，从而加强了颗粒间的连接强度，提高了合金的韧性，保证了制备的少黏结相碳化钨硬质合金具有良好的性能，并且公开了化学镀的镀液组成，在对比文件 3 的启示下，本领域技术人员有动机将对比文件 3 公开的内容结合到对比文件 1 中，从而得到通过化学镀在 WC 粉体表面包覆金属 Co，得到 WC-Co 粉体，并且装填在石墨模具内后，于真空条件下均匀加压进行放电等离子烧结，然后断电自然冷却至室温，即得到叠层复合刀具材料。而在对 WC 粉末进行化学包覆镀钴的基础上，本领域技术人员能容易进一步结合实际需要选择通过化学镀在 Al_2O_3 粉体表面包覆金属 Co 得到 Al_2O_3-Co 粉体，以及 CBN 粉体表面包覆金属 Co 得到 CBN-Co 粉体，同样提高氧化铝的颗粒以及 CBN 颗粒的连接强度、组织均匀性、韧性等。至于化学镀液中络合剂柠檬酸三钠浓度为 50g/L，缓冲剂硼酸浓度为 25g/L，则是可以在对比文件 3 已经公开的数值范围的基础上，结合实际情况进一步选择。

配置镀液的步骤如下：

（1）用去离子水溶解硫酸钴，得到溶液 a。

（2）用去离子水溶解柠檬酸三钠，得到澄清溶液 b。

（3）将溶液 a 加入溶液 b 中，搅拌混合溶液，得到主盐络合溶液 c。

（4）常温下，用去离子水溶解次亚磷酸钠，搅拌均匀，得到溶液 d。

（5）将溶液 d 加入主盐络合溶液 c 中，边加边搅拌，得到溶液 e。

（6）用去离子水溶解硼酸，搅拌均匀，得到澄清溶液 f。

（7）将溶液 f 加入溶液 e 中，边加边搅拌，得到镀液。

（8）用氢氧化钠调整镀液的 pH 为 8~11，然后加去离子水定容。

以上步骤是本领域的常规配置化学镀液操作步骤，并不需要付出创造性劳动，所述 Al_2O_3-Co 和 WC-Co 的混合物由占混合物质量 70%～80%的 WC-Co 和 20%～30%的 Al_2O_3-Co 混合而成，其混合的方法为：按照 WC-Co 的质量分数为 70%～80%、Al_2O_3-Co 的质量分数为 20%～30%分别取经化学镀得到的 WC-Co 粉体和 Al_2O_3-Co 粉体，倒入装有去离子水的容器中，得到混合物 A，去离子水的质量为 WC-Co 粉体和 Al_2O_3-Co 粉体总质量的 7～8 倍；对混合物 A 进行超声搅拌，并将混合物 A 的温度保持在 105℃；超声搅拌 35mm 后，按照聚乙二醇和混合物 A 的质量比为 1∶80，取聚乙二醇加入混合物 A 中，继续超声搅拌，得到混合物 B；将所得混合物 B 真空干燥后过筛，得到 Al_2O_3-Co 和 WC-Co 的混合物。

所述 WC-Co 和 CBN-Co 的混合物由占混合物质量 80%～85%的 WC-Co 和占混合物质量 15%～20%的 CBN-Co 混合而成，其混合的方法为：按照 WC-Co 的质量分数为 80%～85%、CBN-Co 的质量分数为 15%～20%分别取经化学镀所得的 WC-Co 粉体和 CBN-Co 粉体，倒入装有去离子水的容器中，混匀得到混合物 C 去离子水的质量为 WC-Co 粉体和 CBN-Co 粉体总质量的 7～8 倍；对混合物 C 进行超声搅拌，保持混合物 C 的温度为 105℃；超声搅拌 35mm 后，按照聚乙二醇和混合物 C 的质量比为 1∶80，取聚乙二醇加入混合物 C 中，继续超声搅拌，得到混合物 D；将所得混合物 D 真空干燥后过筛，得到 WC-Co 和 CBN-Co 的混合物。

在所述放电等离子烧结过程中，装填在石墨模具中的外耐磨层、中间过渡层、基体层、中间过渡层和外耐磨层占叠层复合刀具材料的质量分数依次为 5%、15%、60%、15%和 5%。是本领域技术人员可以基于实际需要自由选择的，以上都没有获得预料不到的技术效果。

由此可见，在对比文件 1 的基础上，结合对比文件 2 和 3 及公知常识的内容，得到权利要求 2 所要求保护的技术方案，对本领域技术人员来说是显而易见的，即权利要求 2 不具有突出的实质性特点和显著的进步，不符合专利法第二十二条第三款有关创造性的规定。

3. 权利要求 3 对权利要求 2 中 WC 粉和 Al_2O_3 做了进一步限定。然而，WC 粉体和 Al_2O_3 粉体的纯度及粒径可以基于实际情况自由选择，具体 WC 粉体纯度大于 99.1%，平均粒径为 400nm，理论密度为 14.83g/cm^3；Al_2O_3 粉体纯度大于 99.97%，平均粒径为 150nm，理论密度为 3.979g/cm^3；CBN 粉体纯度大于 99.0%，平均粒径 500nm，也没有获得预料不到的技术效果。

从属权利要求 4～7、9 对化学镀工艺做了进一步限定，对比文件 3 还公开了：在进行化学镀之前将 WC 粉体加入化学活化液中，室温下超声搅拌处理，静止沉降后分离化学活化液，再用去离子水清洗 WC 粉体；化学活化液包括下述成分：40%氢氟酸 30～50ml/L，氟化铵 2～4g/L，65%硝酸 20～40mL/L，36%盐酸 10～30mL/L。即对比文件 3 公开了粗化预处理，并公开了粗化的基本操作，在对比文件 3 的基础上，本领域技术人员能容易结合实际需要进一步选择预处理，包括粗化、敏化活化和烘干，液体静置沉降后将粉体从粗化液中取出，至于粗化液，包括 20mL/L 的氢氟酸和 2g/L 的氟化铵，是可以在对比文件 1 的基础上结合实际需要自由选择的，至于敏化活化，将经粗化处理后的粉体加入敏化活化液中，于室温下超声波振荡，然后静置至粉体沉降后，取出沉降的粉体，用去离子水清洗后，由离心机分离出粉体；所述敏化活化液的组成包括 0.5g/L 的氯化钯、30g/L 的氯化亚锡、160g/L 的氯化钠和 60mL/L 的盐酸，是本领域技术人员的常规工艺；在进行化学镀之前，将预处理过的粉体分别进行磁力搅拌预分散，是本领域技术人员为了避免团聚的常规选择。

敏化活化液的配制步骤如下：

（1）称取 0.25g 的氯化钯加入 30mL 浓盐酸中搅拌溶解，完全溶解后变为橙红色透明溶液，再加入去离子水直至 50mL，即得到溶液 a。

（2）称取 80g 的氯化钠溶于 250mL 去离子水中，得到溶液 b。

（3）将溶液 a 与溶液 b 混合，搅拌均匀，得到溶液 c。

（4）称取 15g 的氯化亚锡溶于 150mL 的去离子水中，得到白色溶液 d。

（5）把溶液 d 边搅拌边加入溶液 c 中，得到深绿色溶液 e。

（6）向溶液 e 加入去离子水定容至 500mL，得到深绿色的敏化活化液。

以上步骤也是本领域技术人员配置溶液的常规操作，以上都不需要付出创造性劳动，而且没有获得预料不到的技术效果。

从属权利要求 8 对放电等离子工艺做了进一步限定，然而，对比文件 3 公开了低钴含量 WC～Co 复合粉体置于放电等离子烧结系统，抽真空使真空度达到 8Pa 以上，加压至 50MPa，升温至 1500～1700℃保温，升温的速率为 200℃/min，在 1500～1700℃保温的时间为 5min，卸压冷却后得到少黏结相碳化钨硬质合金。在对比文件 3 的基础上，本领域技术人员能容易结合实际情况，选择从室温上升至 1800℃的过程中，环境压力平稳均匀地加至 50MPa，之后在温度 1800℃、压力 50MPa 条件下保温 20～30min，然后断电自然冷却至室温，这并不需要付出创造性劳动，而且没有获得预料不到的技术效果。

综上，在所引用的权利要求不具备创造性的基础上，权利要求 3～9 也不具备创造性，不符合专利法第二十二条第三款的规定。

基于上述理由，该申请的独立权利要求以及从属权利要求都不具备创造性，同时说明书中也没有记载其他任何可以授予专利权的实质性内容，因而即使申请人对权利要求进行重新组合和/或根据说明书记载的内容做进一步的限定，该申请也不具备被授予专利权的前景。如果申请人不能在本通知书规定的答复期限内提出表明该申请具有创造性的充分理由，该申请将被驳回。

对比文件 1

申请公布号：CN 102505090 A

申请公布日：2012. 06. 20

发明名称：一种高韧性聚晶立方氮化硼复合片的制备方法

摘要：一种高韧性聚晶立方氮化硼复合片的制备方法，主要包括如下步骤：把各种原料分别经过化学酸碱处理、物理真空处理；把处理后的原料微粉分别按照不同的质量分数进行混合，混合料与基体材料硬质合金基体片，依照一定的铺层顺序，压制成试块。将压制成型的试块放进有盐管屏蔽层隔离的钼杯中，再将装好的盐管放进石墨模具，最后装入叶蜡石腔体，封头，装配成合成块；通过超高压高温烧结在一起形成聚晶硬质合金复合片。本发明充分利用基体材料的韧性特性，制备的聚晶立方氮化硼复合片聚晶层与基体材料相似相容性好，具有断裂韧性好、抗冲击性能高，可以大大避免崩刀现象，减少换刀次数，延长使用寿命，提高刀具的加工效率和加工精度。

权利要求书

1. 一种高韧性聚晶立方氮化硼复合片的制备方法，其特征在于，该方法包括如下步骤：

（1）将制备聚晶立方氮化硼复合片所用的原料立方氮化硼微粉、硬质合金基体片、硬质合金基体微粉、无机非金属晶须、黏结剂分别经过化学酸碱处理、物理真空处理方法，去除原料的杂质，表面钝化物、污染物和氧化物。

（2）将（1）中处理后的立方氮化硼微粉、硬质合金基体微粉、无机非金属晶须、黏结剂用于聚晶立方氮化硼聚晶层的合成，分别按照不同的质量分数进行混合，与基体材料硬质合金基体片，依照一定的铺层顺序，压制成试块。

（3）将（2）压制成型的试块，辅助使用非用于聚晶成分的盐管、碳片、钛片、钼杯，石墨模具；将压制成型的试块放进有盐管屏蔽层隔离的钼杯中，再将装好的盐管放进石墨模具，最后装入叶蜡石腔体，封头，装配成合成块，烘箱中干燥，再通过超高压高温烧结在一起形成聚晶硬质合金复合片。

（4）烧结成的聚晶立方氮化硼硬质合金复合块，自然冷却后取出，经线切割或激光切割加工成不同形状的复合片。

2. 根据权利要求 1 所述高韧性聚晶立方氮化硼复合片的制备方法，其特征在于：所述步骤（2）中立方氮化硼微粉、硬质合金基体微粉、无机非金属晶须、黏结剂在聚晶立方氮化硼聚晶层中的质量分数为：立方氮化硼微粉 50%～85%，硬质合金基体微粉 13%～30%，无机非金属晶须 0.5%～2%，黏结剂 2%～20%。

3. 根据权利要求 1 所述高韧性聚晶立方氮化硼复合片的制备方法，其特征在于：所述步骤（2）中在制备试块时依据一定化学梯度进行排布，以硬质合金基体为基础，与基体面垂直方向上，按照远离基体的方向顺序逐渐递减硬质合金微粉在聚晶层的化学成分含量，形成一定的化学梯度。

4. 根据权利要求 3 所述高韧性聚晶立方氮化硼复合片的制备方法，其特征在于：所述步骤（2）中在石墨模具中，先放入硬质合金基体片，然后铺放三层不同硬质合金基体微粉的混合物，分别经过压实；在紧接着基体铺放第一层高含量硬质合金基体微粉的原料粉混合物，压实；紧接着第一层铺放第二层，硬质合金基体微粉含量少于第一层；紧接着第二层铺放第三层，硬质合金基体微粉含量又少于第二层；第一层硬质合金基体微粉在原料微粉中的质量分数为 5%～20%，第二层硬质合金基体微粉在原料微粉中的质量分数为 5%～10%，第三层硬质合金基体微粉在原料微粉中的质量分数为 2%～10%。

5. 根据权利要求 1 所述高韧性聚晶立方氮化硼复合片的制备方法，其特征在于：所述步骤（3）超高压高温烧结形成聚晶硬质合金复合片，烧结的具体条件是采用六面顶压机设备进行合成，压力为 4.6～7.0GPa，温度 1300～1600℃，合成时间 6～35min。

6. 根据权利要求 1 所述高韧性聚晶立方氮化硼复合片的制备方法，其特征在于：所述立方氮化硼微粉的粒径有三种分布，第一种是 1～4μm 范围，第二种是 7～10μm 范围，第三种是 12～15μm 范围。

7. 三种微粉各自在立方氮化硼微粉中的质量分数为：1～4μm 范围的占 40%～50%，7～10μm 范围的占 30%～50%，12～15μm 范围的占 5%～40%。

8. 根据权利要求 1 所述高韧性聚晶立方氮化硼复合片的制备方法，其特征在于：所述无机非金属晶须是氧化铝、氧化锆、碳化硅和硼纤维的一种或其中两种晶须，晶须长度在 100nm～20μm 范围，直径不大于 100nm。

9. 根据权利要求 1 所述高韧性聚晶立方氮化硼复合片的制备方法，其特征在于：所述黏结剂是金属钴粉、金属镍粉、氮化钛、氮化铝、碳化钛、碳化钨中的一种或其中两种，纯度都大于 99%，粒径不大于 10μm。

10. 根据权利要求 1 所述高韧性聚晶立方氮化硼复合片的制备方法，其特征在于：竹炭经过光催化剂二氧化钛改性，改性后竹炭纳米改性微粉粒径在 20nm～

1μm。

对比文件 2

申请公布号：CN 101879612 A

申请公布日：2010. 11. 10

发明名称：用于钢材车削的硬质合金涂层刀片

摘要：本发明涉及一种车削用的硬质合金涂层刀片，具体公开了一种用于钢材车削的硬质合金涂层刀片，包括硬质合金基体及其上涂覆的涂层，基体包括至少一个由前、后刀面相交所形成的刃口，刃口两侧的硬质合金均呈现由内层的均相合金区过渡到立方碳氢化合物富集区、再过渡到黏结相富集表面区的梯度变化结构，基体中立方相化合物质量分数为 4%～8%；梯度变化结构在刃口处的交汇区域主要为立方碳氮化合物富集区，且暴露于刃口处的该区域在垂直于前刀面方向上的长度大于或等于后刀面方向上的长度的 2 倍：所述涂层由里到外依次包括 TiN 层、TiCN 层、TiCO 过渡层和最外层的 α-Al_2O_3 层。本发明的涂层刀片具有耐磨性好、刃口强度高、高温性能好等优点。

权利要求书

1. 一种用于钢材车削的硬质合金涂层刀片，包括硬质合金基体及其上涂覆的涂层，所述硬质合金基体包括至少一个由前刀面和后刀面相交所形成的刃口，所述刃口两侧位于前刀面和后刀面的硬质合金均呈现梯度变化结构，该梯度变化结构是指由内层的均相合金区过渡到立方碳氮化合物富集区、再过渡到黏结相富集表面区，其特征在于：所述硬质合金基体包含以 WC 为基础的硬质相、以 Co 为基础的黏结相和以取自周期表Ⅳb、Ⅴb 和/或Ⅵb 族金属元素的立方相化合物，所述立方相化合物的质量分数为 4%～8%；所述梯度变化结构在刃口处的交汇区域主要为立方碳氮化合物富集区，且暴露于刃口处的立方碳氮化合物富集表面区域在垂直于所述前刀面方向上的长度 L1 大于或等于其垂直于所述后刀面方向上的长度 L2 的 2 倍；所述涂层为细晶多层涂层，由里到外依次包括：

（1）最里层的 TiN 层，厚度为 0.1～2μm，该层晶粒为等轴晶粒，平均晶粒度≤0.5μm。

（2）第二层为 TiCN 层，厚度为 1.5～10μm，该层晶粒为柱状晶，平均晶粒度为 0.1～2μm。

（3）第三层为 TiCO 过渡层，厚度为 0.1～1.5μm，该层晶粒为针状晶粒或等轴晶粒，平均晶粒度≤0.5μm。

（4）最外层为 α-Al_2O_3 层，厚度为 2～10μm，等轴晶粒，平均晶粒度为 0.2～2.5μm，在 300μm 的长度上测得的表面粗糙度 Ra≤0.25μm。

2. 根据权利要求 1 所述用于钢材车削的硬质合金涂层刀片，其特征在于：位于前刀；而且接近刃口区域的所述黏结相富集表面区的厚度 L3 大于位于后刀而且接近刃口区域的所述黏结相富集表面区的厚度 L4；所述 L3 的取值为 10μm ≤ L3 ≤ 70μm。

3. 根据权利要求 2 所述用于钢材车削的硬质合金涂层刀片，其特征在于：位于后刀而且接近刃口区域的所述黏结相富集表面区的厚度 L4 等于零。

4. 根据权利要求 1、2 或 3 所述用于钢材车削的硬质合金涂层刀片，其特征在于：所述 Co 的质量分数为 5%～12%。

5. 根据权利要求 4 所述用于钢材车削的硬质合金涂层刀片，其特征在于：所述 Co 的质量分数为 6.5%～11%。

6. 根据权利要求 1、2 或 3 所述用于钢材车削的硬质合金涂层刀片，其特征在于：位于前刀而且接近刃口区域的所述黏结相富集表面区的厚度 L3 的取值为 20μm ≤ L3 ≤ 50μm，该黏结相富集表面区内 Co 的含量为硬质合金基体中 Co 标称含量的 1～1.5 倍。

7. 根据权利要求 1、2 或 3 所述用于钢材车削的硬质合金涂层刀片，其特征在于：所述立方碳氮化合物富集区的厚度为 20～60μm，该立方碳氮化合物富集区内立方相化合物的含量为硬质合金基体中立方相化合物标称含量的 1～1.3 倍。

8. 根据权利要求 1、2 或 3 所述用于钢材车削的硬质合金涂层刀片，其特征在于：所述 TiN 层的厚度为 0.2～1μm。所述 TiCN 层的厚度为 3～7μm；所述 TiCO 过渡层的厚度为 0.2～1μm；所述 α-Al_2O_3 层的厚度为 3～8μm。

9. 根据权利要求 1、2 或 3 所述用于钢材车削的硬质合金涂层刀片，其特征在于：所述 TiCN 层为中温化学气相沉积涂层，所述 TiCN 层的平均晶粒度为 0.3～1.5μm；所述 α-Al_2O_3 层的平均晶粒度为 0.5～1.5μm。

对比文件 3

申请公布号：CN 104232967 A

申请公布日：2014. 12. 24

发明名称：一种少黏结相碳化钨硬质合金的制备方法

摘要：本发明提供了一种少黏结相碳化钨硬质合金的制备方法，通过化学镀法制备低钴含量包覆的碳化钨-钴复合粉体，将该粉体置于放电等离子烧结炉中进行烧结：先抽真空使真空度达到 8Pa 以上，加压至 50MPa，升温至 1500～1700℃，保温后卸压，冷却后得到少黏结相碳化钨硬质合金。本发明采用化学镀法制备低钴含量 WC-Co 复合粉体，粉体制备周期短，Co 以薄膜的形式包覆在 WC 颗粒表面，分布均匀，不存在 Co 局部富集现象；采用放电等离子烧结过程中，所有 WC 颗粒间存在液相 Co，加强了颗粒间的连接强度，提高了合金的韧性，所得到的硬质合金材料性能优越。

权利要求书

1. 一种少黏结相碳化钨硬质合金的制备方法，其特征在于，包括如下步骤：

（1）将 WC 粉体加入化学活化液中，室温下超声搅拌处理，静止沉降后分离化学活化液，再用去离子水清洗 WC 粉体。

（2）将（1）得到的 WC 粉体加入化学镀液中，于 70～85℃水浴锅保温至有气泡产生，然后转入 40～60℃超声池进行超声搅拌化学镀 Co，静止沉降后分离化学镀液，用去离子水清洗粉体，干燥后得到低钴含量 WC-Co 复合粉体。

（3）将（2）得到的低钴含量 WC-Co 复合粉体置于放电等离子烧结系统，抽真空使真空度达到 8Pa 以上，加压至 50MPa，升温至 1500～1700℃保温，卸压冷却后得到少黏结相碳化钨硬质合金。

2. 根据权利要求 1 所述的制备方法，其特征在于，所述 WC 粉体的晶粒尺寸为 0.2～0.4μm。

3. 根据权利要求 1 所述制备方法，其特征在于：用于超声搅拌的超声波频率为 40kHz，超声波功率为 300～400W。

4. 根据权利要求 1 所述制备方法，其特征在于：所述化学活化液包括以下成分：

40%氢氟酸　30～50mL/L；
氟化铵　2～4g/L；
65%硝酸　20～40mL/L；
36%盐酸　10～30mL/L。

5. 根据权利要求 1 所述制备方法，其特征在于：将 WC 粉体按 1kg/L 的装载量加入化学活化液中。

6. 根据权利要求 1 所述制备方法，其特征在于：所述化学镀液包括以下组分：

硫酸钴　20～30g/L；
次亚磷酸钠　20～30g/L；
柠檬酸三钠　40～60g/L；
硼酸　20～30g/L。

其中，所述化学镀液的 pH 为 9～11。

7. 根据权利要求 1～6 任意一项所述制备方法，其特征在于：将（1）得到的 WC 粉体按 150～1500g/L 的装载量加入化学镀液中。

8. 根据权利要求 1～6 任意一项所述制备方法，其特征在于：所述（2）中的干燥具体为将粉体在 60～80℃下恒温干燥 6h。

9. 根据权利要求 1～6 任意一项所述制备方法，其特征在于：所述 WC-Co 复合粉体中所包含的 Co 的质量分数采用岛津高精度分析天平进行测定。

10. 根据权利要求 1～6 任意一项所述制备方法，其特征在于：所述（3）中的升温速率为 200℃/min，在 1500～1700℃保温的时间为 5min。

根据审查意见中的对比文件相关描述，其中对比文件 1 公开的技术特征最多，作为与该申请最接近的对比文件。对比文件 1 公开了一种高韧性聚晶立方氮化硼复合片的制备方法，与对比文件 1 相比，该申请修改后的权利要求 1 的区别技术特征主要有：该申请为 5 层结构的叠层复合材料，材料整体以及每一层中成分的分布和组成。该申请中 WC、Co 和 Al_2O_3 并非简单的混合，而是通过化学镀的方法在 WC 和 Al_2O_3 表面包裹了 Co 金属，使得它们不会直接接触，这样就降低了烧结的难度，同时保证了烧结材料的致密度，提高了刀具的强度。

至于对比文件 2，对比文件 2 涉及一种用于钢材车削的硬质合金涂层刀片，但是主要涉及的是涂层的制备，并没有采用 Co 去包裹相应的粉体，采用 Co 粉末只是改善刀片的强度和韧性，与该发明有着本质的不同。

对比文件 3 公开了一种少黏结相碳化钨硬质合金的制备方法，但是只是针对 WC 表面包覆 Co 进行设计，强化了颗粒间的连接强度，提高了合金的韧性，并没有给出可以利用此方法解决叠层复合材料中不同层界面之间容易出现裂纹的问题，因此对比文件 3 中不存在将 WC 表面包覆 Co 应用于对比文件 1 的技术启示，况且仅是 WC 表面包覆 Co 还不能解决以上技术问题。

第一次审查意见答复书

尊敬的审查员：

您好，首先感谢您对本案所做的认真审查。本意见陈述书是针对审查员于 2018 年 7 月 2 日发出的第一次审查意见通知书所做的答复。申请人仔细研究了审查员对本案的审查意见，针对该审查意见中指出的问题，申请人陈述意见如下。

一、修改说明

针对审查意见指出的问题，申请人对申请文件进行如下修改：在原权利要求 1 中增加技术特征“其中的 WC-Co、Al_2O_3-Co 和 CBN-Co 是分别在 WC、Al_2O_3 和 CBN 超细粉体表面镀一层 Co 金属得到的”，所增加的技术特征记载于本申请说明书的第 9 段中。

上述修改没有超出原说明书和权利要求书记载的范围，且是针对审查意见通知书指出的缺陷进行的修改，因而符合专利法第三十三条以及专利法实施细则第五十一条第三款的有关规定。

二、关于权利要求 1 的创造性

修改后的权利要求 1 具有专利法第二十二条第三款规定的创造性。

审查意见中的对比文件 1 中，对比文件 1 公开的技术特征最多，作为与本申请最接近的对比文件。对比文件 1 公开了一种高韧性聚晶立方氮化硼复合片的制备方法，与对比文件 1 相比，本申请修改后的权利要求 1 的区别技术特征主要有：本申请为 5 层结构的叠层复合材料，材料整体以及每一层中成分的分布和组成均不同。

对以上区别技术特征分析如下：

首先，叠层复合材料的含义是：叠层复合材料是由物理、化学性能不同的材料层叠而成的，这种特殊的复合能极大地改善材料的断裂韧性、冲击韧性、磨损、腐蚀等性能。对比文件 1 涉及一种高韧性聚晶立方氮化硼复合片的制备方法，采用“铺放三层不同硬质合金微粉的混合物，分别经过压实，再紧接着基体铺放第一层高含量硬质合金基体微粉的原料粉混合物，压实，紧接着第一层铺放第二层，硬质合金基体微粉含量少于第一层，紧接着第二层铺放第三层，硬质合金基体微粉又少于第二层，再通过超高压高温烧结在一起形成聚晶硬质合金复合片”。显然，这种复合材料并不是叠层复合材料，审查意见指出的“相当于本申请的经烧结得到的叠层复合刀具材料”是不合适的。

其次，对比文件 1 是利用相似相容原理解决复合层开裂、脱层的问题，因此需要采用化学成分完全相同的硬质合金基体片和硬质合金基体微粉组成复合片；如果按照对比文件 1 的思路，本申请只需保证其他各层和基体具有相同化学成分的材料即可解决叠层材料中分界面处的裂纹问题，由于基体为 WC-Co，因此中间过渡层和外耐磨层只需要都含有 WC-Co 即可；但是，根据本申请说明书对有益效果的说明可知，本申请解决这个问题依靠的是关联于各层的 Co 金属，其原因有二：①Co 金属包覆在不同陶瓷粉末的外层，使得不同陶瓷粉末不会直接接触，可降低烧结难度，提高烧结材料的致密度；②在放电等离子烧结过程中，由于 Co 是导电粉体，通过施加电场，包覆的 Co 接触部位会发生放电现象，产生局部高温，促使 Co 金属熔化，在大压力的同时作用下，熔融的钴填充到陶瓷颗粒的间隙中，形成致密的叠层刀具复合材料。

可见，即使面对相似（非相同）的技术问题，本申请和对比文件 1 解决问题的思路和技术方案也不相同。

此外，刀具的切削性能和刀具材料有密切的关系，复合刀具材料比单一刀具材料所制备的刀具具有更好的切削性能。复合材料刀具各种材料的热膨胀系数不相同，其热应力将影响复合刀具的切削性能，因此简单地将各种刀具材料进行混合制备出的复合材料的刀具无法充分发挥各个材料的性能，将直接导致复合材料刀具的切削性能变差。

因此，本申请中 WC、Co 和 Al_2O_3 并非简单的混合，而是通过化学镀的方法在 WC 和 Al_2O_3 表面包裹了 Co 金属，使得它们不会直接接触，这样就降低了烧结难度，同时保证了烧结材料的致密度，提高了刀具的强度。

至于对比文件 2，对比文件 2 涉及一种用于钢材车削的硬质合金涂层刀片，但是主要涉及的是涂层的制备，并没有采用 Co 去包裹相应的粉体，采用 Co 粉末只是改善刀片的强度和韧性，与本发明有着本质的不同。

再次，对比文件 2 主要是在基体上沉积一层 TiN 层，然后在 TiN 层上沉积一层 TiCN 层，再在 TiCN 层上沉积一层 TiCO 过渡层，最后在 TiCO 过渡层上沉积一层 α-Al_2O_3 层。直接在基体 WC 沉积一层 TiN 层，由于不同材料的热膨胀系数不相同，其热应力将影响复合刀具的切削性能，而这正是本申请所要解决的技术问题之一。

最后，对比文件 2 中的多涂层由里到外为：最里层 TiN 层，第二层 TiNC 层，第三层 TiCo 过渡层，外耐磨层为单纯的氧化铝，而本申请基体层为 WC-Co，中间过渡层为 WC-Co 与 Al_2O_3-Co 的混合粉体，外耐磨层为 WC-Co 和 CBN-Co 的混合粉体，并且 WC-Co 材料在混合粉体中为主要成分，所用到的材料没有发生突变，在材料的结合性能明显优于对比文件 2 中的设计。对比文件 2 中 Co 存在于过渡层，而本申请的 Co 从里到外都存在，使得本申请的刀具具有更小的内部应力，Co 与 Al_2O_3 和 CBN 的结合既能发挥 Al_2O_3 低摩擦系数和 CBN 高硬度的优点，也能发挥 Co 高耐磨性的优点，通过以下对照试验，可以看出本申请较对比文件 2 更有优势。

分别采用本申请实施例 1、实施例 2 和对比文件 2 所述材料制成切削刀具，切削 45 号正火钢（HB180～200），切削深度 $a_p = 1.2$mm、进给量 $f = 0.3$mm/r、切削速度 $v = 240$m/min，按照最为严苛的规定将后刀面磨损量定在 0.3mm 就认为刀具寿命结束，得到不同刀具后刀面磨损量和切削时间的关系如图 1 所示。

图 1 中，实施实例一表示本申请的实施例 1，实施实例二表示本申请的实施例 2，氧化铝陶瓷表示对比文件 2（因对比文件 2 中材料最外层为氧化铝），其中实施实例一大约可以切削 30min，按照切削速度 $v = 240$m/min，大约可以切削距离 7200m，实施实例二大约可以切削距离 5760m，然而对比文件 2 的切削距离大约为 2700m 和 3960m。也就是说本申请刀具材料所制成的刀具切削路程明显高于对比文件 2，主要是因为 Co 与 Al_2O_3 和 CBN 的结合既能发挥 Al_2O_3 低摩擦系数和 CBN 高硬度的优点，也能发挥 Co 高耐磨性的优点，该设计明显要比对比文件 2 更有优势。

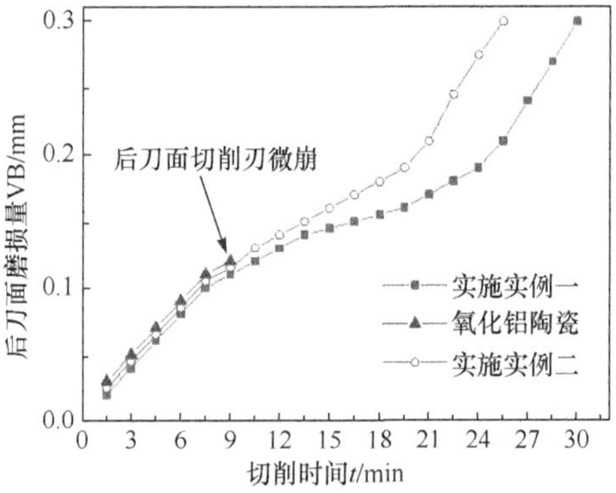

图 1　切削 45 号正火钢（HB180～200）时不同刀具材料的后刀面磨损量

因此，在对比文件 2 存在本申请所要解决的技术问题的情况下以及两者多层结构的组成不同时，对比文件 2 中不存在将以上所述区别技术特征应用到对比文件 1 的启示。

因此，本申请中修改后的权利要求 1 所请求保护的技术方案不是显而易见的，具有突出的实质性特点与显著的进步，相对于对比文件 1、对比文件 2 以及二者的结合具备专利法第二十二条第三款规定的创造性。

三、关于权利要求 2 的创造性

权利要求 2 要求保护一种制备权利要求 1 所述的材料方法，和对比文件 1 相比，其整个制备方法都属于区别技术特征。

在分析之前，申请人需要再次强调，本申请所要解决的技术问题是：提高复合刀具材料硬度和韧性的平衡、耐磨性和低摩擦性能，并克服不同层界面之间容易出现裂纹等缺陷。

本申请的原材料中，WC 具有高硬度、良好的抗弯强度和韧性；Al_2O_3 具有良好的耐磨性、耐热性，化学性能稳定及硬度高，但其韧性差；CBN 具有比 WC 高的硬度和耐磨性。将 WC、Al_2O_3 和 CBN 用 Co 进行包裹，再结合刀具材料的叠层设计，能够很好地发挥这三种材料优异的切削性能，并解决以上技术问题。

对比文件 3 公开一种少黏结相碳化钨硬质合金的制备方法，但是只是针对 WC 表面包覆 Co 进行设计，强化了颗粒间的连接强度，提高了合金的韧性，并没有给出可以利用此方法解决叠层复合材料中不同层界面之间容易出现裂纹的问题。因此，对比文件 3 中不存在将 WC 表面包覆 Co 应用于对比文件 1 的技术启示，况且仅仅是 WC 表面包覆 Co 还不能解决以上技术问题。

而且，碳化钨和氧化铝以及 CBN 属于性质不同的物质，而对比文件 1 所要解决的技术问题也不是提高氧化铝粉体之间或者 CBN 粉体之间的连接强度，因此对比文件 3 中也不存在将同样包覆 Co 的方法用于氧化铝或 CBN 的技术启示。

因此，本申请权利要求 2 所要求保护的技术方案不是显而易见的，具有突出的实质性特点与显著的进步，相对于对比文件 1、2、3 及其结合，具备专利法第二十二条第三款规定的创造性。

权利要求 3～9 是对权利要求 2 进一步限定的从属权利要求，由于权利要求 2 具备专利法规定的创造性，因此权利要求 3～9 也具备专利法第二十二条第三款规定的创造性。

综上所述，申请人认为本申请具备专利法第二十二条第三款规定的创造性，在后续的审查过程中，如果审查员还有不同意见，恳请审查员通过电话或书面意见和申请人联系，给予申请人再次修改申请文件和陈述意见的机会，申请人一定积极配合审查员的审查工作。

第一次答复后，审查员又给出了第二次审查意见。通知书中指出：申请人于 2018 年 7 月 19 日提交了意见陈述书和经修改的权利要求书，审查员在阅读了上述文件后，对本案继续进行审查，再次提出如下审查意见。特别指出本领域技术人员有动机结合对比文件 3 通过化学镀在 Al_2O_3、CBN 粉末表面包覆 Co，分别得到 Al_2O_3-Co 和 CBN-Co 粉体，从而得到该申请的叠层材料，得到切削性能优异的刀具材料，这种优异性能的技术效果是本领域技术人员在上述基础上能够预料的。

第二次审查意见通知书

申请号：2017101774338

申请人于 2018 年 7 月 19 日提交了意见陈述书和经过修改的申请文件，审查员在阅读了上述文件后，对本案继续进行审查，再次提出如下审查意见。

本通知书未引用新的对比文件。

继续引用第一次审查意见。

审查员认为：

叠层材料顾名思义是利用一层一层的材料堆叠而成，从叠层材料的含义上并未对每一层材料的组分和含量做出具体限定，对比文件 1 涉及一种将粉末一层接着一层铺放堆叠形成的复合片，属于一种叠层材料。对比文件 1 与该申请一样，均是为了解决叠层材料的开裂、脱层的技术问题，从而改进刀具的韧性、强度及耐磨性，对比文件 1 公开了叠层材料是 CBN 微粉、硬质合金基体微粉、无机非晶晶须、黏结剂的混合物，硬质合金基体是钨钴类硬质合金的混合物，硬质合金基体微粉与硬质合金基体属于同一合金，具有相同的化学成分，无机非金属晶须优选氧化铝和氧化锆晶须中的一种，黏结剂优选钴粉和氮化钛，即对比文件 1 公开了 CBN、硬质合金、氧化铝均可以是叠层材料的组分；对比文件 2 公开了一种以 WC 为基的硬质合金基体（主要为 WC-Co），并给出了有利于 Co 改善刀片的强度和韧性、Al_2O_3 有利于工件的磨损性能的技术启示，在上述基础上选择 WC、CBN、Al_2O_3、Co 作为刀具叠层材料的组分是本领域技术人员在对比文件 1 的基础上结合对比文件 2 容易得到的，再有对比文件 3 给出了在 WC 表面包覆 Co 能够提高颗粒连接强度的技术启示，进一步，本领域技术人员有动机结合对比文件 3 通过化学镀在 Al_2O_3、CBN 粉末表面包覆 Co，分别得到 Al_2O_3-Co 和 CBN-Co 粉体，从而得到该申请的叠层材料，从而得到切削性能优异的刀具材料，这种优异性能的技术效果是本领域技术人员在上述基础上能够预料的。

对比文件 1 已经解决该申请所要解决的技术问题，因而该申请实际解决的技术问题是提高烧结过程中颗粒之间的连接强度，从而提高烧结材料的性能，而对比文件 3 给出了在 WC 表面包覆 Co 的技术启示，能够提高颗粒连接强度，且对比文件 3 涉及的材料主要用于金属切削加工、矿山钻探及耐磨零件等领域中，因此在对比文件 1 的基础上本领域有动机结合对比文件 2，从而实现对 WC、Al_2O_3、CBN 表面镀 Co 的技术方案。综上所述，申请人的意见陈述不具备说服力。

第二次审查意见中，审查员仍然认为：“叠层材料顾名思义是利用一层一层的材料堆叠而成，从叠层材料的含义上并未对每一层材料的组分和含量做出具体限定，对比文件 1 涉及一种将粉末一层接着一层铺放堆叠形成的复合片，属于一种叠层材料。对比文件 1 与该申请一样，均是为了解决叠层材料的开裂、脱层的技术问题，从而改进刀具的韧性、强度及耐磨性”等内容。实际上，该申请是为了高效、精准解决叠层材料制作刀具时，各层材料的热膨胀系数不同，刀具在切削难加工材料时，叠层材料在分界面处容易产生裂纹的问题，以及陶瓷复合材料存在强度和韧性之间的矛盾问题而设计。对 WC 和 Al_2O_3 微粉末用 Co 进行化学包裹，保证所有的微粉末被 Co 均匀地包覆，是一种“微观性”解决叠层材料在分界面处容易产生裂纹同时大幅度提高刀具材料韧性的方法，可以有效解决对比文件 1 的很难保证每一层硬质合金微粉的分布均匀性问题，同时大幅度精准地提高刀具的韧性。也就是说，该发明和对比文件 1 最终的解决实际效果是有本质区别的。

第二次审查意见答复书

尊敬的审查员：

您好，首先感谢您对本案所做的认真审查。本意见陈述书是针对审查员于 2018 年 11 月 2 日发出的第一次审查意见通知书所做的答复。申请人仔细研究了审查员对本案的审查意见，针对该审查意见中指出的问题，申请人陈述意见如下。

审查意见中认为：“叠层材料顾名思义是利用一层一层的材料堆叠而成，从叠层材料的含义上并未对每一层材料的组分和含量做出具体限定，对比文件 1 涉及一种将粉末一层接着一层铺放堆叠形成的复合片，属于一种叠层材料。对比文件 1 与本申请一样，均是为了解决叠层材料的开裂、脱层的技术问题，从而改进刀具的韧性、强度及耐磨性，对比文件 1 公开了叠层材料是 CBN 微粉、硬质合金基体微粉、无机非晶晶须、黏结剂的混合物，硬质合金基体是钨钴类硬质合金的混合物，硬质合金基体微粉与硬质合金基体属于同一合金，具有相同的化学成分，无机非金属晶须优选氧化铝和氧化锆晶须中的一种，黏结剂优选钴粉和氮化钛，即对比文件 1 公开了 CBN、硬质合金、氧化铝均可以是叠层材料的组分，对比文件 2 公开了一种以 WC 为基的硬质合金基体（主要为 WC-Co），并给出了有利于 Co 改善刀片的强度和韧性、Al_2O_3 有利于工件的磨损性能的技术启示，在上述基础上选择 WC、CBN、Al_2O_3、Co 作为刀具叠层材料的组分是本领域技术人员在对比文件 1 的基础上结合对比文件 2 容易得到的，再有对比文件 3 给出了在 WC 表面包覆 Co 能够提高颗粒连接强度的技术启示，进一步，本领域技术人员有动机结合对比文件 3 通过化学镀在 Al_2O_3、CBN 粉末表面包覆 Co，分别得到 Al_2O_3-Co 和 CBN-Co 粉体，从而得到本申请的叠层材料，进而得到切削性能优异的刀具材料，这种优异性能的技术效果是本领域技术人员在上述基础上能够预料的。”

针对以上观点，本申请发明人有不同意见，具体如下：

第一，对比文件 1 是利用相似相容原理，通过与硬质合金基体接触的聚晶层合成原料微粉中加入与硬质合金基体具有相同化学成分的硬质合金微粉，并通过化学梯度法，沿远离基体方向改变硬质合金微粉的含量，远离基体方向硬质合金微粉的含量不断降低。对比文件 1 是一种通过“宏观性”改变硬质合金基体的具有相同化学成分的硬质合金微粉的量来实现提高复合材料韧性的方法，这种“宏观性”的方法很难保证每一层硬质合金微粉的分布均匀性问题，如果在铺设过程中出现硬质合金微粉集中或过稀的问题，材料制备仍然很难达到设计要求。

本申请是为了高效、精准解决叠层材料制作刀具时，各层材料的热膨胀系数不同，刀具在切削难加工材料时，叠层材料在分界面处容易产生裂纹，以及陶瓷复合材料存在强度和韧性之间的矛盾问题而设计。

对 WC 和 Al_2O_3 微粉用 Co 进行化学包裹，保证所有的粉末微粒均匀地被 Co 包覆，是一种“微观性”解决叠层材料在分界面处容易产生裂纹同时大幅度提高刀具材料韧性的方法，可以有效解决对比文件 1 中很难保证每一层的硬质合金微粉的分布均匀性问题，同时大幅度精准地提高刀具的韧性。

对比文件 3 公开了一种 WC-Co 硬质合金材料的制备方法，只是针对 WC 表面包覆 Co 进行设计，强化了颗粒间的连接强度，提高了合金的韧性，并没有给出可以利用此方法解决叠层复合材料中不同层界面之间容易出现裂纹的问题的技术启示，同时并未指出这种“微观性”解决叠层复合刀具材料的具体方式。

第二，对比文件 3 除了存在以上问题，其主要涉及一种 WC-Co 硬质合金的制备方法，并未涉及添加项的问题，本领域技术人员很难想到对 Al_2O_3 表面实施包覆。

因此，对比文件 3 中不存在将 WC 表面包覆 Co 应用于对比文件 1 的技术启示，况且仅仅是 WC 表面包覆 Co 还不能解决该技术问题。

第二次答复后，审查员又给出了第三次驳回申请通知书。审查员坚持认为该发明对本领域技术人员是显而易见的。第三次驳回申请通知书内容如下。

驳回意见通知书

申请号：201710177433.8

本决定涉及的是申请号为 201710177433.8 的名称为“一种叠层复合刀具材料及其制备方法”的发明专利申请，申请人为洛阳理工学院，申请日期为 2017 年 3 月 23 日。

一、案由

该申请原申请文件权利要求书包括 2 项独立权利要求 1、2 以及 7 项从属权利要求 3～9。

应申请人于 2017 年 3 月 23 日提出的实质审查请求，审查员对该申请进行了实质审查，并于 2018 年 7 月 2 日发出了第一次审查意见通知书，指出权利要求 1～9 不具备专利法第二十二条第三款规定的创造性。通知书中引用了如下对比文件：

对比文件 1：CN 102505090 A，公开日为 2012 年 6 月 20 日。

对比文件 2：CN 101879612 A，公开日为 2010 年 11 月 10 日。

对比文件 3：CN 104232967 A，公开日为 2014 年 12 月 24 日。

申请人于 2018 年 7 月 19 日针对第一次审查意见通知书提交了意见陈述书和经修改的权利要求书，将技术特征“其中的 WC-Co、Al_2O_3-Co 和 CBN-Co 是分别在 WC、Al_2O_3 和 CBN 超细粉体表面镀一层 Co 金属得到的”添加至权利要求 1 中形成了新的权利要求 1，并陈述了经修改后的权利要求 1～9 具备创造性的理由。

审查员继续审查，并于 2018 年 11 月 2 日发出第二次审查意见通知书，未引用新的对比文件，指出权利要求 1～9 不具备创造性，申请人的意见陈述不具有说服力。

针对上述审查意见通知书，申请人于 2018 年 11 月 23 日递交了意见陈述书，未对申请文件进行修改，坚持并陈述了权利要求 1～9 具备创造性的理由。在意见陈述中申请人认为：

1. 对比文件 1 是一种通过“宏观性”改变硬质合金基体的具有相同化学成分的硬质合金微粉的量来实现提高复合材料韧性的方法，这种“宏观性”的方法很难保证每一层硬质合金微粉的分布均匀性问题，如果在铺设过程中出现硬质合金微粉集中或过稀的问题，那么材料制备仍然很难达到设计要求。该申请是为了高效、精准解决叠层材料制作刀具时，各层材料的热膨胀系数不同，刀具在切削难加工材料时，叠层材料在分界面处容易产生裂纹的问题，以及陶瓷复合材料存在强度和韧性之间的矛盾问题而设计。对 WC、Al_2O_3 微粉末用 Co 进行化学包裹，保证所有的粉末微粒均匀地被 Co 包覆，是一种“微观性”解决叠层材料在分界面处容易产生裂纹同时大幅度提高刀具材料韧性的方法，可以有效解决对比文件

1 中很难保证每一层硬质合金微粉的分布均匀性问题，同时大幅度精准地提高刀具的韧性。对比文件 3 只是针对 WC 表面包覆 Co 进行设计，强化了颗粒间的连接强度，提高了合金的韧性，并没有给出可以利用此方法解决叠层复合材料中不同层界面之间容易出现裂纹的问题的技术启示，同时并未指出这种“微观性”解决叠层复合刀具材料的具体方式。

2. 对比文件 3 并未涉及添加项的问题，本领域技术人员很难想到对 Al_2O_3 表面实施包覆，因此对比文件 3 中不存在将 WC 表面包覆 Co 应用于对比文件 1 的技术启示。

3. 申请人利用叠层复合刀具、对比文件 1 的叠层复合刀具以及对比文件 2 的硬质合金刀具做了精车试验，三者在达到寿命后的前后刀具磨损情况对比，该申请的刀具效果明显比对比文件 1 和 2 的刀具效果好。

审查员认为，本案事实已经清楚，因此针对申请日提交的说明书第 1～83 段、说明书附图第 1～8 幅、说明书摘要、摘要附图、2018 年 7 月 19 日提交的权利要求第 1～9 项做出本驳回决定。

二、驳回理由

继续引用第二次审查意见。

对申请人意见陈述的答复：

对比文件 1 提供了一种充分利用基体材料的韧性特性，制备的聚晶立方氮化石朋复合片聚晶层与基体材料相似相容性好，不易开裂、不易崩刀的复合刀片。整体上看是一种宏观性成分梯度改变的方式，然而硬质合金微粉梯度变化的聚晶立方氮化硼聚晶层中，不变的是黏结剂，其中黏结剂包括镍、钴等，由于黏结剂的贯通连接作用，也能减少叠层裂纹的产生，这也是一种微观的作用方式，这与该申请整体上采用 Co 关联来减少裂纹是相同的，相应地解决了该申请叠层材料分界面处容易产生裂纹的问题的技术问题。对于 Co 包覆 WC，其不过是起到加强烧结中颗粒的连接强度、提高韧性的作用，这已经在对比文件 3 中得到启示，该申请同样也不过是利用了 Co 的包覆作用提高颗粒之间的连接强度及韧性，无论被镀覆颗粒是梯度变化还是不变化，通过包覆 Co 都是为了加强颗粒间的连接强度和提高韧性，没有任何证据或理论显示 Co 的包覆还能起到使硬质合金微粉分布均匀的作用，即使存在不均匀，理论上也应当是操作问题，假定在该申请中，WC 在铺设过程中已经不均匀，即使使用 Co 包覆 WC 也无法使 WC 重新分布均匀，获得分布均匀与不均匀的技术效果。

对比文件 1 已经解决了叠层材料裂纹问题，Co 在其中的作用无非是黏结相，Co 的作用在于颗粒之间的连接及韧性的提高，即使在非叠层结构刀具材料的烧结中，如硬质合金、氮化硼、金刚石等，也通常要用到 Co 之类的黏结剂，起到颗粒之间连接的作用，在叠层结构的烧结中，Co 的作用也是使所用颗粒烧结后连接成整体，这与该申请中Co的作用相同。对于采用Co包覆，基于对比文件3可知，Co包覆WC可以使得Co分布更均匀，而且由于WC颗粒间存在液相Co，加强了颗粒之间的连接强度，提高合金韧性，因此Co包覆的连接效果相比于不包覆的效果更好，而且加强的连接效果显然更不利于裂纹的产生。因此，对比文件3给出了采用Co包覆WC的优点，并且WC是刀具中常用的硬质合金，指出其在金属切削加工、矿山钻探及耐磨零部件中的应用，因此也暗示了Co包覆WC粉体在刀具中的应用。然而，这种包覆并不仅限于WC，对比文件3还提到由于包覆可以使得Co不存在局部富集现象，在放电等离子烧结过程中，由于被包覆的WC颗粒间存在液相Co，加强了连接强度及合金韧性，可见这样的效果主要是由包覆Co所产生的，并非由被包覆材料是WC所导致的，对比文件3首先是基于WC需要和作为黏结相的Co一起烧结制备刀具材料，才提出将Co包覆WC粉体，因此对于其他应用于刀具的粉体材料，也需要通过黏结相使其连接成一个整体时，显而易见地能想到对其和黏结相一起烧结形成整体的粉体材料也采用包覆Co的做法，以提高黏结相Co分布的均匀性、连接强度及韧性。因此，当选择Al_2O_3作为刀具耐磨成分时，选择Co包覆的Al_2O_3，对本领域技术人员是显而易见的。

申请人分别采用对比文件1和对比文件2的刀具与该申请的刀具做了相同的试验，证明该申请的效果，然而申请人忽略了对比文件3，对比文件3启示了Co包覆粉体的使用，可以加强颗粒的连接和韧性，因此在这样的启示下，结合对比文件3得到该申请的方案所产生的技术效果是可预期的。对于对比文件2，其启示了该申请对基体、黏结相及耐磨相成分的选择动机，选择Al_2O_3作为耐磨组分，以及以WC作为基体、以Co改善韧性，实际上在刀具材料中具有很多可能选择的耐磨材料，包括氧化铝、氧化锆、金刚石、聚晶氮化硼、金刚石等，而选择氧化铝的动机在于其具有优异的力学性能、热稳定性和抗氧化性，与钢类材料具有更好的亲和力等，以及在WC基体中采用Co改善韧性，因此对比文件2主要在于刀具材料的启示。

由此可见，申请人的意见陈述不具有说服力。

三、决定

综上所述，该发明专利申请不符合专利法第二十二条第三款的规定，属于专利法实施细则第五十二条第二项的情况，因此根据专利法第二十八条予以驳回。

根据专利法第四十一条第一款的规定，申请人如果对本驳回决定不服，可以在收到本驳回决定之日起三个月内，向专利复审委员会请求复审。

收到国家知识产权局的驳回意见通知书后，如果审查员在审查的结论性意见中是因为技术方案不具备创造性，准备驳回发明专利申请，这时申请人不必惊慌，应当先回顾一下申请的发明专利中权利要求书的核心文字内容和发明目的，然后再一次阅读研究驳回意见通知书正文。

通常情况下，审查员提供的对比文件与发明的主题都属于相同技术领域，所要解决的技术问题也会是相似或相同的。审查员在利用一个以上的对比文件与申请文件进行对比时，会针对申请文件权利要求书中的某项权利要求所具有的技术特征，相应地列举出一个以上对比文件中也具有这些技术特征，并且这些技术特征在对比文件中所起的作用与申请文件中所起的作用相同，或者是这些技术特征在对比文件中能够起到申请文件中提及的作用，进而认为该项权利要求不具备创造性。如果情况确实是这样，申请人一般就不要再对该项权利要求进行争辩了。

在部分权利要求不具备创造性的情况下，申请人应当从整个申请文件中寻找那些没有被审查员提及的对比文件公开的技术特征，或者是寻找被审查员做了错误对比的技术特征，并且这些技术特征能够产生突出的实质性特点和显著的进步，至少是能够产生有益效果，然后可以考虑将其全部或者一部分补充到权利要求中，以使修改后的权利要求具备创造性。如果有多个技术特征可以补充到权利要求中，那么在增加权利要求中的技术特征时，申请人需要考虑修改后的权利要求 1 的保护范围大小是否恰当、创造性的高度是否足够以及申请专利的目的等因素，再决定将哪些技术特征补充到权利要求中。

另外，补充试验数据可以证明专利相对于现有技术具备创造性，是可以适当添加与专利密切相关的试验数据进行针对性答复的。

复审答复书

尊敬的审查员：

您好！

首先，感谢审查员对本申请的认真审查和所付出的辛勤劳动。

申请人针对国家知识产权局就本发明专利申请发出的驳回决定做出复审请求，其复审理由如下。

一、修改说明

在申请人提交的权利要求书的基础上，对权利要求书进行修改，将权利要求 1、2 合并组成新的独立权利要求，并对其他从属权利要求的标号以及引用关系进行了适应性修改。

本次修改没有超出原说明书和权利要求书记载的范围，符合专利法第三十三条以及专利法实施细则第五十一条第三款的有关规定。

二、修改后权利要求 1 具备专利法第二十二条第三款规定的创造性

关于发明的创造性，专利法第二十二条第三款规定“创造性，是指与现有技

术相比，该发明具有突出的实质性特点和显著的进步”。《专利审查指南》第二部分第四章 3.2.1 节规定“判断发明是否具有突出的实质性特点，就是要判断对本领域的技术人员来说，要求保护的发明相对于现有技术是否显而易见”。《专利审查指南》第二部分第四章 3.2.1.1 节规定“判断过程中，要确定的是现有技术整体上是否存在某种技术启示，即现有技术中是否给出将上述区别技术特征应用到该最接近的现有技术以解决其存在的技术问题的启示”。下面是针对审查员的意见一一详细解释。

1. 驳回决定中审查员认为：“对比文件 1 提供了一种充分利用基体材料的韧性特性，制备的聚晶立方氮化硼复合片聚晶层与基体材料相似相容性好，不易开裂、不易崩刀的复合刀片。整体上看是一种宏观性成分的梯度改变方式，然而硬质合金微粉梯度变化的聚晶立方氮化硼聚晶层中，不变的是黏结剂，其中黏结剂包括镍、钴等，由于黏结剂的贯通连接作用，也能够减少叠层裂纹的产生，这也是一种微观的作用方式，这与该申请整体上采用 Co 关联来减少裂纹是相同的，相应地解决了该申请叠层材料分界面处容易产生裂纹的问题的技术问题。对于 Co 包覆 WC，其不过是起到加强烧结中颗粒的连接强度、提高韧性的作用，这已经在对比文件 3 中得到启示，该申请同样也不过是利用了 Co 的包覆作用提高颗粒之间的连接强度及韧性，无论被镀覆颗粒是梯度变化还是不变化，通过包覆 Co 都是为了加强颗粒间的连接强度和提高韧性，没有任何证据或理论显示 Co 的包覆还能起到使硬质合金微粉分布均匀的作用，即使存在不均匀，理论上也应当是操作问题，假定在该申请中，WC 在铺设过程中已经不均匀，即使使用 Co 包覆 WC 也无法使 WC 重新分布均匀，获得分布均匀与不均匀的技术效果。”

对此申请人的观点是：

首先，本申请技术方案的思路实质是 Co 包覆的“微观性”+叠层复合思想的融合提升，多重复合来实现提高刀具复合材料的韧性。在本申请二审回复时，申请人指出“对比文件 1 是一种通过“宏观性”改变硬质合金基体的具有相同化学成分的硬质合金微粉的量来实现提高复合材料韧性的方法，这种“宏观性”的方法很难保证每一层硬质合金微粉的分布均匀性问题，如果在铺设过程中出现硬质合金微粉集中或过稀的问题，材料制备仍然很难达到设计要求。”这里要强调的是：这种“宏观性”的方法很难保证每一层的硬质合金微粉的分布均匀性问题，仅仅是针对对比文件 1，对于本申请，“Co 的包覆能否起到使硬质合金微粉分布均匀的作用”没有任何意义，因为本申请根本就不是依赖“分布均匀性”来提高刀具韧性的。本申请是对 WC 和 Al_2O_3 微粉末进行用 Co 进行化学包裹，保证所有的粉末微粒均匀地被 Co 包覆，是一种“微观性”解决叠层材料在分界面处容易产生裂纹同时大幅度提高刀具材料韧性的方法。整个过程根本不需要考虑“硬质合金微粉分布是否均匀”，因为所有微粉的表面均有 Co 的包覆，极端来讲，即使

WC 和 Al_2O_3 微粉分布不均匀，也不影响这种后续叠层复合技术提高刀具材料韧性的方法。所以审查员后面提到的“假定在该申请中，WC 在铺设过程中已经不均匀，那么即使使用了 Co 包覆的 WC，也无法使 WC 重新分布均匀，或者是分布均匀与不均匀的效果相同”和本申请没有任何关系，本申请也根本不需要“使 WC 重新分布均匀，产生硬质合金微粉分布均匀的作用”。

其次，审查员指出“对比文件 1 整体上看是一种宏观性成分的梯度改变方式，但是在硬质合金微粉梯度变化的聚晶立方氮化硼聚晶层中，不变的是黏结剂，其中黏结剂包括金属钴、镍等，由于黏结剂的贯通连接作用，也能减少叠层裂纹的发生，这也是一种微观性的作用，这与该申请整体上采用钴关联来减少裂纹是相通的。”实际上，审查员指出的“这也是一种微观性的作用”，实际上与本申请有着本质的区别，解释如下：

图 1 为二球体颗粒微观性烧结过程模型。图 1（a）为对比文件 1 的微观烧结模型，图 1（b）本申请的微观烧结模型。

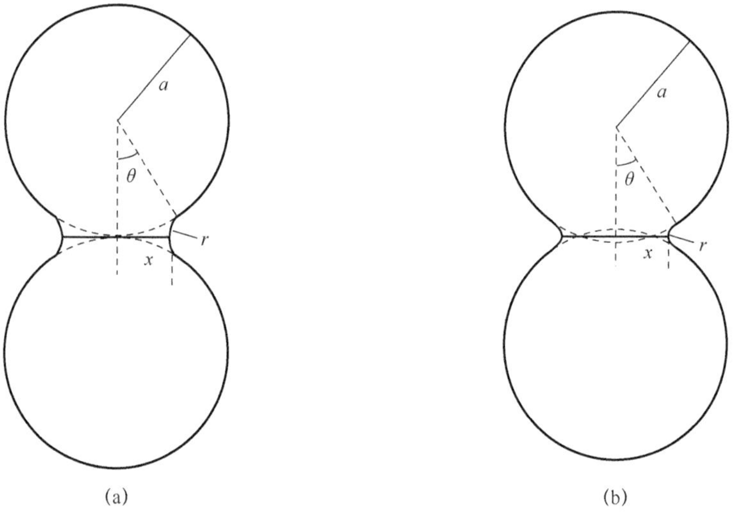

图 1　二球体颗粒微观性烧结过程模型

在图 1 中，a 为颗粒半径，x 为接触颈半径，r 为接触颈曲率，θ 为接触角。对于对比文件 1 的微观烧结模型（图 1（a）），在烧结阶段，颗粒仅外表面相接触，颗粒间距离并未发生变化。即使在最理想的条件下，添加的黏结剂如 Co 只能在两个颗粒的接触颈外端起到一定的黏结作用；对于本申请的微观烧结模型（图 1（b）），由于每个颗粒表面均有 Co 的包覆，当烧结温度升高至一定程度时，外界提供的能量足以激活颗粒的表层材料，使之发生相对运动，颗粒之间将会发生扩散现象，造成烧结体内出现颗粒重排，促使颗粒颈缩向减小表面能的方向发生，使颗粒之间接触紧密，对气孔起到一定的挤压作用。也就是说，在烧结过程中，本申请与对比文件 1 存在本质的不同和创新。

图 2 为微观颗粒烧结的最终模型。图 2（a）为对比文件 1 的微观最终烧结模型，图 2（b）为本申请的微观最终烧结模型。

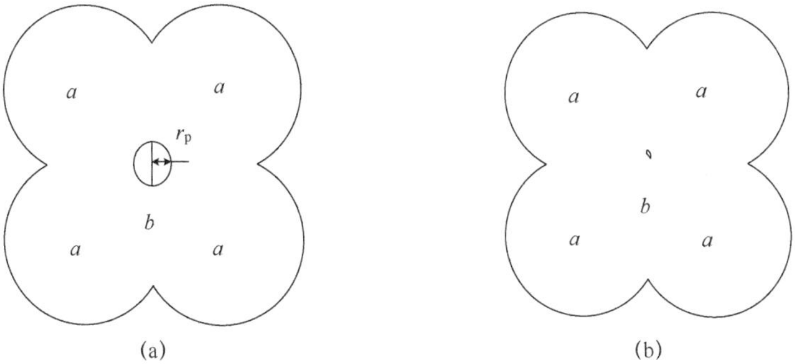

图 2　微观颗粒烧结的最终模型

图 2 中，*a* 表示颗粒，*b* 表示颗粒间的空隙，对于对比文件 1 的微观最终烧结模型（图 2（a）），在烧结最终，理想条件下的孔洞半径为 r_p；对于本申请的微观最终烧结模型（图 2（b）），由于每个颗粒表面均有 Co 包覆，经过前期烧结的扩散作用，颗粒表面之间已经开始接触，并发生了传质，即使颗粒之间有气孔存在于材料内，在烧结后期，晶界的扩散也可以使气孔逐渐消失。也就是说，在烧结最终完成阶段，本申请与对比文件 1 存在着本质的不同和创新。

对比文件 1，仅仅具体涉及一种高韧性聚晶立方氮化硼复合片的制备方法，对于每一叠层，本申请在叠层的表现形式和效果方面也与对比文件 1 存在不同。实际上，叠层材料是利用一层一层的材料堆叠而成的，从叠层材料的含义上并未对每一层材料的组分和含量做出具体限定，对比文件 1 想保护的核心权利要求并不是集中在叠层概念，而是其选择的立方氮化硼微粉的粒径不同，而造成的每一层材料变化，所以在核心思想上本申请与对比文件 1 是存在着本质不同的。而且，对于审查员的观点“由于黏结剂的贯通连接作用，也能减少叠层裂纹的发生”，但是在对比文件 1 中并没有对黏结剂贯通连接作用和减少叠层裂纹的因果关系做任何解释，现有技术中也未见有公开，因此就对比文件 1 以及现有文件的公开来看，不能证明“黏结剂的贯通连接作用”和“减少叠层裂纹发生”之间存在直接的因果关系。

2. 驳回决定中审查员认为：“对比文件 1 已经解决了叠层材料裂纹问题，Co 在其中的作用无非是黏结相，Co 的作用在于颗粒之间的连接及韧性的提高，即使在非叠层结构刀具材料的烧结中，如硬质合金、氮化硼、金刚石等，也通常要用到 Co 之类的黏结剂，起到颗粒之间连接的作用，在叠层结构的烧结中，Co 的作用也是使所用颗粒烧结后连接成整体，这与本申请中 Co 的作用相同。对于采用 Co 包覆，基于对比文件 3 可知，Co 包覆 WC 可以使 Co 分布更均匀，而且由于 WC 颗粒间存在液相 Co，从而加强了颗粒之间的连接强度，提高合金韧性，因此 Co 包覆的连接效果相比于不包覆的效果更好，而且加强的连接效果显然更不利于裂纹的产生。因此，对比文件 3 给出了采用 Co 包覆 WC 的优点，并且 WC 是刀具中常用的硬质合金，指出其在金属切削加工、矿山钻探及耐磨零部件中的应用，因此也暗示了 Co 包覆 WC 粉体在刀具中的应用。然而，这种包覆并未仅限于 WC，对比文件 3 还提到由于包覆可以使得 Co 不存在局部富集现象，在放电等离子烧结过程中，由于被包覆的 WC 颗粒间存在液相 Co，加强了连接强度及合金韧性，可见这样的效果主要是由于包覆钴所产生的，并非由于被包覆材料是 WC 所导致的，对比文件 3 首先是基于 WC 需要和作为黏结相 Co 一起烧结制备刀具材料，才提出将 Co 包覆 WC 粉体，因此对于其他应用于刀具的粉体材料，当也需要黏结相使其连接成一个整体时，显而易见地能想到对其和黏结相一起烧结形成整体的粉体材料也采用包覆 Co 的做法，以提高黏结相 Co 分布的均匀性、连接强度及韧性。因此，当选择 Al_2O_3 作为刀具耐磨成分时，选择 Co 包覆的 Al_2O_3，对本领域技术人员是显而易见的。

对此本申请人的观点是：

首先，针对对比文件 1 和对比文件 2 的问题，在二审答复时明确表明，本案申请人针对该问题，利用本申请叠层复合刀具、对比文件 1 的叠层复合刀具以及对比文件 2 的硬质合金刀具分别精车 718 模具钢，对比了三者刀具在达到寿命后的前后刀面磨损情况，具体对比情况见图 3～图 6。

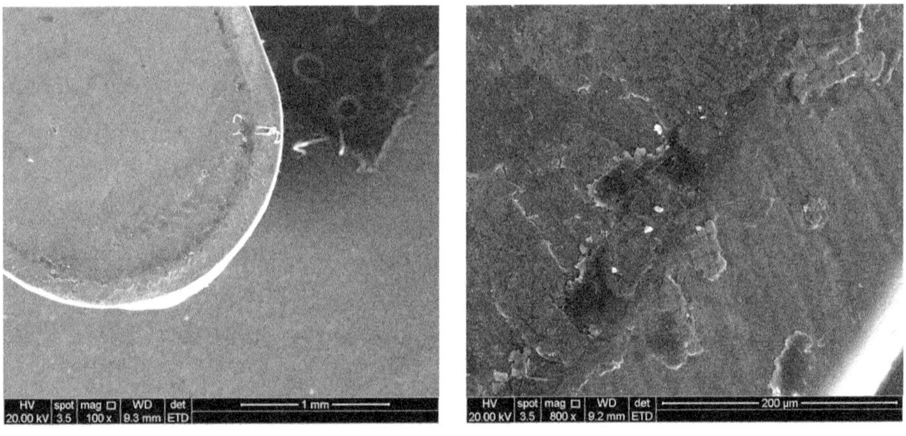

图 3　采用本申请的叠层复合刀具精车 718 模具钢达到寿命后的前刀面磨损图

（切削速度 v=120m/min，切削深度 a_p = 0.2mm，进给量 f = 0.1mm/r）

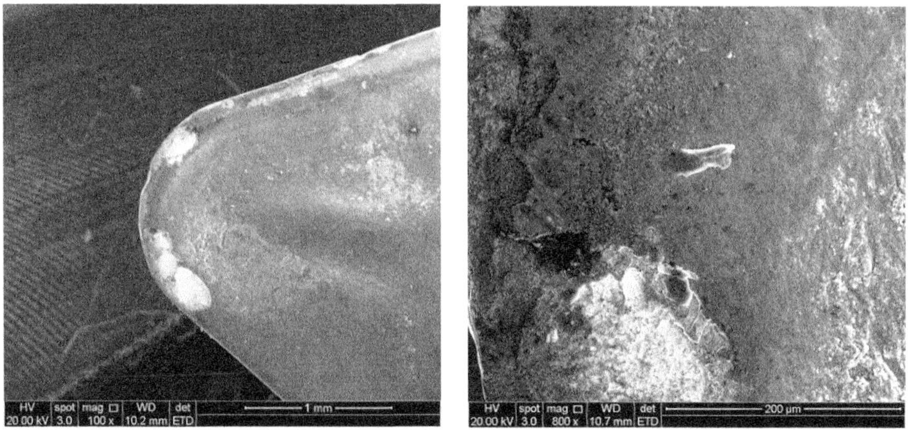

图 4　采用非化学镀（对比文件 1 方法）的叠层复合刀具精车 718 模具钢达到寿命后的前刀面磨损图（切削速度 v=120m/min，切削深度 a_p = 0.2mm，进给量 f = 0.1mm/r）

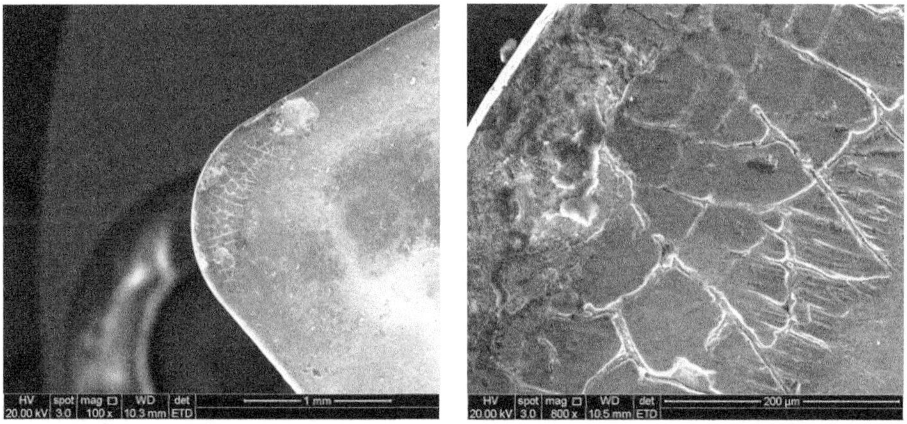

图 5　采用硬质合金-TiN 涂层刀具（对比文件 2 方法）精车 718 模具钢达到寿命后的前刀面磨损图（切削速度 v=120m/min，切削深度 a_p = 0.2mm，进给量 f = 0.1mm/r）

从图 6 中可以看出，精车 718 模具钢在达到切削寿命时，采用本申请的叠层复合刀具（图 3）可以切削加工 36min，采用非化学镀（对比文件 1 方法）的叠层复合刀具（图 4）可以切削加工 25.5min，采用硬质合金-TiN 涂层（对比文件 2 方法）的硬质合金刀具（图 5）可以切削加工 18min。也就是说采用本申请的叠层复合刀具切削寿命和耐磨性明显高于普通硬质合金-TiN 涂层刀具。

其次，如图 3 所示，采用本申请的叠层复合刀具在切削 36min 后，前刀面的磨损不太严重，而且从图片上看模具钢与刀具前刀面没有太多的黏结，摩擦较为顺滑，所以刀具可以实现高耐磨高寿命。

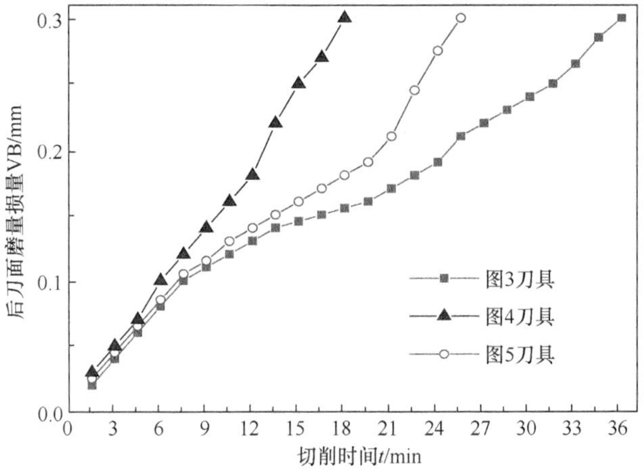

图 6 三种不同刀具精车 718 模具钢切削时间和后刀面磨损的关系
（切削速度 v=120m/min，切削深度 a_p = 0.2mm，进给量 f = 0.1mm/r）

其原因在于本申请采用以下工艺：一种叠层复合刀具材料，该材料具有经放电等离子烧结得到的 5 层对称结构，中心为基体层，由基体层向两侧依次为中间过渡层和外耐磨层，基体层为 WC-Co，中间过渡层为 WC-Co 和 Al_2O_3-Co 的混合物，WC-Co 在混合物中的质量分数为 70%～80%，Al_2O_3-Co 在混合物中的质量分数为 20%～30%；外耐磨层为 WC-Co 和 CBN-Co 的混合物，WC-Co 在混合物中的质量分数为 80%～85%，CBN-Co 在混合物中的质量分数为 15%～20%，并且该材料从一侧到另一侧每一层占材料总质量的 5%、15%、60%、15%和 5%。所以精车模具钢时工件材料很难摩擦渗透到表面材料内部，摩擦较为顺滑，说明刀具可以实现高耐磨高寿命。

如图 4 所示，由于没有采用如本申请权利要求书所述的工艺，所以刀具表面的结合程度明显不如图 3，工件材料容易渗入刀具的表层中，使得摩擦和磨损性能相对于图 3 来说有所下降，刀具的耐磨性和寿命下降。

如图 5 所示，在精车 718 模具钢时，普通硬质合金-TiN 涂层刀具的耐磨性能远远低于图 3 和图 4，由于普通的 TiN 涂层根本无法长时间承受住模具钢的长时间摩擦磨损，出现了涂层大量裂纹的情况，耐磨性和寿命相对于前两种刀具明显降低。

通过上述研究表明，在具体的实际试验中，本申请与对比文件 1 和对比文件 2 也存在本质的不同。

再次，对比文件 3 实际上是审查员认为争议的焦点，下面来看对比文件 3 的技术领域：发明涉及硬质合金技术领域，具体说，是涉及一种少黏结相碳化钨硬质合金的制备方法。也就是说，对比文件 3 公开了一种少黏结相碳化钨硬质合金的制备方法，这里注意“少黏结相”才是对比文件 3 的权利要求的创新实质，对比文件 3 确实提到了“Co 以薄膜的形式包覆在 WC 颗粒表面，分布均匀，不存在 Co 局部富集现象；采用放电等离子烧结过程中，所有 WC 颗粒间存在液相 Co，加强了颗粒间的连接强度，提高了合金的韧性，所得到的硬质合金材料性能优越。”但是对比文件 3 的实质确实是针对“少黏结相”的一种液相烧结创新，但是审查员将对比文件 3 解读为“对比文件 3 的 Co 包覆的连接效果相比不包覆的效果更好，而且加强的连接效果显然更不利于内部裂纹的产生，”这里显然是受到本申请的提示后，扩大了对比文件 3 的权利要求范围。

同时，审查员将对比文件 3 的权利要求延伸为“因此，对于其他应用于刀具的粉体材料，同样也需要和黏结相烧结连接成一个整体时，显而易见地能想到对其他需要黏结相一起烧结形成整体的粉体材料也采用包覆 Co 做法，以提高黏结剂 Co 的分布均匀性、连接强度及韧性，因此当选择 Al_2O_3 作为刀具的耐磨成分时，选择 Co 包覆的 Al_2O_3，对本领域技术人员来时显而易见的。”采用化学镀进行粉末包覆的方法应该也不是对比文件 3 的首创，但是采用审查员这种延伸解读的话，所有进行化学镀方法制备粉末包覆均变成显而易见的事情，均无法进行创新性活动，这里显然扩大了对比文件 3 的权利要求范围。

实际上，对比文件 3 只是针对 WC 表面包覆 Co 进行“少黏结相”设计，强化了颗粒间的连接强度，提高了合金的韧性，并没有给出可以利用此方法解决叠层复合材料中不同层界面之间容易出现裂纹问题的技术启示；其次，对比文件 3 主要涉及一种 WC-Co 硬质合金的制备方法，也并未涉及其他添加项的问题，本领域技术人员很难想到对 Al_2O_3 表面实施包覆。

3. 驳回决定中审查员认为：“申请人分别采用对比文件 1 和对比文件 2 的刀具与该申请的刀具做了相同的试验，证明该申请的效果，然而申请人忽略了对比文件 3，对比文件 3 启示了 Co 包覆粉体的使用，可以加强颗粒的连接和韧性，因而在这样的启示下，结合对比文件 3 得到该申请的方案所产生的技术效果是可预期的。对于对比文件 2，其启示了该申请对基体、黏结相及耐磨相成分的选择动机，选择 Al_2O_3 作为耐磨组分，以及以 WC 作为基体、以 Co 改善韧性，实际上在刀具材料中具有很多可能选择的耐磨材料，包括氧化铝、氧化锆、金刚石、聚晶氮化硼、金刚石等，而选择氧化铝的动机在于其具有优异的力学性能、热稳定性和抗氧化性，与钢类材料具有更好的亲和力等，以及在 WC 基体中采用 Co 改善韧性，因此对比文件 2 只在于刀具材料的启示。”

首先，针对对比文件 3，看一下本申请和化学镀相关的权利要求（节选）:

所述化学镀所用的镀液中主盐为 15～40g/L 的硫酸钴、络合剂为 50g/L 的柠檬酸三钠、还原剂为 20～60g/L 的次亚磷酸钠、缓冲剂为 25g/L 硼酸，配制镀液的步骤如下：

（1）用去离子水溶解硫酸钴，得到溶液 a。

（2）用去离子水溶解柠檬酸三钠，得到澄清溶液 b。

（3）将溶液 a 加入溶液 b 中，搅拌混合溶液，得到主盐络合溶液 c。

（4）常温下，用去离子水溶解次亚磷酸钠，搅拌均匀，得到溶液 d。

（5）将溶液 d 加入主盐络合溶液 c 中，边加边搅拌，得到溶液 e。

（6）用去离子水溶解硼酸，搅拌均匀，得到澄清溶液 f。

（7）将溶液 f 加入溶液 e 中，边加边搅拌，得到镀液。

（8）用氢氧化钠调整镀液的 pH 为 8～11，然后加去离子水定容。

连接层、第一过渡层、第二过渡层和外耐磨层中，每一层 WC-Co 和 Al_2O_3-Co 的混合粉体的配制方法为：按照 WC-Co 和 Al_2O_3-Co 在所在层中的质量分数，分别取经化学镀处理的 WC-Co 粉体和 Al_2O_3-Co 粉体，倒入装有去离子水的容器中，混匀得到混合物 A，去离子水的质量为 WC-Co 粉体和 Al_2O_3-Co 粉体总质量的 7～8 倍；对混合物 A 进行超声搅拌，保持混合物 A 的温度保持在 105℃；超声搅拌 35min 后，按照聚乙二醇和混合物 A 的质量比为 1∶80，取聚乙二醇加入混合物 A 中，继续超声搅拌，得到混合物 B；将所得混合物 B 真空干燥后过筛，得到 WC-Co 和 Al_2O_3-Co 的混合物。

根据权利要求 3 所述的制备叠层复合刀具材料的方法，其特征在于：所述粗化是将待处理的粉体加入粗化液中，于室温下超声波振荡；然后静置至粉体沉降后，将粉体从粗化液中取出，用去离子水清洗沉降的粉体，分离出粉体；所述粗化液的组成包括 20mL/L 的氢氟酸和 2g/L 的氟化铵。

根据权利要求 3 所述的制备叠层复合刀具材料的方法，其特征在于：所述敏化活化是将经粗化处理后的粉体加入敏化活化液中，于室温下超声波振荡，然后静置至粉体沉降后，取出沉降的粉体，用去离子水清洗后，由离心机分离出粉体；所述敏化活化液的组成包括 0.5g/L 的氯化钯、30g/L 的氯化亚锡、160g/L 的氯化钠和 60mL/L 的盐酸。

根据权利要求 3 所述制备叠层复合刀具材料的方法，其特征在于：在所述化学镀之前，将预处理过的粉体分别进行磁力搅拌预分散。

根据权利要求 5 所述制备叠层复合刀具材料的方法，其特征在于：所述敏化活化液的配制步骤如下：

（1）称取 0.25g 的氯化钯加入 30mL 浓盐酸中搅拌溶解，完全溶解后变为橙红色透明溶液，再加入去离子水直至 50mL，即得到溶液 a。

（2）称取 80g 的氯化钠溶于 250mL 去离子水中，得到溶液 b。

（3）将溶液 a 与溶液 b 混合，搅拌均匀，得到溶液 c。

（4）称取 15g 的氯化亚锡溶于 150mL 的去离子水中，得到白色的溶液 d。

（5）把溶液 d 边搅拌边加入溶液 c 中，得到深绿色溶液 e。

（6）向溶液 e 加入去离子水定容至 500mL，得到深绿色的敏化活化液。

其次，看一下对比文件 3 的化学镀相关的权利要求：

步骤一：将 WC 粉体加入化学活化液中，室温下超声搅拌处理，静止沉降后分离化学活化液，再用去离子水清洗 WC 粉体。

步骤二：将步骤一得到的 WC 粉体加入化学镀液中，于 70～85℃水浴锅保温至有气泡产生，然后转入 40～60℃超声池进行超声搅拌化学镀 Co，静止沉降后分离化学镀液，用去离子水清洗粉体，干燥后得到低钴含量 WC-Co 复合粉体。

根据权利要求 1 所述的制备方法，其特征在于，用于超声搅拌的超声波频率为 40kHz，超声波功率为 300～400W。

根据权利要求 1 所述的制备方法，其特征在于，所述化学活化液包括以下成分：

40%氢氟酸	30～50ml/L；
氟化铵	2～4g/L；
65%硝酸	20～40ml/L；
36%盐酸	10～30ml/L。

根据权利要求 1 所述的制备方法，其特征在于：将 WC 粉体按 1kg/L 的装载量加入化学活化液中。

根据权利要求 1 所述的制备方法，其特征在于：所述化学镀液包括以下组分：

硫酸钴	20～30g/L；
次亚磷酸钠	20～30g/L；
柠檬酸三钠	40～60g/L；
硼酸	20～30g/L。

其中，所述化学镀液的 pH 为 9～11。

根据权利要求 1～6 任意一项所述的制备方法，其特征在于：将步骤一得到的 WC 粉体按 150～1500g/L 装载量加入化学镀液中。

根据权利要求 1～6 任意一项所述的制备方法，其特征在于：所述步骤二中的干燥具体为将粉体在 60～80℃下恒温干燥 6h。

通过对比发现：本申请的权利要求和对比文件 3 的权利要求不论在形式上还是侧重点上，完全不同。

本申请更注重的是在叠层复合粉末化学镀的制备过程，配制镀液的方法和流程非常详细；对比文件 3 对其流程介绍只是略为说明解释，主要注重于各种溶液的比例，二者是完全不同的。所以，审查员指出的“因而在这样的启示下，结合对比文件 3 得到本申请的方案是可以预期的”是不合适的。

最后，再次强调下审查员的核心焦点问题。审查员认为“对比文件 3 公开了 Co 包覆碳化钨粉体，加强颗粒间连接强度，提高合金韧性，可以避免内部裂纹的产生，所以具有技术启示。”换句话说，也就是对比文件 3 中的技术方案强化颗粒间连接强度能否解决不同界面（或同一界面内不同结构）之间的裂纹问题。

申请人认为：对比文件 3 的说明书中整篇没有提到“裂纹”问题，仅在摘要中提到“加强了颗粒间的连接强度，提高了合金的韧性”；仅在发明目的部分提到“提供一种少黏结相碳化钨硬质合金的制备方法，该方法制备的碳化钨硬质合金黏结相组织分布均匀，具有较好的韧性。”但是根据上述位置的文字提及，就能通过技术方案强化颗粒间连接强度来解决不同界面（或同一界面内不同结构）之间的裂纹问题，在申请人看来显然不现实。

因为仅仅从增韧角度来说，复合材料的增韧分为颗粒增韧、桥接增韧、层状结构增韧、相变增韧、微裂纹增韧等。根据对比文件 3 的背景技术和发明内容来看，对比文件 3 强调的增韧应该为颗粒增韧，而本申请的增韧实际上为微裂纹增韧中裂纹偏转增韧和桥接增韧的复合。

图 7 为裂纹扩展增韧与桥接增韧复合的模型示意。从图中的 *a* 点看出，裂纹穿越 *a* 点处的增强相颗粒时，发生了穿晶断裂，但穿越后裂纹逐渐变细，断裂能开始降低。当裂纹继续扩展至 *b* 点处的增强相颗粒时，发生了沿晶断裂，裂纹偏离了原来的传播方向，沿两相界面进行扩展延伸。当裂纹继续扩展至 *c* 点处的增强相颗粒时，同样发生沿晶断裂，于是裂纹会沿外力分切应力最大的方向继续传播。经过两次沿晶断裂，裂纹的偏转和绕过弥散小颗粒都会消耗裂纹扩展功，从而使复合材料韧性得到改善。当裂纹继续扩展至 *d* 点处时，出现了裂纹桥接现象。

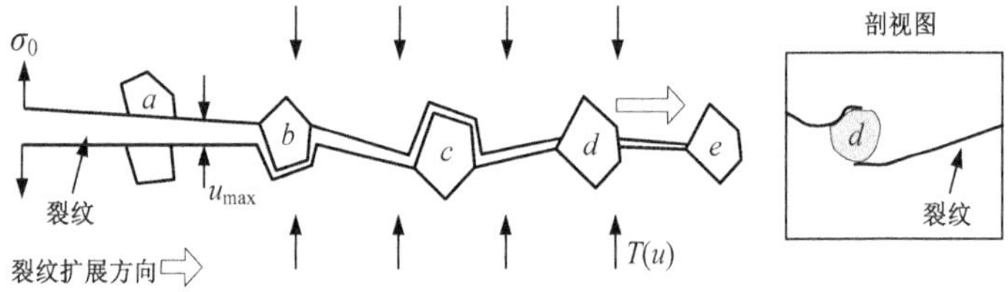

图 7　裂纹扩展增韧与桥接增韧复合的模型示意图

从图 7 中的 *d* 处可以看出，在裂纹扩展过程中，如果遇到某些钉扎作用较强的晶粒，其扩展路径发生显著变化，而 *d* 晶粒的存在相当于在两个相对的裂纹面之间架了一座“桥”；随着裂纹的进一步扩展，两个相对裂纹之间距离的增大必将受到晶粒的这种“架桥”作用的抑制，宏观上表现为提高了材料的裂纹扩展阻力。

从上述内容来看，对比文件 3 中的技术方案强化颗粒间连接强度是不能解决不同界面（或同一界面内不同结构）之间的裂纹问题的。

本案申请人认为：关于本申请所要解决的技术问题，可以确定在对比文件 1 中并未解决，具体前文已做详细分析，而且在前面刀具图的应用中也可以直观看出。

综合以上分析可知，本申请的独立权利要求及其所属的从属权利要求具备专利法第二十二条第三款规定的创造性。在后续的审查过程中，如果审查员还有不同意见，恳请审查员通过电话或书面意见和申请人联系，给予申请人再次修改申请文件和陈述意见的机会，申请人一定积极配合审查员的审查工作。

通常，在创造性的审查中，审查员会利用现有技术公开的技术方案与该申请请求保护的技术方案进行对比，得出该申请权利要求的技术方案相对于对比文件是显而易见的，不具备突出的实质性特点，从而得到该申请不具备创造性的审查结论。对于此审查意见，申请人可以从多个角度对其辩驳，主要是针对该申请权利要求的技术方案与对比文件公开的内容之间的关系进行，主要是以下几方面：

（1）权利要求的技术领域、解决的技术问题与对比文件不同。

（2）权利要求中的某项特征在对比文件中没有公开，也不属于公知常识。

（3）权利要求中的特征与对比文件中公开的特征虽然字面相同，但其结构或作用并不等同。

（4）对比文件中间的结合存在技术障碍。

（5）提交对比试验数据证明权利要求请求保护的技术方案相对于对比文件的方案具有预料不到的技术效果。其中，提交试验数据，尤其是该申请要求保护的技术方案与最接近现有技术的对比试验数据可以有力地证明该申请相对于现有技术具有预料不到的技术效果，是克服创造性缺陷较好的方法之一。本发明的申请在复审提交后得到了授权。

3.4　案例 4：石墨烯-铬钛铝复合材料的制备方法及其在刀具上的应用

案例 4 是关于材料类发明专利的申请过程。该专利申请时提交的权利要求书和说明书原文如下所示。

发明名称：石墨烯-铬钛铝复合材料的制备方法及其在刀具上的应用

权 利 要 求 书

1. 一种石墨烯-铬钛铝复合材料的制备，其特征在于，包括以下步骤：

步骤一　选取纳米石墨烯粉体，并将其置于质量分数为 1.6%的氢氟酸水溶液中，超声波处理后静置 60～90min，倒出上层溶液及漂浮的杂质，所得沉淀物加入去离子水进行洗涤，静置 60～90min 再次倒出上层溶液，再次加入去离子水进行洗涤多次，直至上层溶液 pH 大于 6.5，得到酸洗后的石墨烯纳米粉；将所得酸洗后石墨烯纳米粉采用无水乙醇进行洗涤，得到预处理后的石墨烯纳米粉，备用。

步骤二　分别取 Ti 粉末、Cr 粉末和 Al 粉末，按照与步骤一相同的操作方法一次制得处理后的 Ti 粉末、Cr 粉末和 Al 粉末，备用。

步骤三　将步骤一处理后的石墨烯纳米粉倒入装有去离子水且设有温度传感器的容器中，得到悬浮液 A，将装有悬浮液 A 的容器置于超声波发生器中，在 120～170Hz、180～220r/min 下超声搅拌，并将悬浮液 A 的温度升高至 105℃，维持该温度，并超声搅拌 35min 后，按照 m（聚乙二醇）：m（悬浮液 A）=1：80 的比例取聚乙二醇，加入悬浮液 A 中，继续超声搅拌 15～20min，得到混合物 B，备用，其中去离子水的体积为石墨烯纳米粉体积的 7～8 倍。

步骤四　将所得混合物 B 放入球磨罐中球磨 180～220h 后，取出混合物 B 在 140～160℃条件下真空干燥 24～25h，过筛，得到细化并非团聚的石墨烯纳米粉，备用。

步骤五　取步骤四制得的石墨烯纳米粉，步骤二制得的 Ti 粉末、Cr 粉末和 Al 粉末倒入装有去离子水且设有温度传感器的容器中，得到混合物 C，其中，去离子水的体积为石墨烯纳米粉、Ti 粉末、Cr 粉末和 Al 粉末总体积的 3～5 倍；将装有混合物 C 的容器置于超声波发生器中，80～100Hz 超声分散，同时对其进行 100～150r/min 搅拌；在超声搅拌过程中，将混合物 C 温度升高至 100℃，维持该温度，继续超声搅拌 30～40min，按照 m（聚乙二醇）：m（混合物 C）= 1：100 的质量比加入聚乙二醇，然后继续超声搅拌分散 10～20min，超声搅拌分散结束后，得到混合物 D，备用。

步骤六　将步骤五得到的混合物 D 放入球磨罐中球磨 280～300h 后，在 170～180℃条件下真空干燥 20～22h，过筛，得到石墨烯-铬钛铝复合材料。

2. 根据权利要求 1 所述一种石墨烯-铬钛铝复合材料的制备方法，其特征在于：步骤一选取的纳米石墨烯粉体平均厚度小于 3nm，片层直径为 1～5μm，比表面积为 40～60m^2/g；步骤二选取的 Ti 粉末、Cr 粉末和 Al 粉末的粒径均为 15～45μm。

3. 根据权利要求 1 所述一种石墨烯-铬钛铝复合材料的制备，其特征在于：步骤一中的超声波处理参数为 60～80Hz，在 80～150r/min 的转速下搅拌处理 50～70min。

4. 根据权利要求 1 所述一种石墨烯-铬钛铝复合材料的制备，其特征在于：步骤五中，按照质量分数，石墨烯纳米粉占复合材料总质量的 5%～15%，Ti 粉末占复合材料总质量的 20%～25%，Al 粉末占复合材料总质量的 20%～25%，Cr

粉末占复合材料总质量的 35%～55%。

5. 根据权利要求 1 所述一种石墨烯-铬钛铝复合材料的制备，其特征在于：步骤四和步骤六中球磨罐中的球磨介质均为无水乙醇，研磨球为纳米硬质合金球。

6. 一种如权利要求 1 所述的石墨烯-铬钛铝复合材料在刀具上的应用，其特征在于，包括以下步骤：

步骤一　采用砂纸对刀具表面进行打磨至刀具表面的粗糙度 Ra 为 1.2～1.6μm，将刀具清洗干净并晾干，得到预处理后的刀具，备用。

步骤二　利用激光熔覆系统的激光熔覆头将权利要求 1 制备的石墨烯-铬钛铝复合材料熔覆到表面，其中，激光光斑直径恒定为 1mm，激光熔覆层的搭接率恒定为 20%，激光的输出功率为 1.5～3.0kW，激光的扫描速度为 180～300mm/min，N_2 流速为 3～10L/min，熔覆完成后，断电自然冷却至室温，即得到石墨烯-铬钛铝复合涂层刀具。

7. 根据权利要求 6 所述一种石墨烯-铬钛铝复合材料在刀具上的应用，其特征在于步骤一刀具清洗步骤为：将刀具放入丙酮中超声清洗 10min 后，采用乙醇溶液超声清洗 2min 以洗去丙酮，用去离子水冲洗干净；将刀具置于清洗液中在 80℃温度下超声清洗 10min，再在混合液中超声清洗 2min，最后用去离子水冲洗干净，其中清洗液由体积比依次为 1∶1∶5 的 $NH_3 \cdot H_2O$、H_2O_2 和 H_2O 组成；混合液由体积比为 1∶50 的 HF 和 H_2O 组成。

说　明　书

技术领域

本发明涉及复合涂层材料技术领域，具体涉及一种石墨烯-铬钛铝复合材料的制备方法及其在刀具上的应用。

背景技术

刀具涂层技术自问世以来，对刀具性能的改善及加工技术的进步起着十分重要的作用，在刀具中涂层刀具所占的比例已超过 50%。根据涂层材料的性质，涂层刀具又可分为两大类，即“硬”涂层刀具和“软”涂层刀具。“硬”涂层刀具追求的主要目标是高的硬度和耐磨性，典型的“硬”涂层物质有 TiC、TiN、TiCN、Al_2O_3 和 TiAlN 等；“软”涂层刀具追求的主要目标是低摩擦系数，也称为固体润滑涂层刀具，属于自润滑刀具的一种，如 MoS_2 和 WS_2 涂层刀具等。

“硬”涂层刀具主要由 CVD 法与 PVD 法两种方式制备。CVD 法的反应气体、反应尾气都可能具有一定的腐蚀性、可燃性及毒性，因此对设备、环境和操作人员都不利，并不符合绿色制造的发展方向。PVD 工艺虽然优点很多，但目前仍然存在一定的问题，例如，PVD 工艺处理温度较低，因此涂层与刀具基体、涂层与涂层之间的界面结合强度较低，一方面使涂层厚度受到了限制，另一方面使涂层在切削负荷的作用下很快因开裂和剥落而失效。同时，涂层与刀具基体的性能差异较大，涂层内易形成较大的残余应力，导致刀具在切削（尤其是断续切削）负荷的作用下，易产生微裂纹。“硬”涂层刀具本身的一些缺陷也限制了其使用范围。

“软”涂层刀具目前主要还是以 MoS_2 为代表性涂层，中国专利（专利号 CN 200610068975.3）报道了“自润滑复合软涂层刀具及其制备方法”，它是采用中频磁控+多弧法镀膜方法制备的 MoS_2/Zr/Ti 复合涂层刀具，刀具表面为 MoS_2 层，MoS_2 层与刀具基体之间具有 Ti、MoS_2/Zr/Ti 和 MoS_2/Zr 过渡层。该刀具在无切削液冷却、润滑的切削过程中，能够在刀具表面形成具有润滑作用的润滑膜，从而实现刀具自身的润滑功能，但是这种润滑涂层硬度较低而导致刀具涂层尤其是后刀面涂层的耐磨性较差。

目前有在 TiN 涂层中添加 Cr、Al 等元素形成多组元的多元涂层，如 TiCrN、TiAlN 涂层，显微硬度达到 HV3000，具有比 TiN、TiCN 涂层更高的抗机械磨损、抗磨料磨损性能，且涂层的应用温度也提高到 800℃以上。虽然 TiCrN、TiAlN 涂层有效地提高了刀具的抗机械磨损性能，但是仍不能满足现代高速加工对刀具更好性能的要求。近来添加纳米结构的复合涂层具有低摩擦、高硬度和高温抗氧化性等特点，成为刀具涂层发展的方向之一。也就是说，多元纳米复合涂层可以进一步提高刀具的硬度和韧性。

石墨烯是一种由单层碳原子紧密堆积而成的二维碳原子晶体，其比表面积（$2630m^2/g$）很大，拉伸模量（1.01TPa）和极限强度（116GPa）与单壁纳米管相当。与昂贵的富勒烯和碳纳米管相比，石墨烯价格低廉，原料易得。石墨烯作为一种新型的高性能材料，因其优异的强度、硬度和模量，有望在众多领域得到广泛应用。

如果能将石墨烯多元复合涂层采用一定制备技术添加到刀具表面，就能使刀具涂层既可提高与基体的结合强度，又能具有多种涂层材料的综合物理机械性能，从而满足不同材料、不同加工条件的要求。这样就能很好地解决目前“硬”、“软”涂层刀具遇到的难题，可广泛应用于干切削和难加工材料以及有色金属的切削加工，利用石墨烯的特性进行高抗磨切削刀具制备是一种环境效益和经济效益俱佳的工艺选择，具有广阔的应用前景。

发明内容

本发明的目的是克服现有涂层材料的硬涂层和软涂层不能兼具的不足，制备出既可提高与基体的结合强度，又能具有多种涂层材料的综合物理机械性能要求的石墨烯-铬钛铝复合材料的制备方法及其在刀具上的应用。

本发明为实现上述目的所采用的技术方案为：石墨烯-铬钛铝复合材料的制备，包括以下步骤。

步骤一　选取纳米石墨烯粉体，并将其置于质量分数为 1.6%的氢氟酸水溶液中，超声波处理后静置 60～90min，倒出上层溶液及漂浮的杂质，所得沉淀物加入去离子水进行洗涤，静置 60～90min 再次倒出上层溶液，再次加入去离子水进行洗涤多次，直至上层溶液 pH 大于 6.5，得到酸洗后石墨烯纳米粉；将所得酸洗后石墨烯纳米粉采用无水乙醇进行洗涤，得到预处理后的石墨烯纳米粉，备用。

步骤二　分别取 Ti 粉末、Cr 粉末和 Al 粉末，按照与步骤一相同的操作方法一次制得处理后的 Ti 粉末、Cr 粉末和 Al 粉末，备用。

步骤三　将步骤一处理后的石墨烯纳米粉倒入装有去离子水且设有温度传感器的容器中，得到悬浮液 A，将装有悬浮液 A 的容器置于超声波发生器中，在 120～170Hz、180～220r/min 下超声搅拌，并将悬浮液 A 的温度升高至 105℃，维持该温度，并超声搅拌 35min 后，按照 m（聚乙二醇）：m（悬浮液 A）= 1：80 的比例取聚乙二醇，加入悬浮液 A 中，继续超声搅拌 15～20min，得到混合物 B，备用，其中去离子水的体积为石墨烯纳米粉体积的 7～8 倍。

步骤四　将所得混合物 B 放入球磨罐中球磨 180～220h 后，取出混合物 B 在 140～160℃条件下真空干燥 24～25h，过筛，得到细化并非团聚的石墨烯纳米粉，备用。

步骤五　取步骤四制得的石墨烯纳米粉，步骤二制得的 Ti 粉末、Cr 粉末和 Al 粉末倒入装有去离子水且设有温度传感器的容器中，得到混合物 C，其中，去离子水的体积为石墨烯纳米粉、Ti 粉末、Cr 粉末和 Al 粉末总体积的 3～5 倍；将装有混合物 C 的容器置于超声波发生器中，80～100Hz 超声分散，同时对其进行 100～150r/min 搅拌；在超声搅拌过程中，将混合物 C 温度升高至 100℃，维持该温度，继续超声搅拌 30～40min，按照 m（聚乙二醇）：m（混合物 C）= 1：100 的质量比加入聚乙二醇，然后继续超声搅拌分散 10～20min，超声搅拌分散结束后，得到混合物 D，备用。

步骤六　将步骤五得到的混合物 D 放入球磨罐中球磨 280～300h 后，在 170～180℃条件下真空干燥 20～22h，过筛，得到石墨烯-铬钛铝复合材料。

进一步地，步骤一选取的纳米石墨烯粉体平均厚度小于 3nm，片层直径为 1～5μm，比表面积为 40～60m^2/g；步骤二选取的 Ti 粉末、Cr 粉末和 Al 粉末的粒径均为 15～45μm。

进一步地，步骤一中的超声波处理的参数为：60～80Hz，在 80～150r/min 的转速下搅拌处理 50～70min。

进一步地，步骤五中，按照质量分数，石墨烯纳米粉占复合材料总质量的 5%～15%，Ti 粉末占复合材料总质量的 20%～25%，Al 粉末占复合材料总质量的 20%～25%，Cr 粉末占复合材料总质量的 35%～55%。

进一步地，步骤四和步骤六中球磨罐中的球磨介质均为无水乙醇，研磨球为纳米硬质合金球。

一种石墨烯-铬钛铝复合材料在刀具上的应用，包括以下步骤。

步骤一 采用砂纸对刀具表面进行打磨至刀具表面的粗糙度 Ra 达到 1.2～1.6μm，将刀具清洗干净并晾干，得到预处理后的刀具，备用。

步骤二 利用激光熔覆系统的激光熔覆头将上述制备的石墨烯-铬钛铝复合材料熔覆到表面，其中，激光光斑直径恒定为 1mm，激光熔覆层的搭接率恒定为 20%，激光的输出功率为 1.5～3.0kW，激光的扫描速度为 180～300mm/min，N_2 流速为 3～10L/min，熔覆完成后，断电自然冷却至室温，即得到石墨烯-铬钛铝复合涂层刀具。

进一步地，步骤一的刀具清洗步骤为：将刀具放入丙酮中超声清洗 10min 后，采用乙醇溶液超声清洗 2min 以洗去丙酮，再用去离子水冲洗干净；将刀具置于清洗液中在 80℃温度下超声清洗 10min，再在混合液中超声清洗 2min，最后用去离子水冲洗干净，其中清洗液由体积比依次为 1∶1∶5 的 $NH_3 \cdot H_2O$、H_2O_2 和 H_2O 组成；混合液由体积比为 1∶50 的 HF 和 H_2O 组成。

本发明中，激光熔覆过程的激光的输出功率为 1.5～3.0kW，当激光功率比较小时，熔覆材料即制备的石墨烯-铬钛铝复合材料不能够全部熔化，则会导致熔覆层之间以及熔覆层与刀具表面之间不能产生很好的牢固结合，进而产生脱落，降低刀具表面的稀释率以及它们之间的结合强度；相反，如果激光功率过大，造成刀刃表面熔深很大，稀释率很高，并且熔覆材料出现过热甚至过烧，则会引起熔覆层在冷却过程中组织粗大，影响其表面性能，更严重的会由于熔覆材料的气化引起熔覆层品质的降低。

本发明中，激光的扫描速度为 180～300mm/min，若扫描速度很大，则引起单位长度内激光输入能量的减少，使刀具表面不能充分熔化，致使熔覆层与刀刃表面不能很好熔合；相反，若扫描速度过小，则刀具表面熔化量很大，产生较大的稀释率，熔覆层的组织和性能会产生变化，达不到预期目标。刀具激光熔覆工艺参数的不同，最终影响刀刃表面的稀释率，而稀释率直接影响熔覆层硬度、耐磨性、耐蚀性等性能，稀释率过大会导致熔覆层的综合性能不均匀或下降，只有较低的稀释率，才能保证涂层与基体有良好的冶金结合性能。

本发明采用激光熔覆工艺，在刀具表面制备石墨烯-铬钛铝复合涂层，石墨烯复合涂层的激光熔覆技术是采用高能量激光为能量源，根据刀具的性能要求，在刀具表层添置特殊性能的粉末材料，其中的 Cr、Ti、Al 金属为理想的黏结相材料，具有优异的润湿性，通过激光束辐射，使其与刀具表层材料一起熔化接着迅速凝固，获得稀释率小、与刀具材料相容性较好的表面涂层，该表面涂层实际上是一种高致密结合的石墨烯复合熔覆层，使刀具基体材料与涂层材料有机地结合在一起，不仅能够实现“硬”涂层刀具追求的高硬度和耐磨性要求，还能够实现“软”涂层刀具追求的刀具自润滑的功能。从而，刀具的抗磨、抗蚀、耐氧化等综合性能得到明显提高，实现刀具表面修复或改良等目的。

本发明利用激光的光效应、热效应促进复合涂层与基体刀具更好的结合，激光能量密度集中的特点，决定了熔覆层能够迅速加热，并且迅速冷却，使得熔覆层在冷却过程中产生较大的过冷度，对其组织产生均匀细化的作用，有助于改善熔覆层的综合品质。

本发明利用石墨烯的比表面积大、拉伸模量和极限强度较大的优势，连续大功率激光间接照射刀具表面，修饰刀具表面形成纳米级微台阶，为石墨烯薄膜形成初期提供大量成核点，使材料形成初期成核更加容易。

附图说明

图 1 为本发明使用的复合涂层刀具的激光熔覆加工系统。

图 2 为本发明复合涂层刀具加工过程中刀具前刀面润滑膜形成示意图。

图 3 为图 2 中标记 A 至标记 B 石墨烯结构表面的吸附沉积图。

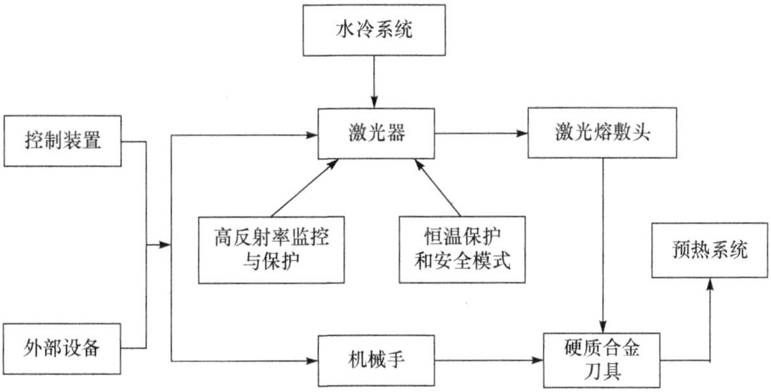

图 1

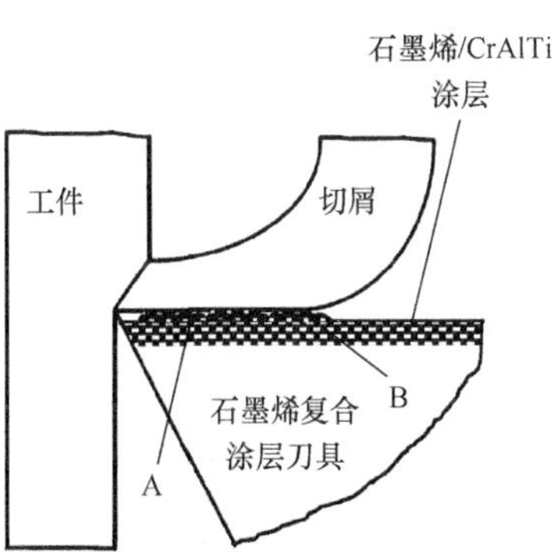

图 2

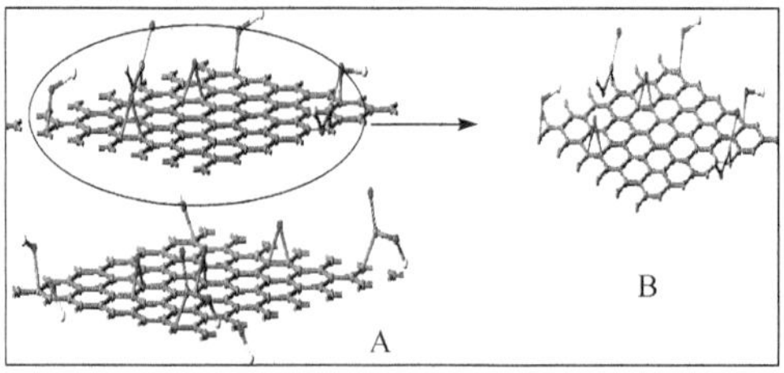

图 3

具体实施方式

一种石墨烯-铬钛铝复合材料的制备，包括以下步骤：

步骤一　选取纳米石墨烯粉体，并将其置于质量分数为 1.6%的氢氟酸水溶液中，在 60～80Hz、在 80～150r/min 的转速下超声搅拌 50～70min 后，静置 60～90min，倒出上层溶液及漂浮的杂质，所得沉淀物加入去离子水进行洗涤，静置 60～90min 再次倒出上层溶液，再次加入去离子水进行洗涤多次，直至上层溶液 pH 大于 6.5，得到酸洗后石墨烯纳米粉；将所得酸洗后石墨烯纳米粉采用无水乙醇进行洗涤，得到预处理后的石墨烯纳米粉，备用。其中选取的纳米石墨烯粉体平均厚度小于 3nm，片层直径为 1～5μm，比表面积为 40～60m^2/g。

步骤二　分别取 Ti 粉末、Cr 粉末和 Al 粉末，按照与步骤一相同的操作方法一次制得处理后的 Ti 粉末、Cr 粉末和 Al 粉末，备用。其中选取的 Ti 粉末、Cr 粉末和 Al 粉末的粒径均为 15～45μm。

步骤三　将步骤一处理后的石墨烯纳米粉倒入装有去离子水且设有温度传感器的容器中，得到悬浮液 A，将装有悬浮液 A 的容器置于超声波发生器中，在 120～170Hz、180～220r/min 下超声搅拌，并将悬浮液 A 的温度升高至 105℃，维持该温度，并超声搅拌 35min 后，按照 m（聚乙二醇）：m（悬浮液 A）=1：80 的比例取聚乙二醇，加入悬浮液 A 中，继续超声搅拌 15～20min，得到混合物 B，备用。其中，去离子水的体积为石墨烯纳米粉体积的 7～8 倍。

步骤四　将所得混合物 B 放入球磨罐中球磨 180～220h 后，取出混合物 B 在 140～160℃条件下真空干燥 24～25h，过筛，得到细化并非团聚的石墨烯纳米粉，备用。

步骤五　取步骤四制得的石墨烯纳米粉，步骤二制得的 Ti 粉末、Cr 粉末和 Al 粉末，倒入装有去离子水且设有温度传感器的容器中，得到混合物 C，其中，按照质量分数，石墨烯纳米粉占复合材料总质量的 5%～15%，Ti 粉末占复合材料总质量的 20%～25%，Al 粉末占复合材料总质量的 20%～25%，Cr 粉末占复合材料总质量的 35%～55%；去离子水的体积为石墨烯纳米粉、Ti 粉末、Cr 粉末和 Al 粉末总体积的 3～5 倍；将装有混合物 C 的容器置于超声波发生器中，80～100Hz 超声分散，同时对其进行 100～150r/min 搅拌；在超声搅拌过程中，将混合物 C

温度升高至 100℃，维持该温度，继续超声搅拌 30～40min，按照聚 m（聚乙二醇）：m（混合物 C）= 1：100 的质量比加入聚乙二醇，然后继续超声搅拌分散 10～20min，超声搅拌分散结束后，得到混合物 D，备用。

步骤六　将步骤五得到的混合物 D 放入球磨罐中球磨 280～300h 后，在 170～180℃条件下真空干燥 20～22h，过筛，得到石墨烯-铬钛铝复合材料。

其中的步骤四和步骤六中，球磨罐中的球磨介质均为无水乙醇，研磨球为纳米硬质合金球。

一种石墨烯-铬钛铝复合材料在刀具上的应用，包括以下步骤：

步骤一　采用砂纸对刀具表面进行打磨至刀具表面的粗糙度 Ra 达到 1.2～1.6μm，将刀具放入丙酮中超声清洗 10min 后，采用乙醇溶液超声清洗 2min 以洗去丙酮，再用去离子水冲洗干净；然后将刀具置于清洗液中在 80℃温度下超声清洗 10min，再在混合液中超声清洗 2min，最后用去离子水冲洗干净，其中清洗液由体积比依次为 1：1：5 的 $NH_3 \cdot H_2O$、H_2O_2 和 H_2O 组成；混合液由体积比为 1：50 的 HF 和 H_2O 组成，晾干，得到预处理后的刀具，备用。

步骤二　利用激光熔覆系统，利用激光熔覆头将权利要求 1 制备的石墨烯-铬钛铝复合材料熔覆到表面，其中，激光光斑直径恒定为 1mm，激光熔覆层的搭接率恒定为 20%，激光的输出功率为 1.5～3.0kW，激光的扫描速度为 180～300mm/min，N_2 流速为 3～10L/min，熔覆完成后，断电自然冷却至室温，即得到石墨烯-铬钛铝复合涂层刀具。

本发明的复合材料涂层可以应用在现有的刀具上，优选的，本发明的刀具选取 WC-6%Co 硬质合金基刀具或高速钢基刀具，或者具有微织构表面结构的刀具上。

下面结合具体实施例和附图对本发明做进一步说明，以使本领域的技术人员更好地理解本发明并能予以实施，但所举实施例不作为对本发明的限定。

本说明书中公开的所有特征，或公开的所有方法或过程中的步骤，除了互相排斥的特征和/或步骤以外，均可以以任何方式组合。

本说明书（包括任何附加权利要求、摘要）中公开的任一特征，除非特别叙述，均可被其他等效或具有类似目的的替代特征加以替换，即除非特别叙述，每个特征只是一系列等效或类似特征中的一个例子而已。

结合具体实施例对本发明加以说明。

1. 实施例 1

一种石墨烯-铬钛铝复合材料在硬质合金基刀具上的应用，通过激光束辐射，使其与刀具表层材料一起熔化接着迅速凝固，获得稀释率小、与刀具材料相容性较好的表面涂层，该表面涂层实际上是一种高致密结合的石墨烯复合熔覆层，使刀具基体材料与涂层材料有机地结合在一起。从而，刀具的抗磨、抗蚀、耐氧化等综合性能得到明显提高，实现刀具表面修复或改良等目的。主要制备条件为：细化的石墨烯纳米粉末占总质量的 5%，Ti 粉末占总质量的 20%，Al 粉末占总质量的 20%，Cr 粉末占总质量的 55%，激光输出功率为 1.5kW，扫描速度为 180mm/min，N_2 流速为 3L/min。

具体包括以下步骤。

步骤一　硬质合金基刀具预处理准备工作：

① 采用 1200#细砂纸对硬质合金基刀具表面进行打磨，确保粗糙度 Ra 达到 1.2μm。

② 将硬质合金基刀具放入丙酮中超声清洗 10min，去除其表面磨屑和油污。

③ 用酒精超声清洗 2min 洗去丙酮，再用去离子水冲洗干净。

④ 由体积比 $NH_3 \cdot H_2O : H_2O_2 : H_2O = 1 : 1 : 5$ 的 $NH_3 \cdot H_2O$、H_2O_2、H_2O 组成的清洗液中在 80℃温度下超声清洗 10min，再在由体积比 $HF : H_2O = 1 : 50$ 的 HF 和 H_2O 组成的混合液中超声清洗 2min，最后用去离子水冲洗干净。

步骤二　粉末的选取与球磨预处理工作：

① 粉末的选取。石墨烯粉末平均厚度< 3nm，片层直径为 1～5μm，比表面积为 40～60m^2/g；Ti 粉末、Cr 粉末和 Al 粉末的粒径均为 15～45μm。

② 粉末的预处理。分别将石墨烯纳米粉、Ti 粉末、Cr 粉末和 Al 粉末置于四个盛有质量分数为 1.6%的氢氟酸水溶液的容器中，然后均在 60Hz、80r/min 超声搅拌 70min，静置 60min，倒出上层溶液及漂浮的杂质，所得沉淀物分别加入去离子水进行洗涤，静置 60min 再次倒出上层溶液，再次加入去离子水进行洗涤，直至上层溶液 pH 大于 6.5，分别得到酸洗后石墨烯纳米粉、Ti 粉末、Cr 粉末和 Al 粉末；将所得酸洗后石墨烯纳米粉、Ti 粉末、Cr 粉末和 Al 粉末分别采用无水乙醇进行洗涤，得到预处理后的石墨烯纳米粉、Ti 粉末、Cr 粉末和 Al 粉末，备用。

③ 配料、搅拌、分散及球磨。

将石墨烯纳米粉倒入装有石墨烯纳米粉体积 8 倍的去离子水且设有温度传感器的容器中，得到混合物 A；将装有混合物 A 的容器置于超声波发生器中，150Hz 超声波处理，同时对其进行 180r/min 搅拌；在超声搅拌过程中，将混合物 A 的温度升高至 105℃，维持该温度，并超声搅拌 35min 后，按照聚乙二醇和混合物 A 的质量比为 1∶80 取聚乙二醇，加入混合物 A 中，继续超声搅拌 15min，得到混合物 B；将所得混合物 B 放入球磨罐中（球的材料选用超细晶粒的纳米硬质合金球），以无水乙醇为介质，球磨 180h，在 140℃条件下真空干燥 24h，过筛，得到细化并非团聚的石墨烯纳米粉，备用。

④ 二次球磨。

取上述步骤③所得，细化的石墨烯纳米粉末占总质量的 5%，上述步骤②所得 Ti 粉末占总质量的 20%，Al 粉末占总质量的 25%，Cr 粉末占总质量的 50%，将所有粉末一起倒入总体积 5 倍的去离子水容器中，得到混合物 C；所述容器配合有温度传感器，可以随时测量容器内液体的温度；将装有混合物 C 的容器置于超声波发生器中，80Hz 超声分散，同时对其进行 100r/min 搅拌；在超声搅拌过程中，将混合物温度快速升高至 100℃，维持该温度，继续超声搅拌 30min，按照聚乙二醇和混合物的质量比为 1：100 加入聚乙二醇，然后继续超声搅拌分散 15min，超声搅拌分散结束后，得到混合物 D；将所得混合物 D 放入球磨罐中（球的材料选用超细晶粒的纳米硬质合金球），以无水乙醇为介质，球磨 280h，在 170℃条件下真空干燥 20h，过筛，得到二次球磨细化粉末，备用。

步骤三　激光熔覆石墨烯复合涂层工作。

激光熔覆石墨烯复合涂层的制备在刀具同轴送粉激光熔覆加工成套系统上进行。刀具的同轴送粉激光熔覆加工工作系统如图 1 所示，其主要由激光器、工业机器人、熔覆头、气载送粉器、水冷系统、自动回转工作台、预热系统和一些外部辅助设备等组成。石墨烯复合涂层的激光熔覆制备主要工艺参数为：保持光斑直径恒定为 1mm，搭接率恒定为 20%，激光输出功率为 1.5kW，扫描速度为 180mm/min，N_2 流速为 3L/min，然后断电自然冷却至室温，即得到硬质合金基石墨烯-铬钛铝复合涂层刀具。

2. 实施例 2

一种石墨烯-铬钛铝复合材料在高速钢基刀具上的应用，通过激光束辐射，使其与刀具表层材料一起熔化接着迅速凝固，获得稀释率小、与刀具材料相容性较好的表面涂层，该表面涂层实际上是一种高致密结合的石墨烯复合熔覆层，使刀具基体材料与涂层材料有机地结合在一起。从而，刀具的抗磨、抗蚀、耐氧化等综合性能得到明显提高，实现刀具表面修复或改良等目的。主要制备条件为：细化的石墨烯纳米粉末占总质量的 10%，Ti 粉末占总质量的 22%，Al 粉末占总质量的 23%，Cr 粉末占总质量的 45%，激光输出功率为 2.2kW，扫描速度为 240mm/min，N_2 流速为 6L/min。

具体包括以下步骤。

步骤一　高速钢基刀具预处理准备工作：

① 采用 1200#细砂纸对刀具表面进行打磨，确保粗糙度 Ra 达到 1.4μm。

② 将刀具放入丙酮中超声清洗 10min，去除其表面磨屑和油污。

③ 用酒精超声清洗 2min 洗去丙酮，再用去离子水冲洗干净。

④ 由体积比 $NH_3 \cdot H_2O : H_2O_2 : H_2O = 1:1:5$ 的 $NH_3 \cdot H_2O$、H_2O_2、H_2O 组成的清洗液中在 80℃温度下超声清洗 10min，再在由体积比 $HF : H_2O = 1:50$ 的 HF 和 H_2O 组成的混合液中超声清洗 2min，最后用去离子水冲洗干净。

步骤二　粉末的选取与球磨预处理工作。

① 粉末的选取。石墨烯粉末平均厚度< 3nm，片层直径为 1～5μm，比表面积为 40～60m²/g；Ti 粉末、Cr 粉末和 Al 粉末的粒径均为 15～45μm。

② 粉末的预处理。分别将石墨烯纳米粉、Ti 粉末、Cr 粉末和 Al 粉末置于四个盛有质量分数为 1.6%的氢氟酸水溶液的容器中，然后 70Hz、120r/min 超声搅拌 70min，静置 75min，倒出上层溶液及漂浮的杂质，所得沉淀物加入去离子水进行洗涤，静置 75min 再次倒出上层溶液，再次加入去离子水进行洗涤，直至上层溶液 pH 大于 6.5，分别得到酸洗后石墨烯纳米粉、Ti 粉末、Cr 粉末和 Al 粉末；将所得酸洗后石墨烯纳米粉、Ti 粉末、Cr 粉末和 Al 粉末分别采用无水乙醇进行洗涤，分别得到预处理后的石墨烯纳米粉、Ti 粉末、Cr 粉末和 Al 粉末，备用。

③ 配料、搅拌、分散及球磨。

将石墨烯纳米粉倒入装有石墨烯纳米粉体积 7.5 倍的去离子水且设有温度传感器的容器中，得到混合物 A；将装有混合物 A 的容器置于超声波发生器中，150Hz 超声波处理，同时对其进行 200r/min 搅拌；在超声搅拌过程中，将混合物 A 的温度升高至 105℃，维持该温度，并超声搅拌 35min 后，按照聚乙二醇和混合物 A 的质量比为 1∶80 取聚乙二醇，加入混合物 A 中，继续超声搅拌 17min，得到混合物 B；将所得混合物 B 放入球磨罐中（球的材料选用超细晶粒的纳米硬质合金球），以无水乙醇为介质，球磨 200h，在 150℃条件下真空干燥 24.5h，过筛，得到细化并非团聚的石墨烯纳米粉，备用。

④ 二次球磨。

取上述步骤③所得，细化的石墨烯纳米粉末占总质量的 5%，上述步骤②所得 Ti 粉末占总质量的 22%，Al 粉末占总质量的 23%，Cr 粉末占总质量的 45%，将所有粉末一起倒入总体积 4 倍的去离子水容器中，得到混合物 C；所述容器配合有温度传感器，可以随时测量容器内液体的温度；将装有混合物 C 的容器置于超声波发生器中，90Hz 超声分散，同时对其进行 130r/min 搅拌；在超声搅拌过程中，将混合物温度快速升高至 100℃，维持该温度，继续超声搅拌 35min，按照聚乙二醇和混合物的质量比为 1∶100 加入聚乙二醇，然后继续超声搅拌分散 10min，超声搅拌分散结束后，得到混合物 D；将所得混合物 D 放入球磨罐中（球的材料选用超细晶粒的纳米硬质合金球），以无水乙醇为介质，球磨 295h，在 175℃条件下真空干燥 21h，过筛，得到二次球磨细化粉末，备用。

步骤三　激光熔覆石墨烯复合涂层工作。

激光熔覆石墨烯复合涂层的制备在刀具同轴送粉激光熔覆加工成套系统上进行。刀具的同轴送粉激光熔覆加工成套系统主要由激光器、工业机器人、熔覆头、气载送粉器、水冷系统、自动回转工作台、预热系统和一些外部辅助设备等组成，如图 1 所示。石墨烯复合涂层的激光熔覆制备主要工艺参数为：保持光斑直径恒定为 1mm，搭接率恒定为 20%，激光输出功率为 2.2kW，扫描速度为 240mm/min，

N_2 流速为 6L/min，然后断电自然冷却至室温，即得到高速钢基石墨烯-铬钛铝复合涂层刀具。

3. 实施例 3

一种石墨烯-铬钛铝复合材料在刀具上的应用，通过激光束辐射，使其与刀具表层材料一起熔化接着迅速凝固，获得稀释率小、与刀具材料相容性较好的表面涂层，该表面涂层实际上是一种高致密结合的石墨烯复合熔覆层，使刀具基体材料与涂层材料有机地结合在一起，从而刀具的抗磨、抗蚀、耐氧化等综合性能得到明显提高，实现刀具表面修复或改良等目的。主要制备条件为：细化的石墨烯纳米粉末占总质量的 15%，Ti 粉末占总质量的 25%，Al 粉末占总质量的 25%，Cr 粉末占总质量的 35%，激光输出功率为 3kW，扫描速度为 300mm/min，N_2 流速为 10L/min。

具体包括以下步骤。

步骤一 刀具预处理准备工作：

① 采用 1500#细砂纸对刀具表面进行打磨，确保粗糙度 Ra 达到 1.6μm。

② 将刀具放入丙酮中超声清洗 10min，去除其表面磨屑和油污。

③ 用酒精超声清洗 2min 洗去丙酮，再用去离子水冲洗干净。

④ 由体积比 $NH_3 \cdot H_2O : H_2O_2 : H_2O = 1:1:5$ 的 $NH_3 \cdot H_2O$、H_2O_2、H_2O 组成的清洗液中在 80℃温度下超声清洗 10min，再在由体积比 $HF : H_2O = 1:50$ 的 HF 和 H_2O 组成的混合液中超声清洗 2min，最后用去离子水冲洗干净。

步骤二 粉末的选取与球磨预处理工作：

① 粉末的选取。石墨烯粉末平均厚度< 3nm，片层直径为 1～5μm，比表面积为 40～60m^2/g；Ti 粉末、Cr 粉末和 Al 粉末的粒径均为 15～45μm。

② 粉末的预处理。分别将石墨烯纳米粉、Ti 粉末、Cr 粉末和 Al 粉末置于质量分数为 1.6%的氢氟酸水溶液中，然后 80Hz、150r/min 超声搅拌 70min，静置 90min，倒出上层溶液及漂浮的杂质，所得沉淀物加入去离子水进行洗涤，静置 90min 再次倒出上层溶液，再次加入去离子水进行洗涤，直至上层溶液 pH 大于 6.5，分别得到酸洗后石墨烯纳米粉、Ti 粉末、Cr 粉末和 Al 粉末；将所得酸洗后石墨烯纳米粉、Ti 粉末、Cr 粉末和 Al 粉末分别采用无水乙醇进行洗涤，分别得到预处理后的石墨烯纳米粉、Ti 粉末、Cr 粉末和 Al 粉末，备用。

③ 配料、搅拌、分散及球磨。

将石墨烯纳米粉倒入装有石墨烯纳米粉体积 8 倍的去离子水且设有温度传感器的容器中，得到混合物 A；将装有混合物 A 的容器置于超声波发生器中，170Hz 超声波处理，同时对其进行 220r/min 搅拌；在超声搅拌过程中，将混合物 A 的温度升高至 105℃，维持该温度，并超声搅拌 35min 后，按照聚乙二醇和混合物 A 的质量比为 1：80 取聚乙二醇，加入混合物 A 中，继续超声搅拌 17min，得到混合物 B；将所得混合物 B 放入球磨罐中（球的材料选用超细晶粒的纳米硬质合金球），以无水乙醇为介质，球磨 220h，在 160℃条件下真空干燥 25h，过筛，得到细化并非团聚的石墨烯纳米粉，备用。

④ 二次球磨。

取上述步骤③所得，细化的石墨烯纳米粉末占总质量的 15%，上述步骤②所得 Ti 粉末占总质量的 25%，Al 粉末占总质量的 25%，Cr 粉末占总质量的 35%，将所有粉末一起倒入总体积 3 倍的去离子水容器中，得到混合物 C；所述容器配合有温度传感器，可以随时测量容器内液体的温度；将装有混合物 C 的容器置于超声波发生器中，100Hz 超声分散，同时对其进行 150r/min 搅拌；在超声搅拌过程中，将混合物温度快速升高至 100℃，维持该温度，继续超声搅拌 40min，按照聚乙二醇和混合物的质量比为 1∶100 加入聚乙二醇，然后继续超声搅拌分散 20min，超声搅拌分散结束后，得到混合物 D；将所得混合物 D 放入球磨罐中（球的材料选用超细晶粒的纳米硬质合金球），以无水乙醇为介质，球磨 300h，在 180℃条件下真空干燥 22h，过筛，得到二次球磨细化粉末，备用。

步骤三　激光熔覆石墨烯复合涂层工作。

激光熔覆石墨烯复合涂层的制备在刀具同轴送粉激光熔覆加工成套系统上进行。刀具的同轴送粉激光熔覆加工成套系统主要由激光器、工业机器人、熔覆头、气载送粉器、水冷系统、自动回转工作台、预热系统和一些外部辅助设备等组成，如图 1 所示。石墨烯复合涂层的激光熔覆制备主要工艺参数为：保持光斑直径恒定为 1mm，搭接率恒定为 20%，激光输出功率为 3.0kW，扫描速度为 300mm/min，N_2 流速为 10L/min，然后断电自然冷却至室温，即得到硬质合金基石墨烯-铬钛铝复合涂层刀具。

其中，图 2 为石墨烯复合涂层刀具加工过程中，前刀面润滑膜形成示意图。石墨烯复合涂层刀具材料在切削摩擦过程中的润滑机理主要是依赖于石墨烯自身的片层结构特性、与拉伸模量和极限强度高的特点。

首先，石墨烯-铬钛铝复合涂层与切屑在切削摩擦副接触表面时，可以形成吸附沉积，如图 3 所示，阻止切屑与基体摩擦副间的直接接触，形成物理减摩层，依靠石墨烯本身的片层结构，可以大幅度降低切削过程中的摩擦系数，实现一种自润滑切削，同时石墨烯本身的拉伸模量和极限强度也非常高，这种自润滑膜本身并不容易破裂，可以较长时间实现一种物理自润滑。

其次，随着切削摩擦过程的不断进行，物理减摩层逐渐失去连续性，在摩擦反复作用下，涂层刀具中的 Cr、Al 元素与空气中的 O 反应形成 Al_2O_3 和 Cr_2O_3 氧化膜，起到抑制氧化、耐磨及隔热作用，使更多的热量通过切屑带走，降低了刀具温度。

最后，石墨烯本身与切屑表面也容易发生摩擦化学反应，生成含石墨烯的复杂摩擦化学反应膜，最终吸附减摩层和摩擦化学反应膜共同作用，使得摩擦磨损降低。

审查员在第一次审查意见通知书中指出：针对原始申请文件进行审查，且本通知书是在进行了检索的情况下做出的，并引入了对比文件 1、2，特别是在审查的结论性意见“关于权利要求书”一栏中指出：权利要求 1～7 不具备专利法第二十二条第三款规定的创造性。

第一次审查意见通知书

申请号：2017101377672

该申请涉及石墨烯-铬钛铝复合材料的制备方法及其在刀具上的应用，经审查，现提出如下审查意见。

本通知书中引用了如下两篇对比文件：

对比文件 1：CN 105108133 A，公开日 2015 年 12 月 2 日。

对比文件 2：CN 103522652 A，公开日 2014 年 1 月 22 日。

权利要求 1 请求保护一种石墨烯-铬钛铝复合材料的制备方法，对比文件 1 涉及一种石墨烯和金属混合粉体及其制备方法，并具体公开了如下技术特征：步骤如下。

（1）制备石墨烯（石墨烯为石墨烯纳米片，相当于纳米石墨烯粉体）单分散溶液。

① 配置溶液，溶剂的重量为石墨烯的 19～191 倍，溶剂由质量分数 20%～100%的乙醇、*N*-甲基吡咯烷（NMP）、聚乙二醇或聚乙烯吡咯烷酮（PVP）与水组成（即公开了聚乙二醇）。

② 将石墨烯溶入溶液。

③ 将步骤②制备的石墨烯有机溶液放入超声波振荡器中搅拌，至少搅拌 2h。

（2）将金属粉体加入步骤（1）所得石墨烯单分散溶液中。

（3）将步骤（2）所得石墨烯和金属混合溶液放入球磨罐中球磨 20～40h。

（4）将步骤（3）制得的混合溶液于 50～600℃搅拌下烘干。

所述金属粉体为钛合金粉末，所述钛合金按质量分数计的化学组分为：Al 4.0%～6.0%、Sn 2.0%～3.0%、Fe ≤ 0.50%、C ≤ 0.80%等，其他元素（总量）≤ 0.40%；Ti 为余量。由此可见，对比文件 1 公开了石墨烯与金属粉末复合的基本处理步骤，权利要求 1 与对比文件 1 相比，区别在于如下几点。

A. 权利要求 1 的材料为石墨烯-铬钛铝复合材料，金属粉体为 Ti 粉末、Cr 粉末和 Al 粉末。

B. 对石墨烯和金属粉末进行了预处理，具体步骤如下：

步骤一 选取纳米石墨烯粉体，并将其置于质量分数为1.6%的氢氟酸水溶液中，超声波处理后静置60～90min，倒出上层溶液及漂浮的杂质，所得沉淀物加入去离子水进行洗涤，静置60～90min，再次倒出上层溶液，加入去离子水进行洗涤多次，直至上层溶液pH大于6.5，得到酸洗后石墨烯纳米粉；将所得酸洗后石墨烯纳米粉采用无水乙醇进行洗涤，得到预处理后的石墨烯纳米粉，备用。

步骤二 分别取Ti粉末、Cr粉末和Al粉末，按照与步骤一相同的操作方法一次制得处理后的Ti粉末、Cr粉末和Al粉末，备用。

C. 将石墨烯进行分散再球磨制成细化并非团聚的石墨烯纳米备用，具体步骤如下：

步骤三 将步骤一处理后的石墨烯纳米粉倒入装有去离子水且设有温度传感器的容器中，得到悬浮液A，将装有悬浮液A的容器置于超声波发生器中，在120～170Hz、180～220r/min下超声搅拌，并将悬浮液A的温度升高至105℃，维持该温度，并超声搅拌35min后，按照m（聚乙二醇）：m（悬浮液A）= 1：80的比例取聚乙二醇，加入悬浮液A中，继续超声搅拌15～20min，得到混合物B，备用；其中，去离子水的体积为石墨烯纳米粉体积的7～8倍。

步骤四 将所得混合物B放入球磨罐中球磨180～220h后，取出混合物B在140～160℃条件下真空干燥24～25h，过筛，得到细化并非团聚的石墨烯纳米粉，备用。

D. 石墨烯纳米粉与金属粉末的混合过程处理过程具体如下：

步骤五 将步骤四制得的石墨烯纳米粉，步骤二制得的Ti粉末、Cr粉末和Al粉末倒入装有去离子水且设有温度传感器的容器中，得到混合物C，其中，去离子水的体积为石墨烯纳米粉、Ti粉末、Cr粉末和Al粉末总体积的3～5倍；将装有混合物C的容器置于超声波发生器中，80～100Hz超声分散，同时对其进行100～150r/min搅拌，在超声搅拌过程中，将混合物C温度升高至100℃，维持该温度，继续超声搅拌30～40min，按照m（聚乙二醇）：m（混合物）= 1：100的质量比加入聚乙二醇，然后继续超声搅拌分散10～20min，超声搅拌分散结束后，得到混合物D，备用。

E. 球磨及干燥工艺略有差异，具体如下：

步骤六 将步骤五得到的混合物D放入球磨罐中球磨280～300h后，在170～180℃条件下真空干燥20～22h，过筛。

对于区别技术特征A，对比文件1已经公开了一种石墨烯与金属粉末的复合，其中金属粉末为钛合金，而钛合金主要成分为钛和铝，在对比文件1的基础上，本领域技术人员能容易进一步结合实际需要，选择金属粉体为Ti粉末、Cr粉末和Al粉末，这并不需要付出创造性劳动，而且没有获得预料不到的技术效果。

对于区别技术特征B，该发明实际要解决的技术问题是如何增加粉体之间的结合性，然而，采用酸溶液对材料进行预处理，使材料表面粗化活化，从而增加表面接触面积及改善表面结合性能，是本领域技术人员的常规技术手段。具体步骤如下：

步骤一　选取纳米石墨烯粉体，并将其置于质量分数为 1.6%的氢氟酸水溶液中，超声波处理后静置 60～90min，倒出上层溶液及漂浮的杂质，所得沉淀物加入去离子水进行洗涤，静置 60～90min，再次倒出上层溶液，加入去离子水进行洗涤多次，直至上层溶液 pH 值大于 6.5，得到酸洗后石墨烯纳米粉，将所得酸洗后石墨烯纳米粉采用无水乙醇进行洗涤，得到预处理后的石墨烯纳米粉，备用。

步骤二　分别取 Ti 粉末、Cr 粉末和 Al 粉末，按照与步骤一相同的操作方法一次制得处理后的 Ti 粉末、Cr 粉末和 Al 粉末，备用，是本领域技术人员结合实际要处理的对象性能容易获得的。

基于区别技术特征 C，该发明实际要解决的技术问题是如何进一步对石墨烯进行分散，但是对比文件 1 已经公开了对石墨烯采用超声波振荡器搅拌，结合聚乙二醇和水溶剂进行分散，以防止团聚，并对溶剂的比例和用量做了限定，在对比文件 1 的基础上，为了进一步加强分散作用，本领域技术人员能容易结合实际需要选择。

步骤三　将步骤一处理后的石墨烯纳米粉倒入装有去离子水且设有温度传感器的容器中，得到悬浮液 A，将装有悬浮液 A 的容器置于超声波发生器中，在 120～170Hz、180～220r/min 下超声搅拌，并将悬浮液 A 的温度升高至 105℃，维持该温度，并超声搅拌 35min 后，按照 m（聚乙二醇）：m（悬浮液 A）= 1：80 的比例取聚乙二醇，加入悬浮液 A 中，继续超声搅拌 15～20min，得到混合物 B，备用，其中，去离子水的体积为石墨烯纳米粉体积的 7～8 倍。

步骤四　将所得混合物 B 放入球磨罐中球磨 180～220h 后，取出混合物 B 在 140～160℃条件下真空干燥 24～25h，过筛，得到细化并非团聚的石墨烯纳米粉，备用。此步骤并没有获得预料不到的技术效果。

基于区别技术特征 D，该发明实际要解决的技术问题是金属粉体与石墨烯混合的具体操作。对比文件 1 已经公开了将石墨烯与金属粉体混合，在对比文件 1 的基础上，本领域技术人员能容易结合实际情况，对石墨烯纳米粉与金属粉末进行混合，处理过程具体如下。

步骤五　将步骤四制得的石墨烯纳米粉，步骤二制得的 Ti 粉末、Cr 粉末和 Al 粉末倒入装有去离子水且设有温度传感器的容器中，得到混合物 C，其中，去离子水的体积为石墨烯纳米粉、Ti 粉末、Cr 粉末和 Al 粉末总体积的 3～5 倍；将装有混合物 C 的容器置于超声波发生器中，80～100Hz 超声分散，同时对其进行 100～150r/min 搅拌；在超声搅拌过程中，将混合物 C 温度升高至 100℃，维持该温度，继续超声搅拌 30～40min，按照 m（聚乙二醇）：m（混合物 C）= 1：100

的质量比加入聚乙二醇，然后继续超声搅拌分散 10～20min，超声搅拌分散结束后，得到混合物 D，备用。此步骤没有获得预料不到的技术效果。

对于区别技术特征 E，对比文件 1 已经公开了球磨和干燥，在对比文件 1 的基础上，进一步选择具体操作如下。

步骤六　将步骤五得到的混合物 D 放入球磨罐中球磨 280～300h 后，在 170～180℃条件下真空干燥 20～22h，过筛。此步骤是本领域技术人员能结合实际情况容易获得的。

由此可见，在对比文件 1 的基础上，结合公知常识的内容，得到权利要求 1 所要求保护的技术方案，对本领域技术人员是显而易见的，即权利要求 1 不具有突出的实质性特点和显著的进步，不符合专利法第二十二条第三款有关创造性的规定。

基于上述理由，该申请的全部权利要求都不具备创造性，说明书中也没有记载任何可被授予专利权的实质性内容，因此该申请不具备被授予专利权的前景，如果申请人不能提出有说服力的理由，该申请将被驳回。

对比文件 1

申请公布号：CN 105108133 A

申请公布日：2015. 12. 02

发明名称：一种石墨烯和金属混合粉体及其制备方法

摘要：本发明提供了一种石墨烯和金属混合粉体及其制备方法，粉体包括如下成分（质量分数）：石墨烯粉体 0～20%，金属粉体为余量。该方法通过高能球磨的方式，通过球磨珠的碰撞，将石墨烯均匀分散，解决了石墨烯容易团聚不易分散的问题，将石墨烯与金属粉末镶嵌到一起，使得石墨烯与金属粉末均匀地混合，为石墨烯与金属复合材料的性能提供保证。

权利要求书

1. 一种石墨烯和金属混合粉体，其特征在于：所述粉体包括如下成分（质量分数）：石墨烯粉体 0～20%，金属粉体为余量。

2. 如权利要求 1 所述一种石墨烯和金属混合粉体，其特征在于：所述金属粉体的粒径为 5～200μm。

3. 如权利要求 1 所述一种石墨烯和金属混合粉体，其特征在于：所述金属粉体为钛合金粉末，所述钛合金的化学组分（质量分数）为：Al 4.0%～6.0%、Sn 2.0%～3.0%、Fe ≤ 0.50%、C ≤ 0.08%、N ≤ 0.05%、H ≤ 0.015%、O ≤ 0.20%、其他元素（每种）≤ 0.10%，其他元素（总量）≤ 0.40%，Ti 为余量。

4. 一种制备如权利要求 1 所述石墨烯和金属混合粉体的方法，其特征在于，所述方法包括如下步骤。

（1）制备石墨烯单分散溶液。

① 配置溶液。

② 将石墨烯溶入溶液。

③ 将步骤②制备的石墨烯有机溶液放入超声波振荡器中搅拌。

（2）将金属粉体加入（1）所得石墨烯单分散溶液。

（3）将步骤（2）所得石墨烯和金属混合溶液放入球磨罐中球磨 20～40h。

（4）将步骤（3）制得的混合溶液于 50～60℃搅拌下烘干。

5. 如权利要求 4 所述一种制备石墨烯和金属混合粉体的方法，其特征在于：所述步骤①中配制的溶剂的重量为石墨烯的 19～191 倍，所述溶剂由质量分数 20%～100%的乙醇、NMP、聚乙二醇或 PVP 与水组成。

6. 如权利要求 4 所述一种制备石墨烯和金属混合粉体的方法，其特征在于：所述步骤③将步骤②制备的石墨烯溶液放入超声波振荡器中至少搅拌 2h。

7. 如权利要求 4 所述一种制备石墨烯和金属混合粉体的方法，其特征在于：所述步骤（3）中球磨罐中球料比为 10∶1～15∶1，于转速至少 300r/min 下球磨，所述球磨机的磨球为高碳铬轴承钢质材料磨球。

对比文件 2

申请公布号：CN 103522652 A

申请公布日：2014.1.22

发明名称：一种激光熔覆软硬复合涂层自润滑刀具的制备方法

摘要：本发明属于机械切削刀具制造领域，涉及一种激光熔覆软硬复合涂层自润滑刀具的制备方法。该刀具前刀面涂层为多层结构，采用 CO_2 激光同步送粉方式在刀具前刀面首先熔覆纳米 Al_2O_3 陶瓷或超细硬质合金硬质涂层，然后采用镍包 MoS_2 或镍包 WS_2 粉末熔覆自润滑软涂层。该刀具具有韧性好、硬度高及自润滑作用等特点。在干切削时，硬质涂层承受载荷，前刀面自润滑软涂层剪切强度较低，能够减少刀屑之间的摩擦，降低切削温度和切削力，从而减小刀具的磨损。该刀具可广泛应用于干切削和难加工材料的切削加工。

权利要求书

1. 一种激光熔覆软硬复合涂层自润滑刀具，基体材料为高速钢，其特征在于采用 CO_2 激光同步送粉方式在高速钢刀具前刀面先熔覆纳米 Al_2O_3 陶瓷或超细硬质合金硬质涂层；再熔覆镍包 MoS_2 或镍包 WS_2 自润滑软涂层，其制备步骤如下：

（1）将刀具依次放在酒精和丙酮溶液中超声清洗 20min，进行去油污处理。

（2）激光熔覆采用同步送粉方式进行熔覆，采用波长为 10.6μm 的 CO_2 激光，调整激光加工参数如下：激光功率 500～800W，光斑直径 2～3mm，扫描速度 3～5mm/s，搭接率 20%～30%。

（3）将配制好的纳米 Al_2O_3 陶瓷粉末或超细硬质合金粉末装入送粉器中，调整送粉器送粉速率为 15～20g/cm^3，其中，纳米 Al_2O_3 陶瓷粉末粒度为 100～150nm，主要成分（质量分数）为 96%～98%的 Al_2O_3、1.5%～2%的 Ni 和 0.5%～1%的 Al；超细硬质合金粉末粒度为 100～500nm，主要成分（质量分数）为 70%～80% WC、8%～15% Co，3%～6% W，1%～2% VC，1%～2% Cr_3C_2，0.5%～1.5% Ni，0.5%～1.5% Al 和 0.5%～1% Mo。

（4）采用 CO_2 激光通过同步送粉方式将纳米 Al_2O_3 陶瓷粉末或超细硬质合金粉末硬质材料熔覆在刀具前刀面，其涂层厚度为 500～1000μm；送粉气与保护气均采用氧气，熔覆完成后对刀具表面进行修整。

（5）将粒度为 200～500nm 镍包 MoS_2 或镍包 WS_2 粉末装入送粉器，调整送粉器送粉速率为 20g/cm^3，其成分中 MoS_2 或 WS_2 的质量分数为 10%～15%，Ni 的质量分数为 85%～90%。

（6）采用 CO_2 激光通过同步送粉方式将装入送粉器中的镍包 MoS_2 或镍包 WS_2 粉末熔覆在硬质涂层表面，形成自润滑软涂层，所述自润滑软涂层厚度为 100～500μm，熔覆完成后对刀具表面进行修整。

根据审查意见中的对比文件相关描述，对比文件 1 涉及一种石墨烯和金属混合粉体及其制备方法，而该申请的权利要求 1 请求保护的是一种石墨烯-铬钛铝复合材料的制备方法，对比文件 1 涉及一种粉体的制备方法，该发明要保护的是一种固态复合材料的制备方法，两者的发明对象和目的存在本质的不同。对比文件 1 的初始材料为石墨烯纳米片，而该申请的初始材料为石墨烯纳米粉体，两者在本质上是不相同的，因为对比文件 1 要制备的为一种石墨烯和金属混合粉体，所以最初材料为一种片状材料，而该发明是为了制备一种固态的涂层或基体材料，所以直接采用的是石墨烯纳米粉体，两者的发明对象和目的仍然存在不同。

对比文件 2 公开了一种激光熔覆软硬复合涂层自润滑刀具的制备方法。该申请专利中刀具的涂层材料与对比文件 2 不相同，由于该发明专利中使用到了石墨烯，在进行石墨烯粉末和金属粉末混合时，不仅是为了使粉体表面的接触面积增大，最重要的是使石墨烯粉末能够进入金属粉末的凹坑内形成金属粉末包裹石墨烯粉末的现象，增加石墨烯在金属粉末中的分散性，这种手段将有效防止涂层在剧烈摩擦时石墨烯过快损失。通过大量试验，发现微米级的 Cr 粉末来包裹纳米级的石墨烯效果最好，采用石墨烯粉末和铬粉末就是考虑到上述的分散性而定的，所以将 Cr 粉末设计占复合材料总质量分数为 35%～55%，在设计机理和实现效果上与对比文件 2 还是有本质的不同的。

上述研究和分析表明：该发明与对比文件 1 和 2 相比，构成了完全不同的技术方案，具有突出的实质性特点和显著的进步，因此申请人认为，该申请具备创造性。

第一次审查意见答复书

尊敬的审查员：

您好！首先感谢您对本案所做的认真审查。本次意见陈述是针对审查员对于申请号为 2017101377672 的专利下发的第一次审查意见通知书做出的答复，针对审查意见提出的相关问题，申请人经过认真梳理相关研究内容，详细研读和分析对比文件后，对本申请的权利要求做出修改并陈述意见如下。

一、修改说明

1. 将原权利要求 1 和 4 进行合并，作为新的权利要求 1。

2. 修改了从属权利要求的相应编号和引用基础。

上述修改均未超出原说明书和权利要求书的范围，符合专利法第三十三条的有关规定。

二、关于修改后的权利要求 1 具备创造性的论述

首先，对于审查意见指出的问题，申请人认为：

第一，对比文件 1 涉及一种石墨烯和金属混合粉体及其制备方法，而本申请的权利要求 1 请求保护的是一种石墨烯-铬钛铝复合材料的制备方法，对比文件 1 涉及的一种粉体的制备方法，本发明要保护的是一种固态复合材料的制备方法，两者的发明对象和目的存在本质的不同。

第二，对比文件 1 的初始材料为石墨烯纳米片，而本申请的初始材料为石墨烯纳米粉体，两者在本质上是不相同的，因为对比文件 1 要制备的为一种石墨烯和金属混合粉体，所以最初材料为一种片状材料，而该发明是为了制备一种固态的涂层或基体材料，所以直接采用的是石墨烯纳米粉体，两者的发明对象和目的仍然存在不同。

本申请修改后的权利要求 1 所限定的技术方案与对比文件 1 相比的区别技术特征 A、B、C、D、E（审查意见指出的）均具有突出的实质性特点和显著的进步，具体理由阐述如下。

（1）对于区别技术特征 A：对比文件 1 中的金属粉体中的 Al 含量为 4.0%～6.0%，Ti 含量为 94%～91%，而申请专利中金属粉体 Ti 粉末占总质量分数的 20%～25%，Al 粉末的质量分数为 20%～25%，Cr 粉末的质量分数为 35%～55%，Ti 粉体含量相对于对比文件 1 中的 Ti 含量，不再是最主要的成分，本申请专利之所以添加 Cr 粉末，并改变 Al 和 Ti 粉末的占比是考虑该刀具涂层的硬度和耐磨性要有很好的提升，并不是为了区别对比文件 1 而随意改变金属粉末种类和含量，由于 Cr 粉末的加入，制备的刀具涂层中可以起到更为重要的作用，因为在刀具切削过程中，可以生成 Cr_2O_3，有效提高刀具耐磨性。研磨球为纳米硬质合金球，在球磨过程中不会产生微米级的杂质，提高制备后材料的性能，有效地提高刀具切削性能。本申请专利中金属粉末的种类和含量直接影响对所要制备的硬质合金基

石墨烯-铬钛铝复合涂层刀具的切削性能，因此是硬质合金基石墨烯-铬钛铝复合涂层刀具制备的关键步骤。这是需要付出创造性劳动的，而且获得了预料不到的技术效果，该发明专利与对比文件 1 的本质存在着不同。

（2）对于区别技术特征 B：本发明采用的金属粉末为微米级，而石墨烯粉末为纳米级，将金属粉末进行酸化以后其表面必将形成凹坑或者镂空，在进行石墨烯粉末和金属粉末混合时，不仅仅是为了使粉体表面的接触面积增大，最重要的是使石墨烯粉末能够进入金属粉末的凹坑内形成金属粉末包裹石墨烯粉末的现象，增加石墨烯在金属粉末中的分散性，这种手段将有效地防止涂层在剧烈摩擦时石墨烯过快损失，这也是为了增强硬质合金基石墨烯-铬钛铝复合涂层刀具自润滑和导热性能的重要手段，具有很好的实用创新性。

（3）对于区别技术特征 C：对比文件 1 中，石墨烯分散只是用聚乙二醇和水溶液进行超声波振荡器搅拌分散，通过大量试验发现：此种方法下石墨烯的分散效果不是很理想，如果再进一步对石墨烯进行球磨，可以更好地破坏石墨烯的团聚现象，使石墨烯纳米颗粒更为分散。进一步对石墨烯纳米颗粒进行球磨，直接关系到石墨烯纳米粉末能否更好地进入金属粉末的凹坑或孔洞中，这也是提高石墨烯-铬钛铝复合涂层防护性能的重要步骤。通过上述试验与相关发明，获得了预料不到的技术效果。

（4）对于区别技术特征 D：将经过粗化处理的金属粉末和经过球磨后的石墨烯粉末进行混合，在去离子水环境、100℃下，通过超声振动搅拌，能够使混合粉末更好地分散混合，也能够使粒度更小的石墨烯粉末进入金属粉末的孔洞中。接着加入聚乙二醇再次进行超声振动搅拌混合，其作用是能再一次确保石墨烯能充分地分散而不发生团聚，为后续的球磨做铺垫。

（5）对于区别技术特征 E：将上述混合液进行球磨，此操作和对比文件 1 的不同之处在于，此次球磨一方面可以使金属粉末更好地混合，另一方面可以使石墨烯在一定的压力下被挤压进金属粉体内，这与对比文件 1 里的球磨存在着本质上的不同，同时，也是保证石墨烯-铬钛铝复合涂层材料性能的关键步骤。

同时，申请人认为：石墨烯-铬钛铝复合材料制备的最终目的是体现在该材料应用到刀具上能够发挥良好的切削性能，因此本申请的石墨烯-铬钛铝复合材料的成分配比和粒度的限定是要通过一定的经验和实践才能得到的，这部分是具有创造性劳动价值的。石墨烯粉体、铬、钛、铝之间的混合也是基于能够实现石墨烯-铬钛铝复合材料在刀具上有良好的运用的基础上去选择的，只有按照本申请的相关操作和数据去实施，才能得到具有实用价值的产品。所以，如果说本申请是模仿对比文件 1 去进行简单的材料更换，那势必得不到能提升刀具切削性能的石墨烯-铬钛铝复合材料。

上述发明需要付出创造性劳动，而且获得了一定预料不到的技术效果。因此，在所引用的权利要求 1 具备创造性的基础上，权利要求 2～4 也具备创造性。

三、关于修改后的权利要求 5 具备创造性的论述

本申请修改后的权利要求 5 所限定的技术方案与对比文件 1 相比的区别技术特征 A、B（审查意见指出的）均具有突出的实质性特点和显著的进步，具体理由阐述如下。

（1）对于区别技术特征 A：对比文件 1 中，石墨烯存在尺寸较小、比表面积大、很难分散、很容易团聚的问题。方法是将石墨烯纳米片均匀弥散地分布到金属基体中。本申请的目的是克服现有涂层材料的硬涂层和软涂层不能兼具的不足，制备出既可提高与基体的结合强度，又能具有多种涂层材料的综合物理机械性能要求的石墨烯-铬钛铝复合材料的制备方法及其在刀具上的应用。本申请的目的与对比文件 1 存在着本质的不同，一种是解决石墨烯的分散问题，另一种是对刀具涂层的制备问题，虽然过程中有相似地方，但是本质的方法和目的还是不同的，并不是本领域技术人员能容易想到的。

（2）对于区别技术特征 B：激光熔覆是表面处理的一种常见手段，但本申请所要求保护的是将石墨烯-铬钛铝复合材料熔覆在刀具表面时的参数选择和冷却方式。刀具表面粗糙度的要求，激光光斑的大小，输出功率的高低，N_2（选用氮气能够保证在熔覆过程中石墨烯-铬钛铝材料不会发生其他反应，影响材料性能）流速的快慢影响石墨烯-铬钛铝复合材料在刀具表面的结合强度以及制备出的石墨烯-铬钛铝涂层刀具的表面质量。冷却方式的选择自然冷却有利于减小熔覆过程中产生的热应力。以上所述都是为了得到表面质量高、切削性能好的石墨烯-铬钛铝涂层刀具，能够得到较好的结果。

对比文件 2 公开了一种激光熔覆软硬复合涂层自润滑刀具的制备方法。本申请专利中刀具的涂层材料与对比文件 2 不相同，由于本发明专利中使用到了石墨烯，在进行石墨烯粉末和金属粉末混合时，不仅仅是为了使粉体表面的接触面积增大，最重要的是使石墨烯粉末能够进入金属粉末的凹坑内形成金属粉末包裹石墨烯粉末的现象，增加石墨烯在金属粉末中的分散性，这种手段将有效地防止涂层在剧烈摩擦时石墨烯过快损失。通过大量试验，发现微米级的 Cr 粉末包裹纳米级的石墨烯效果最好，采用石墨烯粉末和铬粉末就是考虑到上述的分散性而使用的，所以将 Cr 粉末设计占复合材料总质量的 35%～55%，在设计机理和实现效果上与对比文件 2 还是有本质的不同的。

上述研究和分析表明：本发明与对比文件 1 和 2 相比，构成了完全不同的技术方案，具有突出的实质性特点和显著的进步，因此申请人认为，本申请具备创造性。

四、关于修改后的权利要求 6 具备创造性的论述

修改后的权利要求 6 是权利要求 5 的从属权利要求，在权利要求 5 具备创造

性的前提下，从属权利要求 6 也具备创造性。

综上所述，在对比文件 1 的基础上结合对比文件 2 以及本领域的公知常识，是无法得出该权利要求的技术方案，对本技术领域的技术人员来说并不是显而易见的，因此该权利要求所要求保护的技术方案具有突出的实质性特点和显著的进步，因而具备创造性，满足专利法第二十二条第三款有关创造性的规定。如若审查员在后续审查过程中发现有其他问题，发明人还将积极地予以配合，认真地给予答复和解释。希望本申请能够早日获得授权，以期推动有关领域技术的快速发展。

审查员在第二次审查意见通知书中指出：申请人于 2018 年 7 月 16 日提交了意见陈述书及修改的权利要求书，在此基础上，审查员提出了审查意见，特别指出对比文件 1 公开了对石墨烯及金属粉末的混合液进行球磨，目的与该申请是相同的，因此该申请相比对比文件 1 的做法并没有本质区别，不涉及材料的设计机理，而可以确定，通过激光熔覆得到涂层的实现效果是相同的。

第二次审查意见通知书

申请号：2017101377672

申请人于 2018 年 7 月 16 日提交了意见陈述书及修改的权利要求书，在此基础上，审查员提出如下审查意见。

继续引用第一次审查意见。

针对申请人的意见陈述，审查员认为：

1. 对比文件 1 制备的是一种石墨烯与金属混合粉体，实际上就是一种石墨烯与金属粉体固态复合材料，该申请也是将石墨烯与金属粉末混合的复合材料，与对比文件 1 本质上是相同的。对比文件 1 的原始材料为石墨烯纳米片，是很精确的描述，该申请的初始材料石墨烯纳米粉体就是石墨烯纳米片，本领域公知地，石墨烯粉体就是片状粉体，该申请只是描述不同，实质上与对比文件 1 是相同的。

2. 权利要求 1 请求保护石墨烯-铬钛铝复合材料的制备方法，其原加了金属铬，目的在于利用其生成 Cr_2O_3，提高耐磨性以应用于刀具中，然而，铬是刀具材料中的常规使用元素，利用其耐高温、高硬度等性能，从而在刀具中广泛使用，本领域技术人员能容易结合实际需要应用场合或者实际需要的性能对金属粉末及其配比进行选择，这并不需要付出创造性劳动，而利用铬粉末生成 Cr_2O_3 提高刀具耐磨性，是对铬元素的常规应用，没有证据显示铬粉末的使用效果超出了该可预见效果。至于为了避免磨球带来杂质而选择合适的磨球材质，对本领域技术人员来说是显而易见的。

该发明的石墨烯并非纳米级，其也是微米级，理论上氢氟酸对金属粉末具有一定的腐蚀作用，但是，对于微米级的金属粉末，反应并不好控制，微纳粉末本身性质活泼，而氢氟酸对微纳金属粉末的反应程度将非常剧烈，基于该申请的反应条件，只能推测其可能对金属粉末造成一定的蚀坑，但是却不能保证蚀坑的分布范围及尺寸等，可以预见，经过酸液腐蚀的金属粉末，损失巨大，而且其凹坑并不能保证石墨烯的填充，即使经过腐蚀的金属粉末的凹坑能够容纳一定的石墨烯，数量也是极少，因此相比使用氢氟酸处理并不具有很好的效果，当然，采用酸蚀造成表面凹坑、增加表面积等做法是本领域的常规技术手段。至于石墨烯在这样的金属粉体中与在没有经过酸蚀处理的金属粉体中相比是否更分散，需要基于混合工艺等来确定，而由于都是采用球磨分散，理论上该申请相比对比文件 1 也没有差别。

对比文件 1 中采用超声波振荡器搅拌分散，应当是符合要求了才进行下一步操作，当然，为了进一步提高分散效果，本领域技术人员可以基于实际情况决定是否进一步分散处理，而球磨是本领域技术人员对粉末进行混合、分散的常规技术手段，是本领域技术人员的常规选择。

超声波振荡有利于分散，包括金属粉末与石墨烯的分散效果都会加强，其作用与石墨烯粉末进入金属粉末孔洞中的过程是相对立的，没有证据显示超声波振荡搅拌能够使得粒度更小的石墨烯粉末进入金属粉末的孔洞中。至于加入聚乙二醇再次进行超声振动搅拌混合能再一次确保石墨烯能充分地分散而不发生团聚，是可以基于实际需要进一步选择的，根据对比文件 1 的方案，通过超声振动已经可以达到分散的要求，而在实际生产中，本领域技术人员也可以基于实际情况选择对其进一步提高分散效果，这并不需要付出创造性劳动，效果也是显而易见的。对比文件 1 公开了对石墨烯及金属粉末的混合液进行球磨，目的与该申请是相同的，因此该申请相比对比文件 1 的做法并没有本质区别。

3. 对比文件 1 公开了石墨烯与金属混合粉体的制备方法，该申请也是将石墨烯与金属粉混合制备复合材料，而且其通过振荡、球磨等手段已经解决了石墨烯分散及与金属粉末的结合问题。该申请不过是在对比文件 1 的基础上的进一步选择。虽然该申请材料是用于刀具，但是其基本材料及其制备与对比文件 1 大同小异，虽然基于实际目的对金属材料做了进一步选择，但是这是本领域技术人员都能基于实际应用而做的常规选择。对比文件 2 给出了采用激光熔覆得到刀具涂层的技术启示，因此不涉及材料的设计机理，而可以确定，通过激光熔覆得到涂层的实现效果是相同的。

因此，申请人的意见不具有说服力。

基于上述理由，该申请的权利要求 1、3、4 都不具备创造性，权利要求 2 和 5 的修改超范围，而说明书中也没有记载任何可被授予专利权的实质性内容，因此该申请不具备被授予专利权的前景，如果申请人不能提出有说服力的理由，该申请将被驳回。

经过研究后，对第二次审查意见进行了详细分析。铬并不是刀具材料中的常规使用元素，其耐高温、高硬度等性能，并不完全在刀具中广泛使用；其次，本案中的金属粉末的种类和含量直接影响了所要制备的硬质合金基石墨烯-铬钛铝复合涂层刀具的切削性能。根据审查员的判断，补充了当时试验的部分最新的SEM扫描图片与EDX能谱图片印证材料。

第二次审查意见答复书

尊敬的审查员，您好！

感谢您对本案所做的认真审查，针对申请号为2017101377672的专利下发的第二次审查意见通知书提出的相关问题，申请人经过认真梳理及研究，详细研读和分析对比文件后，对该申请的权利要求做出修改并陈述意见如下。

一、修改说明

1. 针对权利要求2和权利要求5记载的“1～5mm”、“15～45mm”、“1.2～1.6mm”为系统不识别微米单位μm导致的，故将各自的单位对应修改为原始申请文件记载的“1～5μm”、“15～45μm”、“1.2～1.6μm”。

2. 将原权利要求1和2进行合并，作为新的权利要求1。

3. 修改了从属权利要求的相应编号和引用基础。

上述修改均未超出原说明书和权利要求书的范围，符合专利法第三十三条的有关规定。

二、关于修改后的权利要求1具备创造性的论述

对于审查意见指出的第二个问题，申请人经过研究后答复意见如下：

第一，首先，铬并不是刀具材料中的常规使用元素，其耐高温、高硬度等性能，并不完全在刀具中广泛使用；其次，本案中的金属粉末的种类和含量直接影响了所要制备的硬质合金基石墨烯-铬钛铝复合涂层刀具的切削性能。

第二，根据审查员的判断，补充了当时试验的部分最新SEM扫描图片与EDX能谱图片印证材料，如图1～图3所示。

本案中，初始选取的纳米石墨烯粉体平均厚度<3nm，片层直径为1～5μm，可能直径也算是微米级；但是，如图1所示，经过球磨后的石墨烯明显已经变为纳米级。通过图1可以看出，经过酸液腐蚀的金属粉末，损失并不大，并且通过氢氟酸处理后金属粉末的凹坑虽然能够容纳一定的石墨烯，但由于纳米石墨烯的片层吸附作用，可以在外围吸附大量的片层纳米石墨烯，与对比文件相比，使用氢氟酸处理具有很好的效果，故审查员的上述判断并不准确。

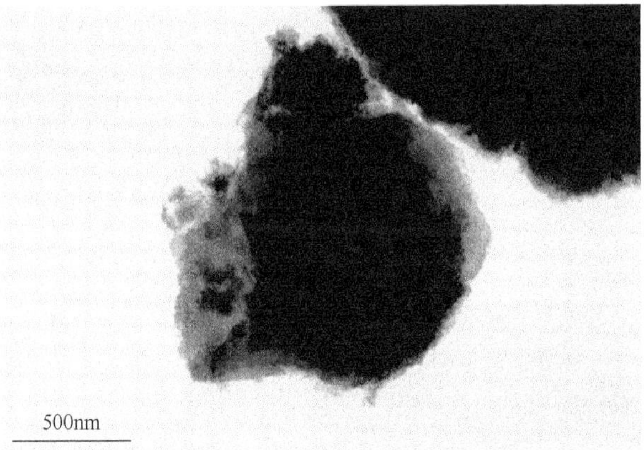

图 1　球磨后的石墨烯纳米微粒在金属颗粒表面的分布与包裹

第三，采用了本申请的分散效果可以参看图 2 和图 3，为制备后的石墨烯-铬钛铝涂层刀具的涂层与脱落基体的 SEM 照片与 EDX 元素扫描照片，可以看到：制备后的石墨烯-铬钛铝涂层刀具表面具有较好且均匀的材料分布，这些与进一步提高分散效果是分不开的。

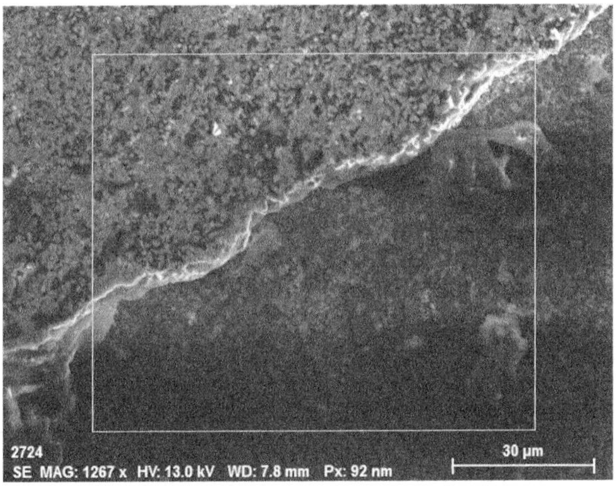

图 2　制备后的石墨烯-铬钛铝涂层刀具的涂层与脱落基体的 SEM 照片

第四，采用了本申请的分散效果可以参看图 1 和图 2，不仅效果明显，而且分布较均匀，实现了石墨烯的均匀覆盖，显示出超声波振荡搅拌能够使得粒度更小的石墨烯粉末进入金属粉末的孔洞中，本申请的工艺可以达到更优的效果，从而符合刀具生产的需要。

对于审查意见指出的第一个和第三个问题，申请人经过研究后答复意见如下：本申请的“固态复合材料”指的是激光熔覆后的“切削刀具”材料，而对比文件

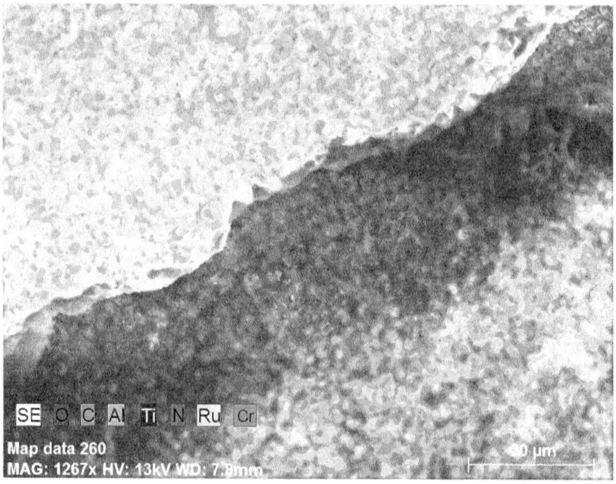

图 3 制备后的石墨烯-铬钛铝涂层刀具的涂层与脱落基体 EDX 元素扫描照片
（其中，左上方为涂层材料，右下方为基体与脱落后的残余涂层）

1 是特指的“粉体”材料，二者在实质上是有区别的。同时，采用了本申请的分散效果可以参看图 1，表明超声波振荡搅拌能够使得粒度更小的石墨烯粉末进入金属粉末的孔洞中，不仅效果明显，而且分布较均匀，实现了石墨烯的均匀覆盖。本申请材料是用于刀具，其工艺与对比文件 1 差异非常大，实质上属于不同的研究领域，研究方向和目的也均不相同。

综上所述，在对比文件 1 的基础上结合对比文件 2 以及本领域的公知常识，无法得出该权利要求的技术方案，对本技术领域的技术人员来说并不是显而易见的，因此该权利要求所要求保护的技术方案具有突出的实质性特点和显著的进步，因而具备创造性。

综上所述，修改后的专利申请文件已经克服了第一次审查意见通知书中指出的问题，符合专利法、专利法实施细则以及专利审查指南的相关规定。

在此十分感谢审查员的辛勤付出！

第二次答复一段时间后，审查员又给出了驳回申请通知。审查员坚持认为申请人补充的试验证据并不能证明本申请能解决本领域的某个技术难题或者获得了预料不到的技术效果。

驳回意见通知书

申请号：2017101377672

本决定涉及的是申请号为 2017101377672 的名称为“石墨烯-铬钛铝复合材料的制备方法及其在刀具上的应用”的发明专利申请，申请人为洛阳理工学院，申请日为 2017 年 3 月 9 日。

一、案由

该申请原申请文件权利要求书包括两项独立权利要求 1 和 6 以及五项从属权利要求 2~5、7。应申请人于 2017 年 3 月 9 日提出的实质审查请求，审查员对该申请进行了实质审查，并于 2018 年 5 月 28 日发出了第一次审查意见通知书，指出权利要求 1、7 不具备创造性。通知书中引用了如下对比文件：

对比文件 1：CN 105108133 A，公开/公告日为 2015 年 12 月 2 日。

对比文件 2：CN 103522652 A，公开/公告日为 2014 年 1 月 22 日。

申请人于 2018 年 7 月 16 日针对第一次审查意见通知书提交了意见陈述书和修改的权利要求书，将原权利要求 4 合并到权利要求 1 中，并将合并之后的权利要求 2 和 5 中的单位“μm”修改为“mm”，陈述了修改后的权利要求 1～6 具有创造性的理由。

审查员继续审查，并于 2018 年 10 月 29 日发出第二次审查意见通知书，指出修改后的权利要求 1、3、4 不具备创造性，权利要求 2 和 5 的修改超范围，并假定申请人将权利要求 2 和 5 中的单位“mm”修改为“μm”，权利要求 2 和 5 及引用权利要求 5 的权利要求 6 也不具备创造性，申请人的意见不具有说服力。

针对上述审查意见通知书，申请人于 2018 年 11 月 27 日递交了意见陈述书和修改的权利要求书，将权利要求 2 的内容合并到权利要求 1 中，并将合并之后的权利要求 1 和 4 中的单位“mm”修改为“μm”，申请人的意见陈述概况如下。

1. 铬不是刀具材料中的常规使用元素，其耐高温、高硬度等性能，并不完全在刀具中广泛使用：本案中的金属粉末的种类和含量直接影响了所要制备的硬质合金基石墨烯-铬钛铝复合涂层刀具的切削性能。并补充了试验的 TEM 透射图片和 SEM 扫描图片与 EDX 能谱图片印证材料。

2. 经过酸液腐蚀的金属粉末，损失并不大，并且通过氢氟酸处理后金属粉末的凹坑虽然能够容纳一定的石墨烯，但由于纳米石墨烯的片层吸附作用，可以在外围吸附大量的片层纳米石墨烯，与对比文件相比，使用氢氟酸处理具有很好的效果。根据试验数据图，该申请效果明显，而且分布较均匀，超声波振荡搅拌能够使得粒度更小的石墨烯粉末进入金属粉末的孔洞中。

3. 该申请的“固态复合材料”指的是激光熔覆后的“切削刀具”材料，而对比文件 1 是特指的“粉体”材料。审查员认为，本案事实已经清楚，因此针对申请日提交的摘要附图、说明书摘要、说明书第 164 段、说明书附图第 13 幅、2018 年 11 月 27 日提交的权利要求第 1～5 项，做出本驳回决定。

二、驳回理由

继续引用第二次审查意见。

对申请人意见陈述的答复：

1. 铬具有耐高温、高硬度、耐腐蚀等性能，铬及其化合物确定在刀具中应用已非常广泛，其性能及使用条件都是本领域技术人员熟知的，可以确定，选择铬作为金属元素之一是可以基于实际需要自由设计或选择的，而且效果也是可以基于所选择的成分及使用情况等显而易见的。金属粉末的种类和含量直接影响了所要制备的硬质合金基石墨烯-铬钛铝复合涂层刀具的切削性能，这是显然的，金属粉末与石墨烯等的材料及配比以及制备工艺等,都对刀具的性能具有直接的影响，申请人补充的试验证据并不能证明该申请解决本领域的某个技术难题或者获得了预料不到的技术效果。

2. 如果纳米石墨烯的片层吸附作用，可以在外围吸附大量的片层纳米石墨烯，那么对比文件 1 显然也具有这样的效果。但是显然这样的事实并不存在，纳米石墨烯本身容易团聚，片层吸附作用只存在于石墨烯的片与片之间，不存在围绕金属粉末的外围吸附，至于氢氟酸处理后的金属粉末，若能使得石墨烯粉末进入其凹坑，且使得石墨烯分布均匀，必须保证凹坑的尺寸及均匀性。然而，根据该申请的条件，只是采用氢氟酸处理，基于氢氟酸与金属粉末之间的作用可以预见，根本无法保证凹坑的分布，而超声波振荡可以使得粉体更分散，是针对所有的粉体，粉体之间会因为超声波的作用而分开，因此无法使得粒度更小的石墨烯粉末反而进入金属粉末的孔洞中，使得粉体之间的靠拢。

3. 根据该申请制备石墨烯-铬钛铝材料与对比文件 1 制备石墨烯和金属混合粉体工艺可以看出，二者制备的都是粉体材料。至于刀具材料是借助于激光熔覆后得到的，对比文件 2 公开了激光熔覆粉体得到刀具的方法，因此为了获得石墨烯-铬钛铝材料的刀具，采用激光熔覆粉体制备方法，是本领域技术人员容易想到的。

收到国家知识产权局的驳回意见通知书后，专利申请人进行了全方位的仔细分析，发现由于发明目的不同，该专利的申请主要是用在刀具领域，而对比文件 1 侧重于航空航天领域用的新型合金即“烯合金”材料。由于各自领域不同、目的不同，故相关的试验环节的材料制备以及测试部分难免存在不同的差异，审查员推测“那么对比文件 1 显然也具有这样的效果”是不够准确的。于是，专利申请人递交了复审答复书。

复审答复书

尊敬的审查员您好：

本意见陈述书是对国家知识产权局就该发明专利申请发出的复审意见通知书的答复。

首先，感谢审查员对该申请的认真审查和所付出的辛勤劳动。对于审查员的意见，申请人陈述意见如下。

关于发明的创造性，专利法第二十二条第三款规定“创造性，是指与现有技术相比，该发明具有突出的实质性特点和显著的进步”。《专利审查指南》第二部分第四章 3.2.1 节规定“判断发明是否具有突出的实质性特点，就是要判断对本领域的技术人员来说，要求保护的发明相对于现有技术是否显而易见”。《专利审查指南》第二部分第四章 3.2.1.1 节规定“判断过程中，要确定的是现有技术整体上是否存在某种技术启示，即现有技术中是否给出将上述区别技术特征应用到该最接近的现有技术以解决其存在的技术问题的启示”。下面针对审查员的意见一一进行详细解释。

1. 审查意见认为：“铬具有耐高温、高硬度、耐腐蚀等性能，铬及其化合物确定在刀具中应用已非常广泛，其性能及使用条件都是本领域技术人员熟知的，可以确定，选择铬作为金属元素之一是可以基于实际需要自由设计或选择的，而且效果也是可以基于所选择的成分及使用情况等显而易见的。金属粉末的种类和含量直接影响了所要制备的硬质合金基石墨烯-铬钛铝复合涂层刀具的切削性能，这是显然的，金属粉末与石墨烯等的材料及配比以及制备工艺等，都对刀具的性能具有直接的影响，申请人补充的试验证据并不能证明本申请解决本领域的某个技术难题或者获得了预料不到的技术效果。”

对此本申请人的观点是：姑且认为审查员前段话是合理的“铬具有耐高温、高硬度、耐腐蚀等性能，铬及铬的化合物确定在刀具中应用已非常广泛，其性能及使用条件都是本领域技术人员熟知的，可以确定，选择铬作为金属元素之一是可以基于实际需要自由设计或选择的”，审查员也承认“金属粉末的种类和含量直接影响了所要制备的硬质合金基石墨烯-铬钛铝复合涂层刀具的切削性能，金属粉末与石墨烯等的材料及配比以及制备工艺等，都对刀具的性能具有直接的影响”，然而本发明专利的主要内容就是“石墨烯-铬钛铝复合材料的制备方法及其在刀具上的应用”，很多刀具方面的发明专利都是依靠改变材料的种类和含量从而获得创新而授权的，如 TiAlCrN+MoS_2/Ti/Al/Cr 组合润滑涂层刀具及其制备工艺（公开号 CN 105925941 A）、TiCrN+MoS_2/Cr/Ti 组合润滑涂层刀具及其制备工艺（公开号 CN 105887023 A）、TiCrN+MoS_2/Cr/Ti 叠层涂层刀具及其制备工艺（公开号 CN 105887024 A）、ZrTiN/MoS_2 复合减摩耐磨涂层刀具及其制备工艺（公开号 CN 105887025 A）、ZrTiN-MoS_2/Ti/Zr 叠层涂层刀具及其制备工艺（公开号 CN 105861995 A）、Ti-Al-Cr-N-Mo-S 多元复合增强涂层刀具及其制备工艺（公开号 CN 105861996 A）、TiCrN/MoS_2 多元减摩润滑涂层刀具及其制备工艺（公开号 CN 105861997 A）、ZrTiN+MoS_2/Ti/Zr 组合涂层刀具及其制备工艺（公开号 CN 105861998 A）、TiAlCrN&MoS_2/Ti/Al/Cr 多元叠层润滑涂层刀具及其制备工艺（公开号 CN 105862004 A）、TiN+MoS_2/Zr 组合涂层刀具及其制备工艺（公开号 CN

102205674 A）、Ti-Zr/ZrN 纳米多层涂层刀具及其制备工艺（公开号 CN 102181835 A）、Ti-TiN&Ti-MoS_2/Ti 双刀面涂层刀具及其制备工艺（公开号 CN 102161106 A）。

同时可以看到，对比文件 1 和对比文件 2 与本申请的差别非常大，申请人很难通过这两个对比文件，进行本申请的创新性发明。申请人已经将上述专利的突破进展应用到了不同企业中，并解决了不同企业的加工精度偏低的难题。实际上，本专利解决了本领域的技术难题，并获得了预料不到的技术效果。

2. 审查意见认为："如果纳米石墨烯的片层吸附作用，可以在外外围吸附大量的片层纳米石墨烯，那么对比文件 1 显然也具有这样的效果。但是显然这样的事实并不存在，纳米石墨烯本身容易团聚，片层吸附作用只存在于石墨烯的片与片之间，不存在围绕金属粉末的外围吸附，至于氢氟酸处理后的金属粉末，若能使得石墨烯粉末进入其凹坑，且使得石墨烯分布均匀，必须保证凹坑的尺寸及均匀性。然而，根据本申请的条件，只是采用氢氟酸处理，基于氢氟酸与金属粉末之间的作用可以预见，根本无法保证凹坑的分布，而超声波振荡可以使得粉体更分散，是针对所有的粉体，粉体之间会因为超声波的作用而分开，因此无法使得粒度更小的石墨烯粉末反而进入金属粉末的孔洞中，使得粉体之间的靠拢。"

对此本申请人的观点是：首先，关于纳米石墨烯的片层吸附作用，由于发明目的不同，本专利的申请主要是用在刀具领域，而对比文件 1 侧重于航空航天领域用的新型合金即"烯合金"材料。由于各自领域不同、目的不同，故相关的试验环节的材料制备以及测试部分难免存在不同的差异，审查员推测"那么对比文件 1 显然也具有这样的效果"是不够准确的。对比文件 1 本来就没有相关的金属粉末外围石墨烯吸附表征，不管对比文件 1 的情况如何，实际上都不影响本发明申请对纳米石墨烯片层吸附作用的描述，因为对比文件 1 和本申请的发明目的本来就不同。审查员指出"纳米石墨烯本身容易团聚，片层吸附作用只存在于石墨烯的片与片之间，不存在围绕金属粉末的外围吸附"，判断有点主观臆断，因为在二审文件的回复中已经有球磨后的石墨烯纳米微粒在金属颗粒表面的分布与包裹的 TEM 图片。

其次，审查员指出"至于氢氟酸处理后的金属粉末，若能使得石墨烯粉末进入其凹坑，且使得石墨烯分布均匀，必须保证凹坑的尺寸及均匀性。然而，根据本申请的条件，只是采用氢氟酸处理，基于氢氟酸与金属粉末之间的作用可以预见，根本无法保证凹坑的分布。"实际上，氢氟酸处理后的金属粉末如果可以保证凹坑的均匀性较好，当然是最好的，即使无法保证均匀性，仍然可以使石墨烯粉末进入其表面并吸附进去。本发明申请只是提供这样整体思路的一个大体创新方向和手段，具体采用氢氟酸处理后的具体手段以及目前试验的最新突破由于科研保密等原因不方便具体展开，这也是申请时只用到示意图的原因。

再次，审查员指出"超声波振荡可以使得粉体更分散，是针对所有的粉体，粉体之间会因为超声波的作用而分开，因此无法使得粒度更小的石墨烯粉末反而进入金属粉末的孔洞中,使得粉体之间的靠拢。”审查员前面指出部分都是正确的，粉体之间会因为超声波的作用而分开，但是需要注意的是，石墨烯粉末进入金属粉末的孔洞中并不是在超声波振荡时进入的，而是在振荡结束后吸附进去的。所以，粉末最终是可以吸附进入金属粉末的孔洞中的。

3. 审查意见认为：“根据该申请制备石墨烯-铬钛铝材料与对比文件 1 制备石墨烯和金属混合粉体工艺可以看出，二者制备的都是粉体材料。至于刀具材料是借助于激光熔覆后得到的，对比文件 2 公开了激光熔覆粉体得到刀具的方法，因此为了获得石墨烯-铬钛铝材料的刀具，采用激光熔覆粉体制备方法，是本领域技术人员能容易想到的。”

本申请的“固态复合材料”指的是激光熔覆后的“切削刀具”材料，而对比文件 1 是特指的“粉体”材料，二者在实质上是有区别的。同时，采用了本申请的分散效果可以参看二审后的图 1，表明超声波振荡搅拌后能够使得粒度更小的石墨烯粉末进入金属粉末的孔洞中，不仅效果明显，而且分布较均匀，实现了石墨烯的均匀覆盖。本申请材料用于刀具，其工艺与对比文件 1 差异非常大，实质上属于不同的研究领域，研究方向和目的也均不相同。

对比文件 2 公开了一种激光熔覆软硬复合涂层自润滑刀具的制备方法。本申请专利中刀具的涂层材料与对比文件 2 不相同，由于本发明专利中使用到了石墨烯，在进行石墨烯粉末和金属粉末混合时，不仅仅是为了使粉体表面的接触面积增大，最重要的是使石墨烯粉末能够进入金属粉末的凹坑内形成金属粉末包裹石墨烯粉末的现象，增加石墨烯在金属粉末中的分散性，这种手段将有效防止涂层在剧烈摩擦时石墨烯过快损失。通过大量试验，发现微米级的 Cr 粉末来包裹纳米级的石墨烯效果最好，采用石墨烯粉末和铬粉末就是考虑到上述的分散性而使用的，因此将 Cr 粉末设计占复合材料总质量的 35%～55%，在设计机理和实现效果上与对比文件 2 还是有本质的不同的。

为了表明本申请能解决本领域的某个技术难题，利用洛阳中集凌宇汽车有限公司具体的传动轴制造时，采用不同刀具加工后，工件表面粗糙度有所变化。

图 4 为石墨烯-铬钛铝复合涂层刀具（A 刀具）、铬钛铝复合涂层刀具（B 刀具）与 SG4 陶瓷刀具（C 刀具）切削 40Cr 钢时，工件表面粗糙度随切削条件变化的曲线。切削条件：切削速度 v 分别取 80m/min、160m/min、240m/min 和 320m/min，切削深度 a_p 取 0.2mm，进给量 $f = 0.1$mm/r。

从图 4 中可以看出，切削 40Cr 钢时，工件表面粗糙度由好到差的顺序为：石墨烯-铬钛铝复合涂层刀具（A 刀具）> 铬钛铝复合涂层刀具（B 刀具）> SG4 陶瓷刀具（C 刀具）。

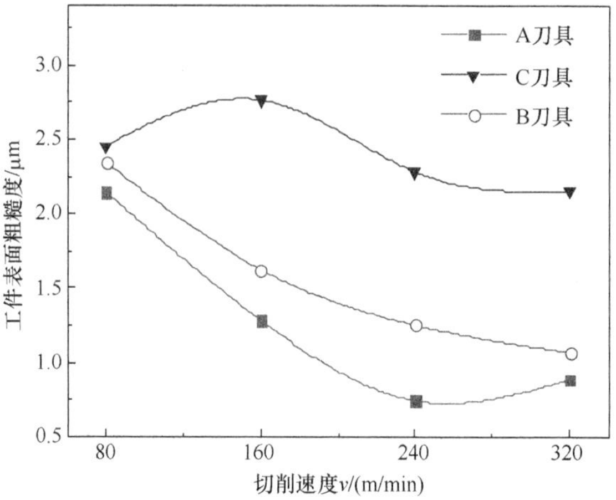

图 4　石墨烯-铬钛铝复合涂层刀具（A 刀具）、铬钛铝复合涂层刀具（B 刀具）与 SG4 陶瓷刀具（C 刀具）切削 40Cr 钢时，工件表面粗糙度随切削条件变化的曲线

当切削深度 a_p 为 0.2mm 时，切削速度对表面粗糙度的影响较为复杂，表面粗糙度大体呈现略微下降的趋势。随着切削速度 v 的增加，B 刀具和 C 刀具切削的工件表面粗糙度差值开始增加，当切削速度 v 为 80m/min 时，两者仅差 14.5%，但当切削速度 v 达到 240m/min 时，两者差距则高达到 206%，当切削速度超过 160m/min 时，随着切削摩擦过程的不断进行，物理减摩层逐渐失去连续性，在摩擦反复作用下，涂层刀具中的 Cr、Al 元素与空气中的 O 反应形成 Al_2O_3 和 Cr_2O_3 氧化膜，起到抑制氧化、耐磨及隔热作用，使更多的热量通过切屑带走，降低了刀具温度。石墨烯本身与切屑表面发生也容易发生摩擦化学反应，生成含石墨烯的复杂摩擦化学反应膜，最终吸附减摩层和摩擦化学反应膜共同作用，使得摩擦磨损降低。这样使得 A 刀具的工件表面粗糙度明显优于 B 刀具和 C 刀具的加工情况。

本案申请人认为：关于本申请所要解决的技术问题，可以确定在对比文件 1 中并未解决，具体前文已做详细分析，同时对比文件 2 无法作为支撑文件进行对比说明。

综合以上分析可知，本申请的独立权利要求及其所属的从属权利要求具备专利法第二十二条第三款规定的创造性。在后续的审查过程中，如果审查员还有不同意见，恳请审查员通过电话或书面意见和申请人联系，给予申请人再次修改申请文件和陈述意见的机会，申请人一定积极配合审查员的审查工作。

在评价创造性时，首先从宏观上把握本案的技术领域和技术问题，并分析对比文件的技术领域和技术问题，并分析对比文件的技术领域和技术问题是否与之相同。由于每个发明专利都是要解决某个或某几个特定的技术问题的，因此通过分析技术问题的异同可以把握对比文件对申请专利的新颖性和创造性的影响程度。本案的技术问题实质与两篇对比文件实质性的发明并不相同，因此可以根据技术方案解决技术问题达到的技术效果逻辑关系展开，进而分析技术特征及其效果的区别。本发明的申请在复审提交后得到了授权。

第 4 章 机械类发明专利申请、答复案例与相关技巧

4.1 案例 5：一种自动抹墙机

案例 5 是关于一种自动抹墙机的机械类发明专利的申请过程。该专利申请时提交的权利要求书和说明书原文如下所示。

发明名称：一种自动抹墙机

权 利 要 求 书

1. 一种自动抹墙机，其特征在于：包括底架 1 和升降工作台 2，其中，底架 1 上设置有高度可调节的龙门架 4，通过调节其高度以使其顶部顶紧屋顶，龙门架 4 上部两侧对称设置有滑轮 401，滑轮 401 上绕设有钢丝绳，且钢丝绳的一端固定在升降工作台 2 上，另一端绕设在升降工作台 2 上设有的钢丝卷筒 3 上，且钢丝卷筒 3 由升降工作台 2 上设有的驱动电机 8 带动其转动，通过钢丝绳在钢丝卷筒 3 上卷绕使升降工作台 2 沿龙门架 4 升降；所述升降工作台 2 一侧设置有抹墙机构 5，该抹墙机构 5 包括刷板 506 和分料斗 501，分料斗 501 的一侧通过软管与底架 1 上设有的砂浆泵 103 连接，以通过砂浆泵 103 将砂浆泵入分料斗 501 内，分料斗 501 的另一侧并排设置有若干条喷料管 504，喷料管 504 的端部延伸到刷板 506 的上方，从而将分料斗 501 内的砂浆均匀喷洒到墙壁上，并在刷板 506 随升降工作台 2 升降的过程中，利用刷板 506 的外侧面将砂浆抹匀；所述刷板 506 内侧面下部的两侧均与升降工作台 2 侧边伸出的两条水平杆 201 的端部铰接，内侧面上部的两侧对称铰接有一连杆Ⅰ505，两根连杆Ⅰ505 的另一端分别与两条向上倾斜的压杆 503 的端部铰接，两条压杆 503 的中部通过一同步轴 509 连接，且该同步轴 509 与升降工作台 2 转动连接，从而使两条压杆 503 形成杠杆，两条压杆 503 的另一端上均转动设置有滚轮 502，且滚轮 502 的高度超过升降工作台 2，以使升降工作台 2 上升过程中，滚轮 502 先触碰到屋顶，进而使两条压杆 503 带动连杆Ⅰ505 绕铰接点转动，并带动刷板 506 绕其下部的铰接点转动，从而在升降工作台 2 下降时使其倾斜度发生改变，在刷板 506 上部内侧设置有倾斜的弹簧 507，该弹簧 507 使刷板 506 在上升时其上部与墙壁存在间隙，并在下降时，利用

弹簧507的拉力以及连杆Ⅰ505与压杆503形成的夹角，使刷板506保持现有的倾斜度不变；所述连杆Ⅰ505远离刷板506的一端上设置有控制驱动电机8反转的行程开关508，以使行程开关508触碰到屋顶时控制驱动电机8反转，进而带动钢丝卷筒3倒转使升降工作台2下降。

2. 根据权利要求1所述一种自动抹墙机，其特征在于：所述刷板506底部具有朝向内侧卷曲的弧形底部。

3. 根据权利要求1所述一种自动抹墙机，其特征在于：所述砂浆泵103由设置在底架1上的砂浆泵电机104带动其工作。

4. 根据权利要求1所述一种自动抹墙机，其特征在于：所述底架1的底部设置有便于其移动的万向轮101，且底架1上设置有垂直地面的定位螺栓102，定位螺栓102通过其上的螺纹贯通底架1，通过拧动定位螺栓102使其底部顶紧地面，从而将底架1固定。

5. 根据权利要求1所述一种自动抹墙机，其特征在于：所述龙门架4由两根立柱和连接两根立柱顶端的水平杆围成，两根立柱穿过底架1上的通孔后由两个对称的调直机构6将其与底架1连接为一体，且两根立柱与通孔为过渡配合，从而使调直机构6带动两根立柱在竖直面内进行微调，以保证龙门架4与墙面平行；所述调直机构6包括设置在底架1下部的支座602，支座602上铰接有一自由端向上倾斜的连杆Ⅱ601，连杆Ⅱ601的自由端与一连杆Ⅲ603的端部通过转动销转动连接，且该转动销与立柱底端的一侧转动连接，所述连杆Ⅲ603的另一端与一水平调节螺栓604的末端铰接，该水平调节螺栓604的另一端穿出支座602，且与支座602螺纹配合，通过拧动水平调节螺栓604，使其带动连杆Ⅲ603运动，从而对立柱的底部施加与水平调节螺栓604方向平行的作用力，进而使立柱保持与墙面的水平度。

6. 根据权利要求1所述一种自动抹墙机，其特征在于：所述底架1上设置有用于检测龙门架4水平度的激光水平仪7。

说 明 书

技术领域

本发明涉及建筑机械领域，具体来说是一种自动抹墙机。

背景技术

在社会飞速发展下，人口快速增长，越来越多的人向城市聚集，城镇化建设加快，我们生活住房条件越来越好，同时也需要更多的住房才能满足人们的生活需要，因此我国的房屋建设得到了越来越快的发展。在住房毛坯建成后一般需要对墙面抹砂浆，这是一个繁重的任务，现在一般采用人工粉刷，这就面临着以下几个问题：

（1）粉刷工程量大，需要人力物力大，同时粉刷质量也存在一定不足。

（2）墙面较低处可人工直接粉刷，但是高处则不易抹刷，需要工人自己搭建架子，在架子上粉刷，从而浪费太多人力，粉刷效率也较低。

（3）由于在高处作业，长时间工作工人的人身安全存在一定隐患。

基于以上原因，现有技术已经出现了一些自动抹墙机，以实现自动抹墙，提高抹墙效率，但是它存在一定的缺陷，如不能自动上料、需要人工上料、工人劳动强度依然很大，而且在墙面抹刷较高位置时上料难度加大，使用手工测量抹墙机与墙面的垂直度并定位，这样存在定位不准确、抹刷墙面平整度低等问题。

而在国外，进行抹墙粉刷多采用砂浆喷射进行装修，而自动抹墙机的设计和使用并不常见。

例如，韩国的 Hasco 公司研制生产了一台电动高压无气喷涂机 PRO-60N，这款喷涂机由主机、高压管、喷嘴等组合而成，它具有适用于大型设备外边面喷涂和大型建筑的墙面喷涂，且不受地点限制，但是它也存在缺点，即对喷涂材料有一定的要求，只能喷涂中高黏度橡胶、乳胶漆等。

墙面装修机器的鼻祖其实是德国，在 1958 年，德国人发明了第一台喷涂机。至今，德国很多公司一直在致力研发自动抹墙设备，其中最具代表性的是 WAGNER 公司，它的产品中比较先进的是 PC830 喷涂机，这是一款电动无气喷涂机，质量较轻，能通过的颗粒最大可达 3mm，具有较强的实用性，主要用于房建外墙黏胶剂涂抹。

除此之外，美国是世界上最大的工业强国。它的工业化促进了建筑行业的快速发展，因此其自动抹墙机也得到较快发展，如喷涂机 GPX220 是抹墙设备中的典范，其特点显著：移动方便、喷涂流量大、动力足够、使用寿命长、适用范围广，适用于各种材料的喷涂。

综上所述，国外抹墙机器发展起步较早，技术纯熟，但是其偏向于喷涂，自动抹墙机较少涉及。

发明内容

本发明的目的是提供一种自动抹墙机，该自动抹墙机通过底架上的龙门架进行支撑，并利用钢丝卷筒与龙门架配合实现升降工作台的升降，在升降工作台上设置有抹墙机构，抹墙机构中的分料斗通过软管与砂浆泵连通，从而向其内泵入砂浆，并将砂浆喷洒到刷板上方的墙壁上，这样在刷板升降过程中，对墙壁进行粉刷，具有结构简单、上料迅速快捷、自动化程度高的优点，而且由于刷板由特殊的机构来调节其倾斜角度，使其上升和下降过程中以不同的倾斜角度对墙壁进行粉刷，从而提高了粉刷质量。

本发明为实现上述技术目的所采用的技术方案为：一种自动抹墙机，包括底架和升降工作台，其中，底架上设置有高度可调节的龙门架，通过调节其高度以使其顶部顶紧屋顶，龙门架上部两侧对称设置有滑轮，滑轮上绕设有钢丝绳，且钢丝绳的一端固定在升降工作台上，另一端绕设在升降工作台上设有的钢丝卷筒上，且钢丝卷筒由升降工作台上设有的驱动电机带动其转动，通过钢丝绳在钢丝卷筒上卷绕使升降工作台沿龙门架升降；所述升降工作台一侧设置有抹墙机构，该抹墙机构包括刷板和分料斗，分料斗的一侧通过软管与底架上设有的砂浆泵连接，以通过砂浆泵将砂浆泵入分料斗内，分料斗的另一侧并排设置有若干条喷料管，喷料管的端部延伸到刷板的上方，从而将分料斗内的砂浆均匀喷洒到墙壁上，并在刷板随升降工作台升降的过程中，利用刷板的外侧面将砂浆抹匀；所述刷板内侧面下部的两侧均与升降工作台侧边伸出的两条水平杆的端部铰接，内侧面上部的两侧对称铰接有一连杆Ⅰ，两根连杆Ⅰ的另一端分别与两条向上倾斜的压杆的端部铰接，两条压杆的中部通过一同步轴连接，且该同步轴与升降工作台转动连接，从而使两条压杆形成杠杆，两条压杆的另一端上均转动设置有滚轮，且滚轮的高度超过升降工作台，以使升降工作台上升过程中，滚轮先触碰到屋顶，进而使两条压杆带动连杆Ⅰ绕铰接点转动，并带动刷板绕其下部的铰接点转动，从而在升降工作台下降时使其倾斜度发生改变，在刷板上部内侧设置有倾斜的弹簧，该弹簧使刷板在上升时其上部与墙壁存在间隙，并在下降时，利用弹簧的拉力以及连杆Ⅰ与压杆形成的夹角，使刷板保持现有的倾斜度不变；所述连杆Ⅰ远离刷板的一端上设置有控制驱动电机反转的行程开关，以使行程开关触碰到屋顶时控制驱动电机反转，进而带动钢丝卷筒倒转使升降工作台下降。

作为本发明的一种优选实施方案，所述刷板底部具有朝向内侧卷曲的弧形底部。

作为本发明的另一种优选实施方案，所述砂浆泵由设置在底架上的砂浆泵电机带动其工作。

作为本发明的另一种优选实施方案，所述底架的底部设置有便于其移动的万向轮，且底架上设置有垂直地面的定位螺栓，定位螺栓通过其上的螺纹贯通底架，通过拧动定位螺栓使其底部顶紧地面，从而将底架固定。

作为本发明的另一种优选实施方案，所述龙门架由两根立柱和连接两根立柱顶端的水平杆围成，两根立柱穿过底架上的通孔后由两个对称的调直机构将其与底架连接为一体，且两根立柱与通孔为过渡配合，从而使调直机构带动两根立柱在竖直面内进行微调，以保证龙门架与墙面平行；所述调直机构包括设置在底架下部的支座，支座上铰接有一自由端向上倾斜的连杆Ⅱ，连杆Ⅱ的自由端与一连杆Ⅲ的端部通过转动销转动连接，且该转动销与立柱底端的一侧转动连接，所述连杆Ⅲ的另一端与一水平调节螺栓的末端铰接，该水平调节螺栓的另一端穿出支座，且与支座螺纹配合，通过拧动水平调节螺栓，使其带动连杆Ⅲ运动，从而对立柱的底部施加与水平调节螺栓方向平行的作用力，进而使立柱保持与墙面的水平度。

作为本发明的另一种优选实施方案，所述底架上设置有用于检测龙门架水平度的激光水平仪。

与现有技术相比，本发明具有如下有益效果：

（1）本发明通过底架上的龙门架进行支撑，并利用钢丝卷筒与龙门架配合实现升降工作台的升降，在升降工作台上设置有抹墙机构，抹墙机构中的分料斗通过软管与砂浆泵连通，从而向其内泵入砂浆，并将砂浆喷洒到刷板上方的墙壁上，这样在刷板升降过程中，对墙壁进行粉刷，具有结构简单、上料迅速快捷、自动化程度高的优点。而且，由于刷板由特殊的机构来调节其倾斜角度，使其上升和下降过程中以不同的倾斜角度对墙壁进行粉刷，从而提高了粉刷质量。

（2）本发明中构成龙门架的两根立柱与底架上的通孔过渡配合，而后在其底端设置调直机构来对其进行调节使其与墙面平行，调直机构由连续铰接的向上倾斜的连杆Ⅱ、连杆Ⅲ和水平调节螺栓构成，通过拧动水平调节螺栓，使其带动连杆Ⅲ运动，从而对立柱的底部施加与水平调节螺栓方向平行的作用力，由于立柱与通孔是过渡配合，因此在力的作用下可以进行一定的微调，使立柱保持与墙面的水平度。

附图说明

图 1 为本发明的结构示意图。

图 2 为抹墙机构的细节结构示意图。

附图标记：1-底架，101-万向轮，102-定位螺栓，103-砂浆泵，104-砂浆泵电机，2-升降工作台，201-水平杆，3-钢丝卷筒，4-龙门架，401-滑轮，5-抹墙机构，501-分料斗，502-滚轮，503-压杆，504-喷料管，505-连杆Ⅰ，506-刷板，507-弹簧，508-行程开关，509-同步轴，6-调直机构，601-连杆Ⅱ，602-支座，603-连杆Ⅲ，604-水平调节螺栓，7-激光水平仪，8-驱动电机。

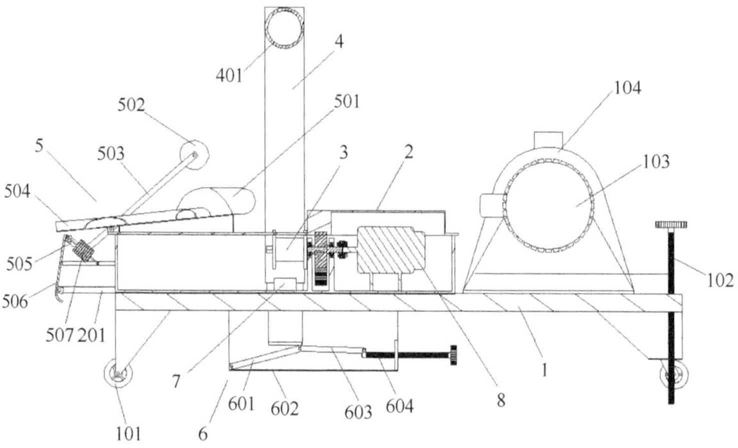

图 1

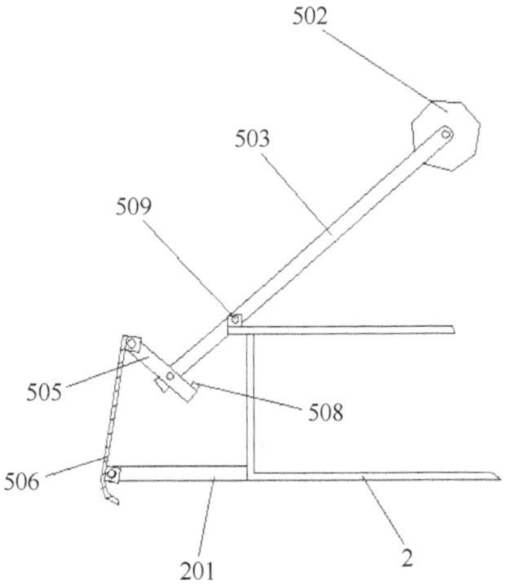

图 2

具体实施方式

下面结合本发明实施例中的附图，对本发明实施例中的技术方案进行清楚、完整的描述，显然，所描述的实施例仅仅是本发明的一部分实施例，而不是全部的实施例。基于本发明中的实施例，本领域普通技术人员在没有做出创造性劳动前提下所获得的所有其他实施例，都属于本发明保护的范围。

如图 1 和图 2 所示，一种自动抹墙机包括底架 1 和升降工作台 2，其中，底架 1 上设置有高度可调节的龙门架 4，通过调节其高度以使其顶部顶紧屋顶，龙门架 4 上部两侧对称设置有滑轮 401，滑轮 401 上绕设有钢丝绳，且钢丝绳的一端固定在升降工作台 2 上，另一端绕设在升降工作台 2 上设有的钢丝卷筒 3 上，且钢丝卷筒 3 由升降工作台 2 上设有的驱动电机 8 带动其转动，通过钢丝绳在钢丝卷筒 3 上卷绕使升降工作台 2 沿龙门架 4 升降；所述升降工作台 2 一侧设置有抹墙机构 5，该抹墙机构 5 包括刷板 506 和分料斗 501，分料斗 501 的一侧通过软管与底架 1 上设有的砂浆泵 103 连接，以通过砂浆泵 103 将砂浆泵入分料斗 501 内，分料斗 501 的另一侧并排设置有若干条喷料管 504，喷料管 504 的端部延伸到刷板 506 的上方，从而将分料斗 501 内的砂浆均匀喷洒到墙壁上，并在刷板 506 随升降工作台 2 升降的过程中，利用刷板 506 的外侧面将砂浆抹匀；所述刷板 506 内侧面下部的两侧均与升降工作台 2 侧边伸出的两条水平杆 201 的端部铰接，内侧面上部的两侧对称铰接有一连杆Ⅰ505，两根连杆Ⅰ505 的另一端分别与两条向上倾斜的压杆 503 的端部铰接，两条压杆 503 的中部通过一同步轴 509 连接，且该同步轴 509 与升降工作台 2 转动连接，从而使两条压杆 503 形成杠杆，两条压杆 503 的另一端上均转动设置有滚轮 502，且滚轮 502 的高度超过升降工作台 2，以使升降工作台 2 上升过程中，滚轮 502 先触碰到屋顶，进而使两条压杆 503 带动连杆Ⅰ505 绕铰接点转动，并带动刷板 506 绕其下部的铰接点转动，从而在升降工作台 2 下降时使其倾斜度发生改变，在刷板 506 上部内侧设置有倾斜的弹簧 507，该弹簧 507 使刷板 506 在上升时其上部与墙壁存在间隙，并在下降时，利用弹簧 507 的拉力以及连杆Ⅰ505 与压杆 503 形成的夹角，使刷板 506 保持现有的倾斜度不变；所述连杆Ⅰ505 远离刷板 506 的一端上设置有控制驱动电机 8 反转的行程开关 508，以使行程开关 508 触碰到屋顶时控制驱动电机 8 反转，进而带动钢丝卷筒 3 倒转使升降工作台 2 下降。

以上为本发明的基本实施方式，可在以上基础上做进一步的改进、优化和限定。

作为本发明的一种优选实施方案，所述刷板 506 底部具有朝向内侧卷曲的弧形底部。

作为本发明的另一种优选实施方案，所述砂浆泵 103 由设置在底架 1 上的砂浆泵电机 104 带动其工作。

作为本发明的另一种优选实施方案，所述底架 1 的底部设置有便于其移动的万向轮 101，且底架 1 上设置有垂直地面的定位螺栓 102，定位螺栓 102 通过其上的螺纹贯通底架 1，通过拧动定位螺栓 102 使其底部顶紧地面，从而将底架 1 固定。

作为本发明的另一种优选实施方案，所述龙门架 4 由两根立柱和连接两根立柱顶端的水平杆围成，两根立柱穿过底架 1 上的通孔后由两个对称的调直机构 6 将其与底架 1 连接为一体，且两根立柱与通孔为过渡配合，从而使调直机构 6 带动两根立柱在竖直面内进行微调，以保证龙门架 4 与墙面平行；所述调直机构 6 包括设置在底架 1 下部的支座 602，支座 602 上铰接有一自由端向上倾斜的连杆Ⅱ601，连杆Ⅱ601 的自由端与一连杆Ⅲ603 的端部通过转动销转动连接，且该转动销与立柱底端的一侧转动连接，所述连杆Ⅲ603 的另一端与一水平调节螺栓 604 的末端铰接，该水平调节螺栓 604 的另一端穿出支座 602，且与支座 602 螺纹配合，通过拧动水平调节螺栓 604，使其带动连杆Ⅲ603 运动，从而对立柱的底部施加与水平调节螺栓 604 方向平行的作用力，进而使立柱保持与墙面的水平度。

作为本发明的另一种优选实施方案，所述底架 1 上设置有用于检测龙门架 4 水平度的激光水平仪 7。

对于本领域技术人员，显然本发明不限于上述示范性实施例的细节，而且在不背离本发明的精神或基本特征的情况下，能够以其他具体形式实现本发明。因此，无论从哪一点来看，均应将实施例看成示范性的，而且是非限制性的，本发明的范围由所附权利要求而不是上述说明限定，因此旨在将落在权利要求的等同要件的含义和范围内的所有变化囊括在本发明内。不应将权利要求中的任何附图标记视为限制所涉及的权利要求。

此外，应当理解，虽然本说明书按照实施方式加以描述，但并非每个实施方式仅包含一个独立的技术方案，说明书的这种叙述方式仅仅是为清楚起见，本领域技术人员应当将说明书作为一个整体，各实施例中的技术方案也可以经适当组合，形成本领域技术人员可以理解的其他实施方式。

审查员在第一次审查意见通知书中指出：针对原始申请文件进行审查，且本通知书是在进行了检索的情况下做出的，并引入了对比文件 1、2，特别是在审查的结论性意见“关于权利要求书”一栏中指出：该申请的权利要求 1～6 不具备创造性，同时说明书中也没有记载其他任何可以授予专利权的实质性内容。

第一次审查意见通知书

该申请涉及一种自动抹墙机，经审查，现提出如下审查意见。

权利要求 1 要求保护一种自动抹墙机，对比文件 1（CN 204225447 U），公开了一种动力下置式自动抹墙机，具体公开了如下技术特征：包括工作框架 17（相当于底架）和可升降的动力框架 16（相当于升降工作台），其中，工作框架上设置有高度可调节的由右立杆 7、左立杆 8、上顶板 11 组成的龙门架，通过调节其高度以使其顶部顶紧屋顶；可升降的动力框架 1 一侧设置有抹墙机构，该抹墙机构包括抹墙板 13（相当于刷板）和料斗 12（相当于分料斗），在振动泵的作用下，料斗中的水泥向下流入墙体与抹墙板之间，实现抹墙功能，并在抹墙板随升降动力框架升降的过程中，利用抹墙板的外侧面将砂浆抹匀；抹墙板的内侧面下部的两侧均与升降动力框架侧边伸出的两条水平杆的端部铰接，内侧面上部的两侧对称铰接有第一连杆 21（相当于连杆Ⅰ），两条把手杆 18（相当于压杆）的中部通过一铰轴（相当于同步轴）连接，且该铰轴与可升降的动力框架 1 转动连接，从而使两条把手杆形成杠杆，两条把手杆的另一端上均转动设置有转轮 24（相当于滚轮），且转轮的高度超过升降动力框架，以使升降动力框架上升过程中，转轮先触碰到屋顶，进而使两条把手杆带动第二连杆 22 绕铰轴转动，并使带动抹墙板绕其下部的铰接点转动，从而在升降动力框架下降时使其倾斜度发生改变，所述第一连杆远离抹墙板一端的方向上设置有控制电动机（相当于驱动电机）反转的行程开关 15，以使行程开关在转轮触碰到屋顶时控制驱动电动机反转，进而带动可升降的动力框架向下运动。

该权利要求所要求保护的技术方案与对比文件 1 的区别在于：

（1）龙门架上部两侧对称设置有滑轮，滑轮上绕设有钢丝绳，钢丝绳的一端固定在升降工作台上，另一端绕设在升降工作台上设有的钢丝卷筒上，且钢丝卷筒由升降工作台上设有的驱动电机带动其转动，通过钢丝绳在钢丝卷筒上卷绕使升降工作台沿龙门架升降；反向下降也是钢丝卷筒倒转使升降工作台下降，分料斗的一侧通过软管与底架上设有的砂浆泵连接，以通过砂浆泵将砂浆入分料斗内，分料斗的另一侧并排设置有若干条喷料管，喷料管的端部延伸到刷板的上方，从而将分料斗内的砂浆均匀喷洒到墙壁上。

（2）两根连杆Ⅰ的另一端分别与两条向上倾斜的第二连杆（相当于压杆）的端部铰接，带动连杆Ⅰ505 绕铰接点转动，在刷板 506 上部内侧设置有倾斜的弹簧 507，该弹簧 507 使刷板 506 在上升时其上部与墙壁存在间隙，并在下降时，利用弹簧 507 的拉力以及连杆Ⅰ505 与压杆 503 形成的夹角，使刷板 506 保持现有的倾斜度不变。

基于上述区别技术特征可以确定该申请实际要解决的技术问题是：选择升降平台的驱动方式、浆料上料方式及保持刷板角度。

关于上述区别技术特征（1），对比文件 2（CN 206385789 U）公开了一种以机械代替人工粉墙机，具体公开了如下技术特征：包括支架 9（相当于底架）和可升降的工作平台 5（升降工作台），支架上设置有高度可调节的滑轨 9，通过套筒 24、压缩弹簧 25、顶杆 26、千斤顶 27 调节其高度以使其顶部顶紧屋顶，滑轨上部设置有定滑轮 2，定滑轮 2 上绕设有钢丝绳 3，且钢丝绳的一端固定在升降工作平台上，另一端绕设在支架上设有的卷扬电机 8 的钢丝卷筒上，钢丝卷筒由卷扬机的驱动电机带动其转动（即钢丝卷筒由升降工作台上设有的驱动电机带动其转动），通过钢丝绳在钢丝卷筒上卷绕使工作平台沿滑轨升降；工作平台一侧设置有抹墙机构，该抹墙机构包括抹灰板 10（相当于刷板），抹灰板通过输料管及橡胶管与支架上设有的输浆泵（相当于砂浆泵）连接，以通过输浆泵将砂浆泵入抹灰板位置，上述特征在对比文件 2 中所起的作用与其在该申请中为解决其技术问题所起的作用相同，给出了技术启示，本领域技术人员容易想到可以采用对比文件 2 公开的钢丝绳、钢丝卷筒、卷扬机构成的驱动方式对平台进行上升和下降，并根据实际上料需求，分料斗的一侧通过软管与底架上设有的砂浆泵连接，以通过砂浆泵将砂浆入分料斗内，选用本领域常用的喷料方式，在分料斗的另一侧并排设置有若干条喷料管，喷料管的端部延伸到刷板的上方，从而将分料斗内的砂浆均匀喷洒到墙壁上，这均是本领域常用的技术手段。

关于区别技术特征（2），为便于刷板和连杆的传动以及刷板角度的控制，将两根连杆Ⅰ的另一端分别与两条向上倾斜的第二连杆的端部铰接，带动连杆Ⅰ绕铰接点转动，在刷板上部内侧设置有倾斜的弹簧，该弹簧使刷板在上升时其上部与墙壁存在间隙，并在下降时，利用弹簧的拉力以及连杆Ⅰ与压杆形成的夹角，使刷板保持现有的倾斜度不变，也是本领域技术人员在对比文件 1 公开的联动结构的基础上，根据实际需要可以进行的常规机械结构转换，并未带来预料不到的技术效果。因此，在对比文件 1 的基础上结合对比文件 2 及本领域的常用技术手段得出该权利要求所要求保护的技术方案，对所属领域的技术人员是显而易见的，因此该权利要求所要求保护的技术方案不具有突出的实质性特点，不具备专利法第二十二条第三款规定的创造性。

关于权利要求 2、3、6，所属技术领域，为便于粉刷和泵料，在刷板底部具有朝向内侧卷曲的弧形底部，由设置在底架上的砂浆泵电机带动砂浆泵工作，为便于测量控制，在底架上设置有用于检测龙门架水平度的激光水平仪，均是本领域常用的技术手段。因此，在其所引用的权利要求不具备创造性的情况下，上述权利要求不具备专利法第二十二条第三款规定的创造性。

关于权利要求 4，对比文件 1 进一步公开了：工作框架的底部设置有便于其移动的行走脚轮。所属技术领域，选取走脚轮为本领域常用的万向轮，为便于定位，在底架上设置有垂直地面的定位螺栓，定位螺栓通过其上的螺纹贯通底架，通过拧动定位螺栓使其底部顶紧地面，从而将底架固定，这也是本领域常用的定位方式。因此，在其所引用的权利要求不具备创造性的情况下，上述权利要求不具备专利法第二十二条第三款规定的创造性。

关于权利要求 5，对比文件 1 进一步公开了：龙门架由右立杆 7、左立杆 8（相当于两根立柱）和连接其顶端的上顶板 11 围成。为保证立柱与墙体的水平度，在两根立柱穿过底架上的通孔后由两个对称的调直机构将其与底架连接为一体，且两根立柱与通孔为过渡配合，从而使调直机构带动两根立柱在竖直面内进行微调，以保证龙门架与墙面平行；调直机构包括设置在底架下部的支座，支座上铰接有一自由端向上倾斜的连杆Ⅱ，连杆Ⅱ的自由端与一连杆Ⅲ的端部通过转动销转动连接，且该转动销与立柱底端的一侧转动连接，所述连杆Ⅲ的另一端与一水平调节螺栓的末端铰接，该水平调节螺栓的另一端穿出支座，且与支座螺纹配合，通过拧动水平调节螺栓，使其带动连杆Ⅲ运动，从而对立柱的底部施加与水平调节螺栓方向平行的作用力，进而使立柱保持与墙面的水平度，这是本领域技术人员根据调平原理，为协同调整两个立柱而采用的常规的协同调整方式，并未带来预料不到的技术效果。因此，在其所引用的权利要求不具备创造性的情况下，上述权利要求不具备专利法第二十二条第三款规定的创造性。

基于上述理由，本申请的权利要求 1～6 不具备创造性，同时说明书中也没有记载其他任何可以授予专利权的实质性内容，因而即使申请人对权利要求进行重新组合和/或根据说明书记载的内容做进一步的限定，本申请也不具备被授予专利权的前景。如果申请人不能在本通知书规定的答复期限内提出表明本申请具有创造性的充分理由，本申请将被驳回。

对比文件 1

申请公布号：CN 204225447 U

申请公布日：2015. 03. 25

发明名称：动力下置式自动抹墙机

摘要：本实用新型公开了一种动力下置式自动抹墙机，包括：其上布置有动力设备的动力框架，竖直固定在所述动力框架上方的左立杆和右立杆，水平固定在左立杆和右立杆顶部的上顶板，以及与左立杆和右立杆相连且在动力设备的驱动下能够沿着左立杆和右立杆上下移动的工作框架；工作框架上设置有其内用于放置水泥的料斗、布置在该料斗下方的抹墙板，以及对所述料斗中的水泥做振动处理而使其流至抹墙板上的振动泵，抹墙板的下部可前后翻转的铰接在工作框架上，工作框架上还设置有与抹墙板相连的用以控制抹墙板做翻转动作的连杆装置，工作框架上还设置有与连杆装置联动配合且与动力设备电性连接的第一行程开关和第二行程开关。本实用新型所述抹墙机使用方便且工作效率高。

权利要求书

1. 一种动力下置式自动抹墙机，其特征在于它包括：

其上布置有动力设备的动力框架 16，竖直固定在所述动力框架上方的左立杆 8 和右立杆 7，水平固定在所述左立杆和右立杆顶部的上顶板 11，以及与所述左立杆和右立杆相连且在所述动力设备的驱动下能够沿着所述左立杆和右立杆上下移动的工作框架 17；所述工作框架 17 上设置有其内用于放置水泥的料斗 12、布置在该料斗下方的抹墙板 13，以及对所述料斗中的水泥做振动处理而使其流至所述抹墙板上的振动泵，所述抹墙板 13 的下部可前后翻转地铰接在所述工作框架 17 上，所述工作框架 17 上还设置有与所述抹墙板 13 相连的用以控制所述抹墙板 13 做翻转动作的连杆装置，所述工作框架 17 上还设置有与所述连杆装置联动配合的且与所述动力设备电性连接的第一行程开关 14 和第二行程开关 15。

2. 根据权利要求 1 所述动力下置式自动抹墙机，其特征在于：所述连杆装置包括第一连杆 21、第二连杆 22 和把手杆 18，其中把手杆 18 倾斜布置且位于第一连杆 21 的上方，把手杆 18 的下端通过铰轴 23 可上下翻转地铰接在工作框架 17 上，第二连杆 22 的上端连接在所述铰轴 23 上且与所述把手杆 18 相对固定，第一连杆 21 的一端铰接在所述抹墙板 13 上，另一端与第二连杆 22 的下端铰接；所述第一行程开关 14 布置在第一连杆 21 的上方，所述第二行程开关 15 布置在第一连杆 21 的下方。

3. 根据权利要求 2 所述动力下置式自动抹墙机，其特征在于：所述把手杆 18 的上端设置有转轮 24。

4. 根据权利要求 1 所述动力下置式自动抹墙机，其特征在于：所述左立杆 8 和右立杆 7 均设置有竖向分布的齿条，所述工作框架 17 上固定设置有两个左右间隔的固定板 19，所述固定板 19 上旋转设置有转轴 20，该转轴 20 固定设置有小钢丝轮 6 以及与所述齿条相啮合的齿轮。

5. 根据权利要求 4 所述动力下置式自动抹墙机，其特征在于：所述左立杆 8 和右立杆 7 均设置竖向间隔分布多若干齿孔 26，所述工作框架 17 上固定设置有两个左右间隔的固定板 19，所述固定板 19 上旋转设置有转轴 20，该转轴 20 固定设置有小钢丝轮 6 以及与所述齿条相配合的爬行链轮 5。

6. 根据权利要求 4 或 5 所述动力下置式自动抹墙机，其特征在于：所述动力设备包括电动机 1 及其输入端与该电动机传动连接的减速器 3，所述减速器 3 的输出端与所述小钢丝轮 6 传动连接。

7. 根据权利要求 6 所述动力下置式自动抹墙机，其特征在于：所述电动机 1 的电机轴上设置有第一链轮 2，所述减速器 3 的输入端设置有第二链轮 9，所述第一链轮 2 和第二链轮 9 之间通过链条传动连接。

8. 根据权利要求 6 所述动力下置式自动抹墙机，其特征在于：所述减速器 3 的输出端设置有第三钢丝轮 4，所述第三钢丝轮 4 与所述小钢丝轮 6 之间通过钢丝绳 10 传动连接。

9. 根据权利要求 1 所述动力下置式自动抹墙机，其特征在于：所述动力框架 18 的底部设置有行走脚轮 25。

10. 根据权利要求 1 所述动力下置式自动抹墙机，其特征在于：所述料斗 12 的上部设置有转轮 24。

对比文件 2

申请公布号：CN 206385789 U

申请公布日：2014. 06. 04

发明名称：一种粉墙机

摘要：一种粉墙机涉及一种建筑抹灰机械。设计的目的是使抹灰工作能以机械代替人工，提高工作效率、减轻劳动负担。本实用新型的技术方案是：一个支架，连接工作平台，工作平台上安有摆臂，摆臂前端连接抹灰板，摆臂后端连接一条软管，软管的另一端连接输浆泵，其特征是摆臂由横摆臂和竖摆臂组成。本实用新型主要用于建筑业。

权利要求书

1. 一种粉墙机：一个支架 9，连接工作平台 5，工作平台 5 上安有摆臂 17、18、20，摆臂 17、18、20 前端连接抹灰板 10，摆臂 17、18、20 后端连接一条软管 6，软管 6 的另一端连接输浆泵 7，其特征是：摆臂 17、18、20 由横摆臂 20 和竖摆臂 17、18 组成。

2. 根据权利要求 1 所述一种粉墙机，其特征是：在支架 9 上连接一个竖直滑轨 4，滑轨 4 连接工作平台 5，工作平台 5 可沿滑轨 4 上下移动。

3. 根据权利要求 2 所述一种粉墙机，其特征是：在支架 9 与滑轨 4 之间连接一个千斤顶 27。

4. 根据权利要求 3 所述一种粉墙机，其特征是：在千斤顶 27 与滑轨 4 之间安有一个压缩弹簧 25。

5. 根据权利要求 1 所述一种粉墙机，其特征是：横摆臂 20 的后端与固定在工作平台 5 上的立柱 21 连接，且横摆臂 20 的前端能够绕该连接点在水平方向来回转动。

6. 根据权利要求 1 所述一种粉墙机，其特征是：横摆臂 20 与竖摆臂 17、18 采用关节连接。

7. 根据权利要求 6 所述一种粉墙机，其特征是：横摆臂 20 的前端与关节 19 的一端连接，且关节 19 能够绕连接点在水平方向来回转动；关节 19 的另一端与竖摆臂 17、18 的后端连接，且竖摆臂 17、18 的前端能够绕该连接点在竖直方向来回转动。

8. 根据权利要求 1 所述一种粉墙机，其特征是：竖摆臂 17、18 由两节组成，且有两节是回转连接。

9. 根据权利要求 1 所述一种粉墙机，其特征是：抹灰板 10 与竖摆臂 17、18 采用万向关节连接。

10. 根据权利要求 1 所述一种粉墙机，其特征是：抹灰板 10 上安有一个把柄 11。

审查员提供的对比文件 1 公开了动力下置式自动抹墙机，与该申请属于相同的技术领域。但是，最终解决的技术问题与效果不同。该申请为一种自动抹墙机，其所解决的技术问题是：选择升降工作台的驱动方式，浆料上料方式以及保持刷板角度。对比文件 1 中，所解决的技术问题为：减轻动力负担，保持动力下置式，尽可能从上到下抹墙到屋顶和地面；对比文件 1 并没有在抹墙细节上做更优良的改动和调整控制，如刷板的倾斜角度，调直机构、龙门架和立柱与墙面的水平度，升降工作台的工作状态调整控制，以及分料斗如何上料以达到更好的喷涂效果。

然而，对比文件 2 的发明目的是一种代替人工的粉墙机。对比文件 2 为了便于抹灰板抹到不同高度的工作面，在支架上连接一个竖直滑轨，滑轨连接工作平台，工作平台可沿滑轨上下移动。为了便于将抹灰机固定在建筑物的顶面与底面之间或者移动抹灰机，在支架与滑轨之间连接一个千斤顶。当抹灰机需要固定时，千斤顶的顶杆推动滑轨上移，滑轨的顶端紧紧地顶住建筑物的顶面，从而固定了抹灰机。当抹灰机需要移动时，千斤顶的顶杆带动滑轨下移，滑轨的顶端离开建筑物的顶面，便可移动抹灰机。但是在对比文件 2 中，“底架 1 上设置有高度可调节的龙门架 4，通过调节其高度以使其顶部顶紧屋顶，龙门架 4

上部两侧对称设置有滑轮 401，滑轮 401 上绕设有钢丝绳，且钢丝绳的一端固定在升降工作台 2 上，另一端绕设在升降工作台 2 上设有的钢丝卷筒 3 上，且钢丝卷筒 3 由升降工作台 2 上设有的驱动电机 8 带动其转动，通过钢丝绳在钢丝卷筒 3 上卷绕使升降工作台 2 沿龙门架 4 升降。”也就是说，对比文件 2 的定滑轮和钢丝绳中所起的作用与其在该申请中为解决其技术问题所起的作用并不相同。

第一次审查意见答复书

国家知识产权局：

本意见陈述书是针对审查员于 2019 年 6 月 13 日发出的“第一次审查意见通知书”所做出的答复。

首先感谢审查老师对本案所做的认真审查，在第一次审查意见通知书中指出如下问题，申请号为 2018100397870，发明名称为“一种自动抹墙机”的专利申请，权利要求 1～6 不具备专利法第二十二条第三款规定的创造性。

申请人在认真研究了审查员的意见后，对权利要求书进行了修改和对审查员提出的上述问题进行了认真、细致、全面、充分的陈述，参见如下意见。

一、对权利要求书的修改

为了加快本申请的进程，申请人对权利要求书进行如下修改：

其一，将修改后的权利要求 2 与原权利要求 1 合并作为新的权利要求 1。

其二，将修改后的权利要求 5 的部分内容：“所述龙门架 4 由两根立柱和连接两根立柱顶端的水平杆围成，两根立柱穿过底架 1 上的通孔后由两个对称的调直机构 6 将其与底架 1 连接为一体，且两根立柱与通孔为过渡配合，从而使调直机构 6 带动两根立柱在竖直面内进行微调，以保证龙门架 4 与墙面平行”，与原权利要求 1 合并作为新的权利要求 1。

上述修改没有超出原申请文件记载的范围，符合专利法第三十三条的规定。

二、对审查员提出的问题，申请人解释如下

从说明书及附图可以看出，本申请与对比文件 1 的区别技术特征在于如下几点。

1. 本申请为一种自动抹墙机，其所解决的技术问题是：选择升降工作台的驱动方式、浆料上料方式以及保持刷板角度。对比文件 1 中，所解决的技术问题为：减轻动力负担，保持动力下置式，尽可能从上到下抹刷到屋顶和地面；对比文件 1 并没有在抹墙细节上做更优良的改动和调整控制，如刷板的倾斜角度，调直机构、龙门架和立柱与墙面的水平度，升降工作台的工作状态调整控制，以及分料斗如何上料以达到更好的喷涂效果。

2. 本申请中，由说明书可以看出：“龙门架 4 上部两侧对称设置有滑轮 401，滑轮 401 上绕设有钢丝绳，且钢丝绳的一端固定在升降工作台 2 上，另一端绕设在升降工作台 2 上设有的钢丝卷筒 3 上，且钢丝卷筒 3 由升降工作台 2 上设有的驱动电机 8 带动其转动，通过钢丝绳在钢丝卷筒 3 上卷绕使升降工作台 2 沿龙门架 4 升降；反向下降也是钢丝卷筒倒转使升降工作台下降”。得出：钢丝卷筒 3 与龙门架 4 配合实现升降工作台的升降；钢丝卷筒 3、滑轮 401 相配合保证钢丝绳稳定、顺滑运动；通过钢丝绳在钢丝卷筒 3 上卷绕使升降工作台 2 沿龙门架 4 升降；反向下降也是钢丝卷筒倒转使升降工作台下降，进而保证升降工作台、龙门架运作稳定、匀速、流畅，起到缓冲力的作用，保证分料斗的上料喷涂均匀、无死角；然而，对比文件 1 中，没有本申请相关技术点，只能保证抹墙范围，不能保证具体抹墙上料质量。

另外，从说明书可以看出：“所述升降工作台 2 一侧设置有抹墙机构 5，该抹墙机构 5 包括刷板 506 和分料斗 501，分料斗 501 的一侧通过软管与底架 1 上设有的砂浆泵 103 连接，以通过砂浆泵 103 将砂浆泵入分料斗 501 内，分料斗 501 的另一侧并排设置有若干条喷料管 504，喷料管 504 的端部延伸到刷板 506 的上方，从而将分料斗 501 内的砂浆均匀喷洒到墙壁上”，得出：本申请保证浆料的上料方式。

3. 本申请中，从说明书可以看出：“两根连杆Ⅰ505 的另一端分别与两条向上倾斜的压杆 503 的端部铰接；两条压杆 503 带动连杆Ⅰ505 绕铰接点转动；在刷板 506 上部内侧设置有倾斜的弹簧 507，该弹簧 507 使刷板 506 在上升时其上部与墙壁存在间隙，并在下降时，利用弹簧 507 的拉力以及连杆Ⅰ505 与压杆 503 形成的夹角，使刷板 506 保持现有的倾斜度不变”得出，本申请保证刷板的工作角度，保证抹墙的细节质量。

4. 本申请中，从说明书可以看出：“两根立柱穿过底架 1 上的通孔后由两个对称的调直机构 6 将其与底架 1 连接为一体，且两根立柱与通孔为过渡配合，从而使调直机构6带动两根立柱在竖直面内进行微调，以保证龙门架4与墙面平行”、“连杆Ⅲ603 的另一端与一水平调节螺栓 604 的末端铰接，该水平调节螺栓 604 的另一端穿出支座 602，且与支座 602 螺纹配合，通过拧动水平调节螺栓 604，使其带动连杆Ⅲ603 运动，从而对立柱的底部施加与水平调节螺栓 604 方向平行的作用力，进而使立柱保持与墙面的水平度”得出：本申请中，调直机构的设置保证了该自动抹墙机与墙面的水平度，进而保证抹墙机构的正常工作。

三、本申请权利要求 1 具有创造性的理由

1. 本申请为一种自动抹墙机，其所解决的技术问题是：选择升降工作台的驱动方式、浆料上料方式以及保持刷板角度。对比文件 1 中，所解决的技术问题为：减轻动力负担，保持动力下置式，尽可能从上到下抹墙到屋顶和地面；对比文件 1 并没有在抹墙细节上做更优良的改动和调整控制，如刷板的倾斜角度，调直机

构、龙门架和立柱与墙面的水平度，升降工作台的工作状态调整控制，以及分料斗如何上料以达到更好的喷涂效果。

2. 根据审查员指出的区别技术特征：对于区别技术特征（1），有以下理由：

本申请中，由说明书可以看出："龙门架 4 上部两侧对称设置有滑轮 401，滑轮 401 上绕设有钢丝绳，且钢丝绳的一端固定在升降工作台 2 上，另一端绕设在升降工作台 2 上设有的钢丝卷筒 3 上，且钢丝卷筒 3 由升降工作台 2 上设有的驱动电机 8 带动其转动，通过钢丝绳在钢丝卷筒 3 上卷绕使升降工作台 2 沿龙门架 4 升降；反向下降也是钢丝卷筒倒转使升降工作台下降"得出：钢丝卷筒 3 与龙门架 4 配合实现升降工作台的升降；钢丝卷筒 3、滑轮 401 相配合保证钢丝绳稳定、顺滑运动；通过钢丝绳在钢丝卷筒 3 上卷绕使升降工作台 2 沿龙门架 4 升降；反向下降也是钢丝卷筒倒转使升降工作台下降，进而保证升降工作台、龙门架运作稳定、匀速、流畅，起到缓冲力的作用，保证分料斗的上料喷涂均匀、无死角；然而，对比文件 1 中，没有本申请相关技术点，只能保证抹墙范围，不能保证具体抹墙上料质量。

然而，对比文件 2 的发明目的是一种代替人工的粉墙机。对比文件 2 为了便于抹灰板抹到的不同高度的工作面，在支架上连接一个竖直滑轨，滑轨连接工作平台，工作平台可沿滑轨上下移动。为了便于将抹灰机固定在建筑物的顶面与底面之间或者移动抹灰机，在支架与滑轨之间连接一个千斤顶。当抹灰机需要固定时，千斤顶的顶杆推动滑轨上移，滑轨的顶端紧紧地顶住建筑物的顶面，从而固定了抹灰机。当抹灰机需要移动时，千斤顶的顶杆带动滑轨下移，滑轨的顶端离开建筑物的顶面，便可移动抹灰机。

但是在对比文件 2 中，"底架 1 上设置有高度可调节的龙门架 4，通过调节其高度以使其顶部顶紧屋顶，龙门架 4 上部两侧对称设置有滑轮 401，滑轮 401 上绕设有钢丝绳，且钢丝绳的一端固定在升降工作台 2 上，另一端绕设在升降工作台 2 上设有的钢丝卷筒 3 上，且钢丝卷筒 3 由升降工作台 2 上设有的驱动电机 8 带动其转动，通过钢丝绳在钢丝卷筒 3 上卷绕使升降工作台 2 沿龙门架 4 升降"。也就是说，对比文件 2 的定滑轮和钢丝绳中所起的作用与其在本申请中为解决其技术问题所起的作用并不相同。

另外，从说明书可以看出："所述升降工作台 2 一侧设置有抹墙机构 5，该抹墙机构 5 包括刷板 506 和分料斗 501，分料斗 501 的一侧通过软管与底架 1 上设有的砂浆泵 103 连接，以通过砂浆泵 103 将砂浆泵入分料斗 501 内，分料斗 501 的另一侧并排设置有若干条喷料管 504，喷料管 504 的端部延伸到刷板 506 的上方，从而将分料斗 501 内的砂浆均匀喷洒到墙壁"得出：本申请保证浆料的上料方式。本申请中，根据实际上料需求，分料斗的一侧通过软管与底架上设有的砂浆泵连接，以通过砂浆泵将砂浆泵入分料斗内，选用独特的喷料方式，在分料斗的另一侧并排设置有若干条喷料管，喷料管的端部延伸到刷板的上方，从而将分料斗内的砂浆均匀喷洒到墙壁上，这是本发明为了达到砂浆均匀喷砂效果而创新性设计的，并不是领域常用的技术手段。

3. 根据审查员指出的区别技术特征，对于区别技术特征（2），有以下理由。

本申请中，从说明书可以看出："两根连杆Ⅰ505 的另一端分别与两条向上倾斜的压杆 503 的端部铰接；两条压杆 503 带动连杆Ⅰ505 绕铰接点转动；在刷板 506 上部内侧设置有倾斜的弹簧 507，弹簧 507 使刷板 506 在上升时其上部与墙壁存在间隙，并在下降时，利用弹簧 507 的拉力以及连杆Ⅰ505 与压杆 503 形成的夹角，使刷板 506 保持现有的倾斜度不变"得出，本申请保证刷板的工作角度，保证抹墙的细节质量。

本申请中，选择升降平台的驱动方式，浆料上料方式及保持刷板角度。实际上是本申请至关重要的创新性内容。为便于刷板和连杆的传动和刷板角度的控制，将两根连杆Ⅰ的另一端分别与两条向上倾斜的第二连杆的端部铰接，带动连杆Ⅰ绕铰接点转动，在刷板上部内侧设置有倾斜的弹簧，该弹簧使刷板在上升时其上部与墙壁存在间隙，并在下降时，利用弹簧的拉力以及连杆Ⅰ与压杆形成的夹角，使刷板保持现有的倾斜度不变，这实际并不是常规机械结构转换，而是创新性设计，实际上对比文件 1 公开的联动结构与本申请中该机构的发明目的和具体结构并不相同，对比文件 1 是工作框架 17 上行的过程中在振动泵的作用下料斗 12 中的水泥向下流入墙体与抹墙板 13 之间，实现抹墙的功能。当工作框架上行到接近墙体顶部时，房屋顶部就会接触到把手杆 18，并向下压迫把手杆 18，当把手杆 18 被屋顶压迫而处于水平角度时，抹墙板 13 收到联动作用；而本发明是滚轮 502 的高度超过升降工作台 2，以使升降工作台 2 上升过程中，滚轮 502 先触碰到屋顶，进而使两条压杆 503 带动连杆Ⅰ505 绕铰接点转动，并带动刷板 506 绕其下部的铰接点转动，从而在升降工作台 2 下降时使其倾斜度发生改变，在刷板 506 上部内侧设置有倾斜的弹簧 507，该弹簧 507 使刷板 506 在上升时其上部与墙壁存在间隙，并在下降时，利用弹簧 507 的拉力以及连杆Ⅰ505 与压杆 503 形成的夹角，使刷板 506 保持现有的倾斜度不变，这样两者发明目的还是不同的，本发明主要是使刷板 506 保持现有的倾斜度不变。

4. 根据审查员指出的区别技术特征，对于权利要求 5，有以下理由。

本申请中，从说明书可以看出："两根立柱穿过底架 1 上的通孔后由两个对称的调直机构 6 将其与底架 1 连接为一体，且两根立柱与通孔为过渡配合，从而使调直机构 6 带动两根立柱在竖直面内进行微调，以保证龙门架 4 与墙面平行"、"连杆Ⅲ603 的另一端与一水平调节螺栓 604 的末端铰接，该水平调节螺栓 604 的另一端穿出支座 602，且与支座 602 螺纹配合，通过拧动水平调节螺栓 604，使其带动连杆Ⅲ603 运动，从而对立柱的底部施加与水平调节螺栓

604 方向平行的作用力，进而使立柱保持与墙面的水平度”得出：该申请中，调直机构的设置保证了该自动抹墙机与墙面的水平度，进而保证抹墙机构的正常工作。

本申请中，调直机构是本发明中关键性、创新性的一个部分，对立柱的底部施加与水平调节螺栓方向平行的作用力，进而使立柱保持与墙面的水平度，这些设计在对比文件 1 和对比文件 2 中均未涉及，特别是对比文件 2 很难保证粉刷过程中的水平效果，可以粉刷好整面墙体，但是无法保证粉刷效果。也就是说对比文件 2 并不适合作为本发明的对比文件。

综上，本申请与对比文件 1 明显不同，并且本申请与对比文件 1 和对比文件 2 的结合也不同；该申请的技术方案具有突出的区别技术特征，修改后的权利要求 1 具备专利法第二十二条第三款规定的创造性。

四、关于修改后的权利要求 2～5 具备创造性的理由

由于修改后的权利要求 2～5 作为权利要求 1 的从属权利要求，在权利要求 1 具备创造性的前提下，权利要求 2～5 必然具备创造性。

综上所述，与对比文件 1、2 相比，本申请的权利要求 1～5 具备专利法第二十二条第三款规定的创造性；符合专利法、专利法实施细则和专利审查指南的有关规定。

为了加快该申请的进程，申请人一审答复时对权利要求书进行如下修改：①将修改后的权利要求 2 与原权利要求 1 合并作为新的权利要求 1；②将修改后的权利要求 5 的部分内容“所述龙门架 4 由两根立柱和连接两根立柱顶端的水平杆围成，两根立柱穿过底架 1 上的通孔后由两个对称的调直机构 6 将其与底架 1 连接为一体，且两根立柱与通孔为过渡配合，从而使调直机构 6 带动两根立柱在竖直面内进行微调，以保证龙门架 4 与墙面平行”，与原权利要求 1 合并作为新的权利要求 1。上述修改没有超出原申请文件记载的范围，符合专利法第三十三条的规定。对比文件的现有技术整体上没有技术启示，则该发明专利是非显而易见的，即具有突出的实质性特点。所以该发明在一审回复后就得到了授权。

4.2　案例 6：一种多头分控 3D 打印机

案例 6 是关于一种多头分控 3D 打印机的机械类发明专利的申请过程。该专利提交时的权利要求书和说明书原文如下所示。

发明名称：一种多头分控 3D 打印机

权 利 要 求 书

1. 一种多头分控 3D 打印机，包括打印基座 1，设置在打印基座 1 上的横向导轨 2、纵向导轨 3 和竖向导轨 4，其中，横向导轨 2 的两端通过滑块丝杠机构在竖向导轨 4 上往复滑动，纵向导轨 3 通过滑块丝杠机构在横向导轨 2 上往复滑动。其特征在于：所述打印基座 1 上设置有由动力机构驱动其转动的打印平台 5，所述纵向导轨 3 为沿横向导轨 2 中间位置对称分布的两条导轨，且每条纵向导轨 3 上沿其中间位置对称设置两个打印头挂载滑块 6，每个打印头挂载滑块 6 下部挂载有 3D 打印头，两条纵向导轨 3 上的四个 3D 打印头在打印平台 5 的四个区域完成打印，且每完成一层打印，打印平台 5 在动力机构驱动下转动 3.6°，以使四个打印头所对的打印区域堆叠在下层相邻两个打印区域的结合处。

2. 根据权利要求 1 所述一种多头分控 3D 打印机，其特征在于：所述横向导轨 2 为在竖向导轨 4 上同步运动的两条导轨，每条纵向导轨 3 分为断开的两部分，在这两部分上均通过滑块丝杠机构设置打印头挂载滑块 6；每条纵向导轨 3 的两部分分别通过滑块丝杠机构在横向导轨 2 上单独运动。

3. 根据权利要求 1 所述一种多头分控 3D 打印机，其特征在于：所述滑块丝杠机构包括滑块 7 和与滑块 7 螺纹配合的丝杠 701，滑块 7 上具有容纳电机 704 的腔室，电机 704 驱动丝杠 701 转动，进而带动滑块 7 沿丝杠 701 的方向运动；在滑块 7 上与丝杠 701 平行地设置有供导轨穿过的滑动孔 702，以使滑块 7 在导轨的引导下沿丝杠 701 运动；在滑块 7 与丝杠 701 垂直的方向上设置有若干供该方向的导轨和丝杠穿过的通孔 703。

4. 根据权利要求 1 所述一种多头分控 3D 打印机，其特征在于：所述横向导轨 2 和纵向导轨 3 的两端设置有封闭导轨和丝杠末端的封头 8，竖向导轨 4 的顶部设置有连接梁 10。

5. 根据权利要求 1 所述一种多头分控 3D 打印机，其特征在于：所述横向导轨 2 的中部设置有将纵向导轨 3 的两条导轨隔开的隔板 9。

说 明 书

技术领域

本发明涉及 3D 打印技术领域，具体来说是一种多头分控 3D 打印机。

背景技术

3D 打印技术诞生于 20 世纪 80 年代的美国，此后马上出现第一波小高潮，美国很快涌现出多家 3D 打印公司；1984 年，Charles Hull 开始研发 3D 打印技术，1986 年，他自立门户，创办了世界上第一家 3D 打印技术公司（3DSystems 公司，也是目前 3D 市场领军者之一)，同年发布了第一款商用 3D 打印机。1988 年，Scott

Crump 发明了熔融挤压成型（FDM）技术，并于 1989 年成立了现在的另一家 3D 打印上市公司 Stratasys（NASDAQ：SSYS），该公司在 1992 年卖出了第一台商用 3D 打印机。

我国从 1991 年开始研究 3D 打印技术，当时的名称为快速原型（rapid prototyping）技术，即开发样品之前的实物模型；具体在国际上有几种成熟的工艺，如分层实体制造（LOM）、立体光刻（SL）、熔融挤压成型、激光烧结（SLS）等，国内也在不断跟踪开发。2000 年前后，这些工艺从实验室研究逐步向工程化、产品化转化。由于做出来的只是原型，而不是可以使用的产品，而且国内对产品开发也不重视，大多是抄袭，所以快速原型技术在中国工业领域普及得很慢，全国每年仅销售几十台快速原型设备，主要应用于职业技术培训、高校等教育领域。

3D 打印机操作员为系统人为地设定 3D 打印所需的参数，该参数预存在相应的存储设备中或者就存储在计算机里，打印机的控制系统从存储设备或者从计算机里获取 3D 模型数据，进行相应的分析、切片，再对切片后的 2D 图片进行路径规划，同时建立出合理的支撑部分，最后由中控系统按照软件的设定自动生成 3D 打印机所需要的控制指令，即 G 代码。控制板上的步进电机驱动器接受命令驱动相应的步进电机带动打印头进行工作。打印头开始吐丝，按照点动成线、线动成面的原理绘制 2D 图层，一层层地把模型制作出来，z 轴的每次移动量都是人为设定好的距离，也称为层高。模型打印完成之后，还需要后期的打磨、抛光或者上色等工作。

3D 打印技术在最近几年爆发式地高速发展，尤其是在桌面级 3D 打印领域表现尤为突出。国内外很多 3D 打印爱好者都可以使用 3D 打印机，把自己设计、改进的零件或者其他新奇作品低成本快速地制造出来。3D 打印还有一个优点，即它的层堆积增材制造方式完美解决了开模制造的限制条件，极大地释放了设计师的想象力。

然而，3D 打印机并非万能的，它的工作速度还做不到变魔术那样炫丽，以成本最低的 FDM 打印机来说，它的工作方式就和蚕吐丝做茧一样，属于慢工出细活，打印一个 10cm 高的人像模型往往需要十个小时左右的时间，等待是一个让人非常痛苦的过程。还有一个特性就是打印精度每提高一倍，相应的最终成型所需时间也将成倍增加，这是 3D 打印制造方式所具有的属性。那么在这个精益求精、快节奏以及个性化的社会生活背景下，低成本、高效、高精、个性化的生产方式已然成为一个尚未得到满足的市场需求。

发明内容

本发明的目的是提供一种多头分控 3D 打印机，该 3D 打印机具有四个同时工作的打印头，而且四个打印头分区域独立运动，彼此不会产生干扰，通过将打印平台转动实现了不同打印层间的堆叠，不仅大幅度提高了打印效率，而且四个打印头间也不会产生干扰，由于不同层间相互错位叠合，也提高了打印产品的强度和稳定性。

本发明为实现上述技术目的所采用的技术方案为：一种多头分控3D打印机，包括打印基座，设置在打印基座上的横向导轨、纵向导轨和竖向导轨，其中，横向导轨的两端通过滑块丝杠机构在竖向导轨上往复滑动，纵向导轨通过滑块丝杠机构在横向导轨上往复滑动；所述打印基座上设置有由动力机构驱动其转动的打印平台，所述纵向导轨为沿横向导轨中间位置对称分布的两条导轨，且每条纵向导轨上沿其中间位置对称设置两个打印头挂载滑块，每个打印头挂载滑块下部挂载有3D打印头，两条纵向导轨上的四个3D打印头在打印平台的四个区域完成打印，且每完成一层打印，打印平台在动力机构驱动下转动3.6°，以使四个打印头所对的打印区域堆叠在下层相邻两个打印区域的结合处。

所述横向导轨为在竖向导轨上同步运动的两条导轨，每条纵向导轨分为断开的两部分，在这两部分上均通过滑块丝杠机构设置打印头挂载滑块；每条纵向导轨的两部分分别通过滑块丝杠机构在横向导轨上单独运动。

所述滑块丝杠机构包括滑块和与滑块螺纹配合的丝杠，滑块上具有容纳电机的腔室，电机驱动丝杠转动，进而带动滑块沿丝杠的方向运动；在滑块上与丝杠平行地设置有供导轨穿过的滑动孔，以使滑块在导轨的引导下沿丝杠运动；在滑块与丝杠垂直的方向上设置有若干供该方向的导轨和丝杠穿过的通孔。

所述横向导轨和纵向导轨的两端设置有封闭导轨和丝杠末端的封头，竖向导轨的顶部设置有连接梁。

所述横向导轨的中部设置有将纵向导轨的两条导轨隔开的隔板。

本发明的设计思路为：将3D简化成2D再简化成1D，就是在x、y、z三个空间坐标的轴向分别部署对应的滑块丝杠机构来实现打印喷头的空间坐标定位与位移控制，还可以控制其位移速度，且滑块丝杠机构的动力来自步进电机，步进电机可以按照提前设定好的机械精度进行工作，每次位移都能够很好地进行控制。这里需要在传统的二维打印基础上对xy平面进行四等分，就是把整个打印平台分为四个小平台，每个打印头只负责打印分配到它的区域进行打印工作，不能跨界工作，但是打印头的活动范围定死是为了杜绝在同一个平面内运动时，由于指令错误等不可预知因素造成打印头“撞车”现象的发生。但是，四个打印头分四个区域打印，很难打印出一体的无缝模型，因此将打印平台设计成在动力机构驱动下绕其中心法线进行往复的旋转运动，这样每打印一层之后，打印平台转动一定角度，四个打印头继续打印，每个打印头所打印的区域就会堆叠在下层打印区域的交界处，从而像砌墙时压砖缝一样使得四个区域的四个部分完美地连接在一起。

有益效果：本发明设置四个打印头，且四个打印头分别在打印平台的四个部分作业，这样可以实现四个打印头的同时作业，而且由于四个打印头分区域独立运动，彼此不会产生干扰，从而大幅度提高了打印效率，通过将打印平台设置成可转动的，这样在每完成一层打印作业后将打印平台转动一定角度，从而改变每个打印头的打印区域，形成不同打印层间的错位堆叠，由于不同层间相互错位叠合，也提高了打印产品的强度和稳定性。

附图说明

图 1 为本发明的结构示意图。

图 2 为滑块丝杠机构的结构示意图。

附图标记：1-打印基座，2-横向导轨，3-纵向导轨，4-竖向导轨，5-打印平台，6-打印头挂载滑块，7-滑块，701-丝杠，702-滑动孔，703-通孔，704-电机，8-封头，9-隔板，10-连接梁。

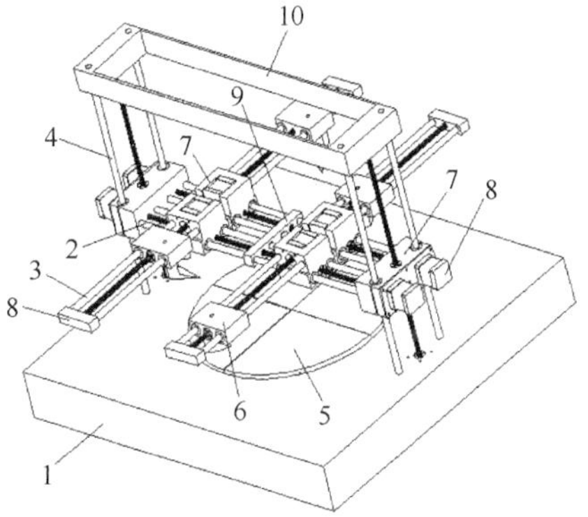

图 1

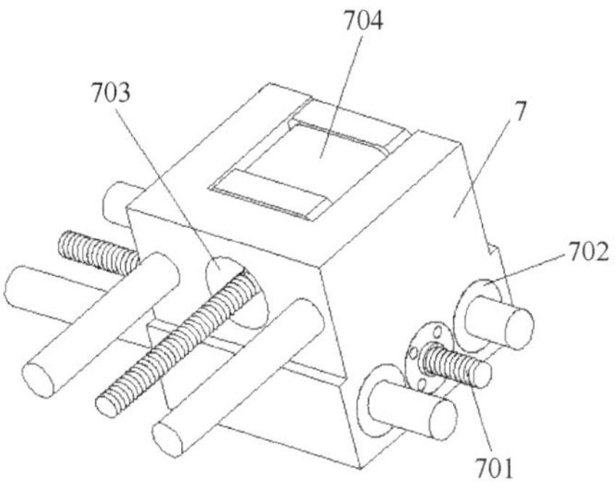

图 2

具体实施方式

如图 1 所示，一种多头分控 3D 打印机包括打印基座 1，设置在打印基座 1 上的横向导轨 2、纵向导轨 3 和竖向导轨 4，其中，横向导轨 2 的两端通过滑块丝杠机构在竖向导轨 4 上往复滑动，纵向导轨 3 通过滑块丝杠机构在横向导轨 2 上往复滑动；所述打印基座 1 上设置有由动力机构驱动其转动的打印平台 5，所述纵向导轨 3 为沿横向导轨 2 中间位置对称分布的两条导轨，且每条纵向导轨 3 上沿其中间位置对称设置两个打印头挂载滑块 6，每个打印头挂载滑块 6 下部挂载有 3D 打印头，两条纵向导轨 3 上的四个 3D 打印头在打印平台 5 的四个区域完成打印，且每完成一层打印，打印平台 5 在动力机构驱动下转动 3.6°，以使四个打印头所对的打印区域堆叠在下层相邻两个打印区域的结合处。

以上为本发明的基本实施方式，可在以上基础上做进一步的改进、优化和限定。

例如，所述横向导轨 2 为在竖向导轨 4 上同步运动的两条导轨，每条纵向导轨 3 分为断开的两部分，在这两部分均通过滑块丝杠机构设置打印头挂载滑块 6；每条纵向导轨 3 的两部分分别通过滑块丝杠机构在横向导轨 2 上单独运动。

又如，所述滑块丝杠机构包括滑块 7 和与滑块 7 螺纹配合的丝杠 701，滑块 7 上具有容纳电机 704 的腔室，电机 704 驱动丝杠 701 转动，进而带动滑块 7 沿丝杠 701 的方向运动；在滑块 7 上与丝杠 701 平行地设置有供导轨穿过的滑动孔 702，以使滑块 7 在导轨的引导下沿丝杠 701 运动；在滑块 7 与丝杠 701 垂直的方向上设置有若干供该方向的导轨和丝杠穿过的通孔 703。

再如，本发明中的横向导轨 2、纵向导轨 3 和竖向导轨 4 均可采用滚珠直线导轨，其传动选用滚珠丝杠副传动。

又再如，所述横向导轨 2 和纵向导轨 3 的两端设置有封闭导轨和丝杠末端的封头 8，竖向导轨 4 的顶部设置有连接梁 10。

最后，所述横向导轨 2 的中部设置有将纵向导轨 3 的两条导轨隔开的隔板 9。

本发明中，需要利用控制系统对四个打印头在每一个打印层的工作时间上进行统一控制，四个打印头的打印速度可以不同，但是其在每层的工作时间必须相同，这个时间以工作量最大的打印头在保证质量的前提下所用的最小时间为基准，而且是每一层的打印平面都以此模式进行指令生成，使得四个打印头的“分别控制”在指令上进行协调统一，接下来只需要保证各个步进电机能够准确地执行命令即可实现多头分控的打印模式。

但是，仅仅到此为止所造成的结果就是四个打印头的交界处会出现明显的接缝或焊缝，会造成打印作品的薄弱环节，为此，当每一个打印平面结束之后，机床即绕其中心旋转 3.6°，在下一层打印工作开始之前对接缝进行抚平焊接处理，每一个大的平面完成都如此进行，就能够完美地将之前的一条竖直的竖轴方向的接缝消隐分布在每一层里面，最终形成像砌墙一样的压缝结构，合理地避免了四个喷头分区打印造成零件薄弱环节的问题。

本发明中所需要的打印头结构与传统的机构是不同的，四个打印头的喷嘴需要在打印平台的法线位置形成点与线的重合，因此四个喷嘴需要沿打印平台半径向打印平台中心偏转 45°。

审查员在第一次审查意见通知书中指出：针对原始申请文件进行审查，且本通知书是在进行了检索的情况下做出的，并引入了对比文件 1、2，特别是在审查的结论性意见“关于权利要求书”一栏中指出：权利要求 1～5 不具备专利法第二十二条第三款规定的创造性。

第一次审查意见通知书

申请号：2017104321715

该申请涉及一种多头分控 3D 打印机。经审查，现提出如下具体意见。

1. 权利要求 1 不具备专利法第二十二条第三款规定的创造性。

权利要求 1 请求保护一种多头分控 3D 打印机，对比文件 1（CN 205989515 U）公开了一种多喷头 3D 打印机，并公开了以下技术特征：包括机架 1（相当于打印基座）、托盘 2、打印喷头组件、x 轴运动机构、y 轴运动机构、z 轴升降机构、第一至第五驱动电机 D1～D5、控制器 4。所述控制器 4 用于控制各驱动电机旋转以及打印喷头组件进行打印动作，平台 7 通过圆环状滚珠轴承承载托盘 2，平台 7 的下方，第一驱动电机 D1 用于驱动托盘 2 旋转（相当于所述打印基座 1 上设置有由动力机构驱动其转动的打印平台 5），所述打印喷头组件包括：第五驱动电机 D5，驱动轮系、平面上均分的至少六个支撑臂，各支撑臂上悬挂有滑块，所述滑块下固连有打印喷头（相当于每个打印头挂载滑块 6 下部挂载有 3D 打印头）。由此也相当公开了一种多头 3D 打印机。

与对比文件 1 相比，该申请权利要求 1 的区别为：多头分控，包括置在打印基座 1 上的横向导轨 2、纵向导轨 3 和竖向导轨 4，其中，横向导轨 2 的两端通过滑块丝杠机构在竖向导轨 4 上往复滑动，纵向导轨 3 通过滑块丝杠机构在横向导轨 2 上往复滑动；所述纵向导轨 3 为沿横向导轨 2 中间位置对称分布的两条导轨，且每条纵向导轨 3 上沿其中间位置对称设置两个打印头挂载滑块 6，两条纵向导轨 3 上的四个 3D 打印头在打印平台 5 的四个区域完成打印，且每完成一层打印，打印平台 5 在动力机构驱动下转动 3.6°，以便四个打印头所对的打印区域堆叠在下层相邻两个打印区域的结合处上。

基于上述区别技术特征，该发明实际解决的技术问题是：满足打印控制和成型效果需要。

对于上述区别技术特征，对比文件 2 公开了一种工业双横梁分区域型 3D 打印机，并披露了：框架 2 顶部 x 轴方向两侧分别固定有直线导轨 9，滚珠丝杠 5 通过滚珠丝杠支撑座 4 固定于直线导轨 9 的上方；所述双横梁机构主要由两根沿

y 轴方向平行放置的横梁、在横梁上下两端的直线导轨 9 和滚珠丝杠 5 组成：所述的 z 轴运动机构主要由一根竖直放置的立柱 8、直线导轨 9 以及滚珠丝杠 5 构成，滚珠丝杠 5 一端设置有步进电机 13，滚珠丝杠 5 和步进电机 13 之间通过联轴器 12 连接，步进电机 13 固定安装在同侧的滚珠丝杠支撑座 4 上；z 轴运动机构下端通过喷头连接块 15 与喷头机构连接,即其披露了通过导轨和丝杠的连接结构，以及多个打印头分区控制的成型方式，其与该申请中上述方式所起的作用相同，因此具有结合启示，从而使本领域技术人员有动机在对比文件 1 的基础上，进行相应设置，并具体选择打印头数量。根据构件成型效果，在对比文件 1 公开旋转打印台机构的基础上，进行打印旋转操作，为本领域的常规手段，从而为多头分控，包括置在打印基座 1 上的横向导轨 2、纵向导轨 3 和竖向导轨 4，其中，横向导轨 2 的两端通过滑块丝杠机构在竖向导轨 4 上往复滑动，纵向导轨 3 通过滑块丝杠机构在横向导轨 2 上往复滑动：所述纵向导轨 3 为沿横向导轨 2 中间位置对称分布的两条导轨，且每条纵向导轨 3 上沿其中间位置对称设置两个打印头挂载滑块 6，两条纵向导轨 3 上的四个 3D 打印头在打印平台 5 的四个区域完成打印，且每完成一层打印，打印平台 5 在动力机构驱动下转动 3.6°，以便四个打印头所对的打印区域堆叠在下层相邻两个打印区域的结合处上，不需要付出创造性的劳动。

由此可见，在对比文件 1 的基础上结合对比文件 2 和本领域公知常识得到权利要求 1 的技术方案，对本领域技术人员来说是显而易见的，其不具有突出的实质性特点和显著的进步，不具备专利法第二十二条第三款规定的创造性。

2. 权利要求 2～5 不具备专利法第二十二条第三款规定的创造性。

权利要求 2～5 均为引用权利要求 1 的从属权利要求。根据成型过程中的移动控制需要，具体选择导轨的设置方式，所述横向导轨 2 为在竖向导轨 4 上同步运动的两条导轨，每条纵向导轨 3 分为断开的两部分，在这两部分上均通过滑块丝杠机构设置打印头挂载滑块 6；每条纵向导轨 3 的两部分分别通过滑块丝杠机构在横向导轨 2 上单独运动，为本领域的常规设置选择。根据驱动控制效果，具体设置所述滑块丝杠机构包括滑块 7 和与滑块 7 螺纹配合的丝杠 701，滑块 7 上具有容纳电机 704 的腔室，电机 704 驱动丝杠 701 转动，进而带动滑块 7 沿丝杠 701 的方向运动：在滑块 7 上与丝杠 701 平行地设置有供导轨穿过的滑动孔 702，以便滑块 7 在导轨的引导下沿丝杠 701 运动：在滑块 7 与丝杠 701 垂直的方向上设置有若干供该方向的导轨和丝杠穿过的通孔 703，为本领域的常规驱动控制结构设置。根据整体运行稳定性，在所述横向导轨 2 和纵向导轨 3 的两端设置有封闭导轨和丝杠末端的封头 8，竖向导轨 4 的顶部设置有连接梁 10，为本领域的常规手段。根据打印加工效果需要，选择所述横向导轨的中部设置有将竖向导轨 4 的两条导轨隔开的隔板 9，为本领域的常规结构设置。因此，在其引用的权利要求不具备创造性的情况下，上述从属权利要求也不具备创造性。

对比文件 1

申请公布号：CN 205989515 U

申请公布日：2017. 03. 01

发明名称：一种多喷头 3D 打印机

摘要：本实用新型公开一种多喷头 3D 打印机，包括：可升降旋转托盘，在 x、y 方向移动的打印喷头组件，以及六个沿支撑臂径向同步伸缩的打印喷头，各打印喷头与托盘形成相对旋转，所述多喷头 3D 打印机特别适合于打印大件回转体；通过滚珠丝杆驱动旋转托盘上下移动，实现产品高度上的堆积；第五驱动电机带动一个大齿轮旋转，六个小齿轮与大齿轮啮合，小齿轮通过同步带、滑块沿径向往复运动，带动各打印喷头同步工作，可同时打印至多六件产品，大大提高了小件产品打印工作效率，或者是利用六个打印喷头同时打印一个大件产品，六个打印喷头同时工作，提高了单件产品的打印速度，实现一机多用，灵活方便。

权利要求书

一种多喷头 3D 打印机，包括机架 1、托盘 2、打印喷头组件、x 轴运动机构、y 轴运动机构、z 轴升降机构、第一至第五驱动电机 D1～D5、控制器 4；所述控制器 4 用于控制各驱动电机旋转，以及控制打印喷头组件中各打印喷头按设定程序在设定坐标点挤出或停止挤出打印材料。

所述 x 轴运动机构包括固连在所述机架 1 上的第一横向滑杆 15 和第二横向滑杆 16、两端分别套装在所述横向滑杆上的桥架 11，还有驱动所述桥架 11 沿 x 轴直线运动的第三驱动电机 D3。

所述 y 轴运动机构包括固连在所述桥架 11 上的第一纵向滑杆 17 和第二纵向滑杆 18、套装在纵向滑杆上的云台 12，还有驱动所述云台 12 沿 y 轴直线运动的第四驱动电机 D4；所述云台 12 通过四根套杆 13 悬吊并固连所述打印喷头组件。

所述 z 轴升降机构包括：托盘 2、支撑托盘的平台 7、滚珠丝杠 3、导向杆 8，还有驱动滚珠丝杠 3 旋转的第二驱动电机 D2；所述导向杆分列在平台 7 两侧，所述滚珠丝杠 3 旋转时带动平台 7 及平台 7 上的托盘 2 沿 z 轴上下运动。

所述平台 7 通过圆环状滚珠轴承承载托盘 2，平台 7 的下方有驱动托盘 2 旋转的第一驱动电机 D1，其特征在于：所述打印喷头组件包括第五驱动电机 D5、驱动轮系、平面上均分的至少六个支撑臂，各支撑臂上悬挂有滑块，所述滑块下固连有打印喷头。所述驱动轮系包括第五驱动电机 D5 输出轴主动齿轮和六个从动齿轮，各从动齿轮分别通过同步带轮和同步带，驱动滑块沿支撑臂径向运动，且各打印喷头是同步往复直线运动。

对比文件 2

申请公布号：CN 106313502 A

申请公布日： 2017. 01. 11

发明名称： 一种工业双横梁分区域型 3D 打印机

摘要： 本发明公开了一种工业双横梁分区域型 3D 打印机，属于数字化加工技术领域，针对目前的打印机存在打印空间有限、成型速度慢、无法进行多材料打印以及不能多区域同时打印的缺陷。由电机滚珠丝杠驱动，直线滑轨和滑块定位，实现稳定快速的打印操作，机身上附加计算机数字控制（computer numerical control，CNC）、激光雕刻喷头等模块，丰富拓展机器的功能，做到一机多用。工业级大幅面熔融沉积成型（fused deposition modeling，FDM）3D 打印机的开发能够极大地满足市场上大型工业产品设计成型和艺术品设计成型的空白，快速一体等比例成型能够极大缩短设计实现的进程，节约了大量的时间、资金等成本，而且机器本身成本相对低、集成化程度高，市场可推广性及实用性极强。

权利要求书

一种工业双横梁分区域型 3D 打印机，主要由框架 2、打印平台 3、运动机构和喷头机构组成。

框架 2 为立方体，中间部分设有支撑梁，打印平台 3 水平固定安装于框架 2 的底面上；为保证工作时打印平台水平，框架 2 底部使用若干个脚杯 1 支撑水平立于地面上。

其特征在于，所述运动机构具体结构如下：框架 2 顶部 x 轴方向两侧分别固定有直线导轨 9，滚珠丝杠 5 通过滚珠丝杠支撑座 4 固定于直线导轨 9 的上方；与滚珠丝杠 5 相配合，直线导轨 9 上安装有两组双横梁机构，两组双横梁机构之间自有一定距离，所述双横梁机构通过底部设置的承重滑块 11 安装在直线导轨 9 上；双横梁机构通过固定在双横梁机构上的法兰螺母座将法兰螺母和双横梁机构固定连接在一起；滚珠丝杠 5 一端设置有步进电机 13，滚珠丝杠 5 和步进电机 13 之间通过联轴器 12 连接，步进电机 13 固定安装在同侧的滚珠丝杠支撑座 4 上。

所述双横梁机构主要由两根沿 y 轴方向平行放置的横梁、在横梁上下两端的直线导轨 9 和滚珠丝杠 5 组成；滚珠丝杠 5 通过滚珠丝杠支撑座 4 固定于直线导轨 9 的上方，直线导轨 9 上的法兰螺母 7 与滚珠丝杠 5 相配合；直线导轨 9 上安装有 z 轴运动机构，上侧的直线导轨 9 上安装有螺母座滑块 6，螺母座滑块 6 通过固定在螺母座滑块 6 上的法兰螺母座与法兰螺母 7 固定连接在一起，下侧的直线导轨 9 上安装有承重滑块 11；z 轴运动机构通过角铁 10 分别与螺母座滑块 6 和承重滑块 11 固定连接在一起；滚珠丝杠 5 一端设置有步进电机 13，滚珠丝杠 5 和步进电机 13 之间通过联轴器 12 连接，步进电机 13 固定安装在同侧的滚珠丝杠支撑座 4 上。

所述 z 轴运动机构主要由一根竖直放置的立柱 8、直线导轨 9 以及滚珠丝杠 5

构成，直线导轨 9 固定在立柱 8 的左右两侧；沿竖直方向上，滚珠丝杠 5 通过滚珠丝杠支撑座 4 固定于直线导轨 9 的一侧，法兰螺母 7 与滚珠丝杠 5 相配合，与滚珠丝杠 5 同侧的直线导轨 9 安装有两个螺母座滑块 6，两个螺母座滑块 6 的一侧通过固定在螺母座滑块 6 上的法兰螺母座与法兰螺母 7 固定连接在一起，两个螺母座滑块 6 的另一侧与双横梁机构上的角铁 10 固定连接；与滚珠丝杠 5 异侧的直线导轨 9 安装有两个承重滑块 11，两个承重滑块 11 与双横梁机构上的角铁 10 固定连接；滚珠丝杠 5 一端设置有步进电机 13，滚珠丝杠 5 和步进电机 13 之间通过联轴器 12 连接，步进电机 13 固定安装在同侧的滚珠丝杠支撑座 4 上，z 轴运动机构下端通过喷头连接块 15 与喷头机构连接。

该申请中审查员提供的对比文件 1 公开了一种多喷头 3D 打印机，与该申请属于相同技术领域。对比文件 1 虽然也是多头打印，但是其打印模式为：多个打印头是固定的，而托盘是在持续旋转的，从而完成每层任意一圈的打印，当打印完毕一圈之后，打印头运动，从而进行下一圈的打印；由于打印头具有体积，所以这种打印方式会在托盘的中心位置形成打印盲区，因此需要某个打印头持续工作，其余的打印头停止，导致打印效率降低；而且这种打印方式，由于不同的打印头打印的弧形圈之间必然存在接缝，这就导致了打印产品存在强度和稳定性不足等缺陷，该申请正是为了解决这个问题才提出的。然而，对比文件 2 中的 z 轴移动方式为单个打印头进行独立升降，与该申请的区别在于无法保证多个打印头在同一时刻处于同一水平位置，这会直接影响产品的打印质量。

同时，对比文件 1 和对比文件 2 均不能适应小型、快速和低成本的打印模式，对比文件 1 虽然公开了一种多喷头 3D 打印机，但是结构相对复杂，成本很高，虽然也完成了提高小件产品打印的工作效率，或者是利用多个打印喷头同时打印一个大件产品的目的，但是成本太高，较难适用于小型、快速、低成本的 3D 打印普及；对比文件 2 也应用在大型工业领域，但是成本太高，较难适用于小型、快速、低成本的 3D 打印普及。

第一次审查意见答复书

国家知识产权局：

本意见陈述书是针对国家知识产权局于 2018 年 9 月 4 日发出的第一次审查意见通知书所做的答复，并随此意见陈述书附有修改后的权利要求书一份。

一、修改说明

申请人删除原权利要求 1，将原权利要求 2 和 3 合并作为修改后的权利要求 1，其余权利要求不做变动。

修改后的权利要求书如下：

1. 一种多头分控 3D 打印机，包括打印基座 1，设置在打印基座 1 上的横向导轨 2、纵向导轨 3 和竖向导轨 4，其中，横向导轨 2 的两端通过滑块丝杠机构在竖向导轨 4 上往复滑动，纵向导轨 3 通过滑块丝杠机构在横向导轨 2 上往复滑动。

其特征在于：所述打印基座 1 上设置有由动力机构驱动其转动的打印平台 5，所述纵向导轨 3 为沿横向导轨 2 中间位置对称分布的两条导轨，且每条纵向导轨 3 上沿其中间位置对称设置两个打印头挂载滑块 6，每个打印头挂载滑块 6 下部挂载有 3D 打印头，两条纵向导轨 3 上的四个 3D 打印头在打印平台 5 的四个区域完成打印，且每完成一层打印，打印平台 5 在动力机构驱动下转动 3.6°，以使四个打印头所对的打印区域堆叠在下层相邻两个打印区域的结合处。

2. 根据权利要求 1 所述一种多头分控 3D 打印机，其特征在于：所述横向导轨 2 为在竖向导轨 4 上同步运动的两条导轨，每条纵向导轨 3 分为断开的两部分，在这两部分上均通过滑块丝杠机构设置打印头挂载滑块 6；每条纵向导轨 3 的两部分分别通过滑块丝杠机构在横向导轨 2 上单独运动。

3. 根据权利要求 1 所述一种多头分控 3D 打印机，其特征在于：所述滑块丝杠机构包括滑块 7 和与滑块 7 螺纹配合的丝杠 701，滑块 7 上具有容纳电机 704 的腔室，电机 704 驱动丝杠 701 转动，进而带动滑块 7 沿丝杠 701 的方向运动；在滑块 7 上与丝杠 701 平行地设置有供导轨穿过的滑动孔 702，以使滑块 7 在导轨的引导下沿丝杠 701 运动；在滑块 7 与丝杠 701 垂直的方向上设置有若干供该方向的导轨和丝杠穿过的通孔 703。

4. 根据权利要求 1 所述一种多头分控 3D 打印机，其特征在于：所述横向导轨 2 和纵向导轨 3 的两端设置有封闭导轨和丝杠末端的封头 8，竖向导轨 4 的顶部设置有连接梁 10。

5. 根据权利要求 1 所述一种多头分控 3D 打印机，其特征在于：所述横向导轨 2 的中部设置有将纵向导轨 3 的两条导轨隔开的隔板 9。

以上修改未超出原权利要求书和说明书的记载范围，符合专利法第三十三条的规定。

二、关于修改后的权利要求 1 具备创造性的论述

将对比文件 1 作为最接近的现有技术。

本申请修改后的权利要求 1 与对比文件 1 相比，区别技术特征在于：打印头的运动方式不同，以及每完成一层打印，打印平台旋转 3.6°，以使四个打印头所对的打印区域堆叠在下层相邻两个打印区域的结合处；以上区别技术特征所实际解决的技术问题是：如何在提高打印速度的前提下保证打印产品的强度和稳定性。

审查意见通知书中认为，对比文件 1 公开了一种多头 3D 打印机，对比文件 2 披露了通过导轨和丝杠的连接结构，以及多个打印头分区控制的成型方式，而且

在对比文件 1 中公开旋转打印台机构的基础上，进行打印旋转操作是本领域的常规手段。因此，在对比文件 1 的基础上结合对比文件 2 和本领域公知常识能够得到本申请的技术方案。

对于以上认定，申请人持有异议，具体论述如下：

（1）对比文件 1 的打印模式与本申请是完全不同的两种方案，解决的技术问题不同，具有本质的区别，对比文件 1 虽然也是多头打印，但是其打印模式为：多个打印头是固定的，而托盘是在持续旋转的，从而完成每层任意一圈的打印，当打印完毕一圈之后，打印头运动，从而进行下一圈的打印；由于打印头具有体积，所以这种打印方式会在托盘的中心位置形成打印盲区，因此需要某个打印头持续工作，其余的打印头停止，导致打印效率降低；而且这种打印方式，由于不同的打印头打印的弧形圈之间必然存在接缝，这就导致了打印产品存在强度和稳定性不足等缺陷（本申请正是为了解决这个问题才提出的解决方案）。

也就是说，由于对比文件 1 中的打印头在打印时处于固定状态，因此必须使托盘旋转才能完成打印作业，而且托盘的旋转也不能起到覆盖不同打印区域间接缝的作用。

而本申请的打印方式为，对每个打印头进行分别控制使其在特定区域内做 x 和 y 方向的运动完成每一层局部区域的打印，待一层打印完毕之后，使打印平台转动 3.6°，这样继续打印，下一打印层即覆盖在上一打印层不同区域的接缝上，从而使整体打印出的模型强度和稳定性得到提高。

（2）本申请的 z 轴升降方式与对比文件 1 和对比文件 2 相比，均有所不同。

对比文件 1 中，z 轴方向的升降是通过电机 D2 驱动滚珠丝杠 3 带动平台 7 沿着垂直导柱的方向进行升降，并且滚珠丝杠为单边设置，这会导致在打印重量较重的产品时由于产品的重量在不断增加，z 轴方向的移动极有可能发生因受力不均而产生导柱变形进而影响 z 轴方向的正向运动。

而本申请在 z 轴升降方向采用的是双丝杠机构，并且是打印头在 z 轴方向进行的移动，而打印头的重量是一个相对固定的数值，因此在丝杠和导轨结构尺寸以及驱动力方面能够进行针对性的设计，从而避免了对比文件 1 中 z 轴方向移动部件易损坏情况的发生。

对比文件 2 中的 z 轴移动方式为单个打印头进行独立的升降，与本申请的区别在于无法保证多个打印头在同一时刻处于同一水平位置，这会直接影响产品的打印质量。

（3）对比文件 1 和对比文件 2 均不能适应小型、快速和低成本的打印模式。对比文件 1 虽然公开了一种多喷头 3D 打印机，但是结构相对复杂，成本很高，虽然也完成了提高小件产品打印的工作效率，或者是利用多个打印喷头同时打印一个大件产品的目的，但是成本太高，较难适应用小型、快速、低成本的 3D 打印普及；对比文件 2 也是应用在大型工业领域，但是成本太高，较难适用于小型、快速、低成本的 3D 打印普及。

而本申请则是利用现有的简单机构对四个打印头分别进行控制，使四个打印头分别在打印平台的四个部分作业，这样可以实现四个打印头的同时作业，而且由于四个打印头分区域独立运动，彼此不会产生干扰，从而大幅度提高了打印效率，通过将打印平台设置成可转动的，这样在每完成一层打印作业后将打印平台转动一定角度，从而改变每个打印头的打印区域，形成不同打印层间的错位堆叠，由于不同层间相互错位叠合，也提高了打印产品的强度和稳定性，产生了意料不到的技术效果。

综上所述，对比文件 1 和对比文件 2 的打印模式与本申请存在本质的区别，而且本申请所要解决的正是对比文件 1 所存在的问题，但是对比文件 1 中并未意识到该问题的存在，也就不存在技术启示。因此，与现有技术相比，本申请修改后的权利要求 1 具备突出的实质性特点和显著的进步，符合专利法第二十二条第三款创造性的规定。

由于审查员所使用的对比文件 1、2 的技术方案及其组合技术方案解决不了该发明所要解决的技术问题，针对这一问题，申请人采取的是从专业技术的角度，提出两个对比文件均不能适应小型、快速和低成本的打印模式。对比文件 1 虽然公开了一种多喷头 3D 打印机，但是结构相对复杂，成本很高，虽然也完成了提高了小件产品打印的工作效率，或者是利用多个打印喷头同时打印一个大件产品的目的，但是成本太高，较难适用于小型、快速、低成本的 3D 打印普及；对比文件 2 也是应用在大型工业领域，但是成本太高，较难适用于小型、快速、低成本的 3D 打印普及。先论述两个对比文件的技术方案为什么不能实现该发明所要解决的核心技术问题，进而得出该发明的技术方案具备突出的实质性特点和显著的进步，即该发明的技术方案具备创造性的结论。由此，审查员接受了申请人的意见陈述中的观点，所以该发明在一审回复后就得到了授权。

4.3　案例 7：一种车载提升机

案例 7 是关于一种车载提升机的机械类发明专利申请过程。该专利申请时提交的权利要求书和说明书原文如下所示。

发明名称： 一种车载提升机

权 利 要 求 书

1. 一种车载提升机，包括载车 1、转动设置在载车 1 车架上的转台 4 以及铰接在转台 4 上的起重臂 8，沿起重臂 8 长度方向设有吊绳 6，吊绳 6 的一端设有吊钩 7，另一端固定连接在设置于转台 4 上的盘卷起升装置上，在转台 4 和载车 1 车架之间设有用于驱动转台 4 水平转动的回转装置 2，其特征在于：所述盘卷起升机构包括固定在转台 4 上的机壳 3 以及转动设置在机壳 3 内腔中并相互平行的第一转轴 14、第二转轴 9 和第三转轴 17，第一转轴 14 上固定设有第一齿轮 13 和第一电机 12，第二转轴 9 上固定设有第二齿轮 23 以及用于盘绕吊绳 6 的滚筒 10，第三转轴 17 上固定有用于与第一齿轮 13 传动连接的第三齿轮 21 以及用于与第二齿轮 23 传动连接的第四齿轮 11，在第三转轴 17 和机壳 3 之间设有防坠机构，防坠机构包括可转动设置在第三转轴 17 上的棘轮 15、固定设置在机壳 3 内壁上并与棘轮 15 配合的棘爪 22、固定在第三齿轮 21 上朝向棘轮 15 一端的端面上的摩擦片 20、套设在第三转轴 17 上位于棘轮 15 和机壳 3 内壁之间并用于将棘轮 15 朝向摩擦片 20 方向推挤的弹簧 19 以及连接在机壳 3 上并用于驱动棘轮 15 朝向相背于第三齿轮 21 方向滑动的第一油缸 18，第一油缸 18 的缸套固定连接在机壳 3 壳体的外部，第一缸套的伸缩端连接有拨叉 16，拨叉 16 远离第一油缸 18 的一端通过开设在机壳 3 上的开孔设置在机壳 3 内腔中并与棘轮 15 连接。

2. 根据权利要求 1 所述一种车载提升机，其特征在于：所述回转装置 2 包括固定在载车 1 车架上的第二电机 204、连接在第二电机 204 输出轴上的第五齿轮 203 以及固定连接在转台 4 上并与第五齿轮 203 啮合连接的第六齿轮 201。

3. 根据权利要求 1 所述一种车载提升机，其特征在于：所述转台 4 和载车 1 车架之间通过推力轴承 202 转动连接。

4. 根据权利要求 1 所述一种车载提升机，其特征在于：所述棘轮 15 相背于第三齿轮 21 的一侧设有环形卡槽，所述拨叉 16 位于机壳 3 内腔中的一端设置为用于与卡槽配合的钩状。

5. 根据权利要求 1 所述一种车载提升机，其特征在于：在所述转台 4 上设有第二油缸 5，第二油缸 5 的缸套与转台 4 铰接连接，第二油缸 5 的伸缩端与所述起重臂 8 铰接连接。

说　明　书

技术领域

本发明涉及起重设备领域，具体来说是一种车载提升机。

背景技术

起重机械的基本任务是垂直升降重物，并可兼使重物做短距离的水平移动，以满足重物装卸、转载、安装等作业的要求。起重机械是现代化生产必不可少的重要机械设备，它对减轻繁重的体力劳动、提高劳动生产率，以及实现生产过程的机械化、自动化，改善人民的物质、文化生活水平都具有重大的意义。起重机械广泛应用于工矿企业、港口码头、车站仓库、建筑工地、海洋开发、宇宙航行等各个工业部门，可以说陆地、海洋、空中、民用、军用各个方面都有起重机械在进行着有效的工作。

现有技术中的提升机往往形式固定，不便移动，且提升过程中容易出现钢丝绳打滑导致提升物品坠落，给施工作业埋下了安全隐患。

发明内容

本发明旨在提供一种运用灵活且具有提升物品防坠功能的车载提升机。

为了解决以上技术问题，本发明采用的技术方案为：一种车载提升机，包括载车、转动设置在载车车架上的转台以及铰接在转台上的起重臂，沿起重臂长度方向设有吊绳，吊绳的一端设有吊钩，另一端固定连接在设置于转台上的盘卷起升装置上，在转台和载车车架之间设有用于驱动转台水平转动的回转装置，所述盘卷起升机构包括固定在转台上的机壳以及转动设置在机壳内腔中并相互平行的第一转轴、第二转轴和第三转轴，第一转轴上固定设有第一齿轮和第一电机，第二转轴上固定设有第二齿轮以及用于盘绕吊绳的滚筒，第三转轴上固定设有用于与第一齿轮传动连接的第三齿轮以及用于与第二齿轮传动连接的第四齿轮，在第三转轴和机壳之间设有防坠机构,防坠机构包括可转动设置在第三转轴上的棘轮、固定设置在机壳内壁上并与棘轮配合的棘爪、固定在第三齿轮上朝向棘轮一端端面上的摩擦片、套设在第三转轴上位于棘轮和机壳内壁之间并用于将棘轮朝向摩擦片方向推挤的弹簧以及连接在机壳上并用于驱动棘轮朝向相背于第三齿轮方向滑动的第一油缸，第一油缸的缸套固定连接在机壳壳体的外部，第一缸套的伸缩端连接有拨叉，拨叉远离第一油缸的一端通过开设在机壳上的开孔设置在机壳内腔中并与棘轮连接。

优选的，所述回转装置包括固定在载车车架上的第二电机、连接在第二电机输出轴上的第五齿轮以及固定连接在转台上并与第五齿轮啮合连接的第六齿轮。

优选的，所述转台和载车车架之间通过推力轴承转动连接。

优选的，所述棘轮相背于第三齿轮的一侧设有环形卡槽，所述拨叉位于机壳内腔中的一端设置为用于与卡槽配合的钩状。

优选的，在所述转台上设有第二油缸，第二油缸的缸套与转台铰接连接，第二油缸的伸缩端与所述起重臂铰接连接。

有益效果

本发明结构简单，易于实现，通过第一电机带动滚筒转动以控制吊绳的收放长度，进而控制固定在吊绳吊钩上的物品的升降高度，在第一电机和滚筒之间的传动机构上设有棘轮和棘爪，棘轮和棘爪之间相互配合可使滚筒在物品起升过程的转动不受阻碍，并阻止滚筒在物品下降过程的转动，从而使得物品在起升过程中或起升至一定高度后可通过棘轮棘爪结构避免吊绳打滑及物品坠落。

在控制物品下降的过程中，只需使得棘轮与上述传动机构分离，同时控制第一电机反转，即可在第一电机的带动下使物品平稳下降，控制方式便捷，适宜推广应用。

附图说明

图 1 为本发明的结构示意图。

图 2 为本发明的盘卷起升装置的剖面结构示意图。

图 3 为本发明的回转装置的剖面结构示意图。

附图标记：1-载车，2-回转装置，201-第六齿轮，202-推力轴承，203-第五齿轮，204-第二电机，3-机壳，4-转台，5-第二油缸，6-吊绳，7-吊钩，8-起重臂，9-第二转轴，10-滚筒，11-第四齿轮，12-第一电机，13-第一齿轮，14-第一转轴，15-棘轮，16-拨叉，17-第三转轴，18-第一油缸，19-弹簧，20-摩擦片，21-第三齿轮，22-棘爪，23-第二齿轮。

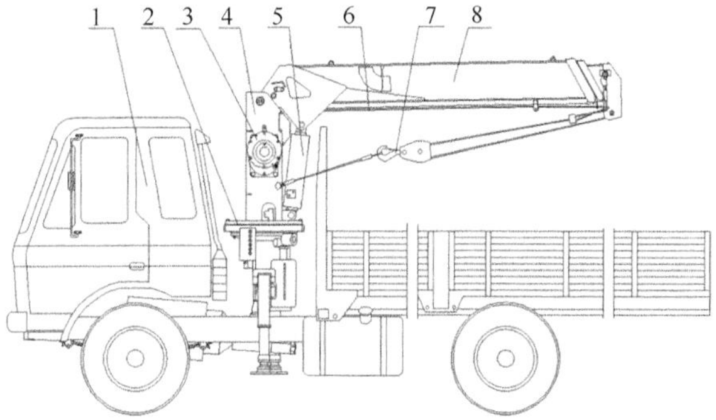

图 1

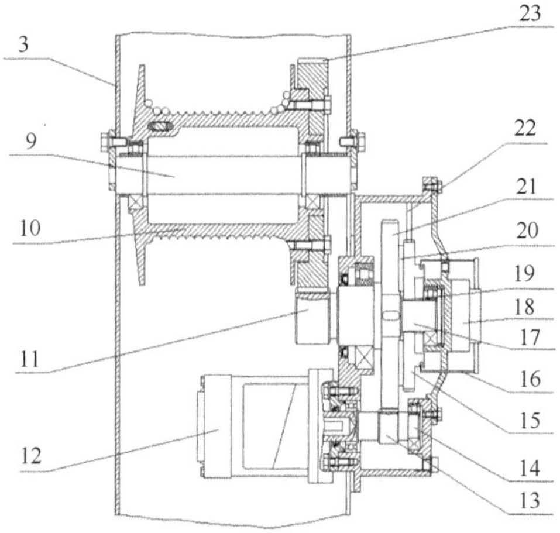

图 2

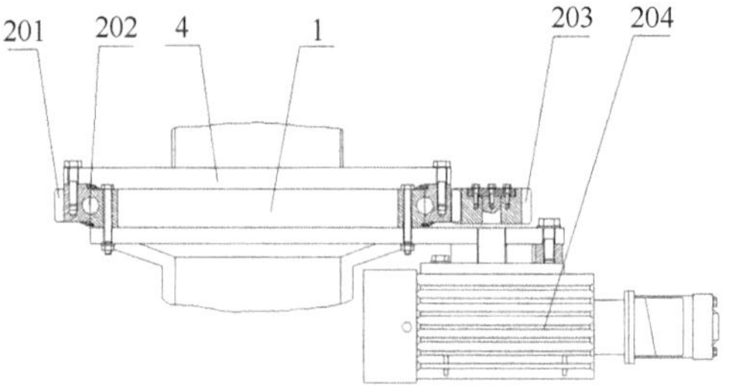

图 3

具体实施方式

如图 1 及图 3 所示，本发明的一种车载提升机，包括载车 1、转动设置在载车 1 车架上的转台 4 以及铰接在转台 4 上的起重臂 8。在转台 4 上设有第二油缸 5，第二油缸 5 的缸套与转台 4 铰接连接，第二油缸 5 的伸缩端与起重臂 8 铰接连接，通过第二油缸 5 推动起重臂 8 远离转台 4 一端的升降。沿起重臂 8 长度方向设有吊绳 6，吊绳 6 的一端设有吊钩 7，另一端固定连接在设置于转台 4 上的盘卷起升装置上，通过盘卷起升装置来控制吊绳 6 的收放量，从而调整连接在吊钩 7 上的物品的升降。在转台 4 和载车 1 车架之间设有用于驱动转台 4 水平转动的回转装置 2，通过回转装置 2 使得本发明的使用更加灵活方便，容易选择起吊位置。本发明中的载车 1 即可作为提升机的载体，便于使提升机在工矿企业、港口码头、车站仓库、建筑工地等作业位置转运，大大提高了本发明的机动性。

盘卷起升机构包括固定在转台 4 上的机壳 3 以及转动设置在机壳 3 内腔中并相互平行的第一转轴 14、第二转轴 9 和第三转轴 17，其中的第三转轴 17 设置在第一转轴 14 和第二转轴 9 之间，第一转轴 14、第二转轴 9 和第三转轴 17 的两端分别通过滚动轴承设置在机壳 3 的壳壁上。第一转轴 14 上固定设有第一齿轮 13 和第一电机 12，第一电机 12 的本体与机壳 3 固定，从而通过第一电机 12 输出轴的转动来带动第一转轴 14 和第一转轴 14 上的第一齿轮 13 的转动。第二转轴 9 上固定设有第二齿轮 23 以及用于盘绕吊绳 6 的滚筒 10，上述吊绳 6 与滚筒 10 固定连接，并通过滚筒 10 的正向旋转和反向旋转盘绕在滚筒 10 上或者从滚筒 10 上脱粒。第三转轴 17 用于将第一转轴 14 上的扭矩传递至第二转轴 9，在第三转轴 17 上固定设有用于与第一齿轮 13 传动连接的第三齿轮 21 以及用于与第二齿轮 23 传动连接的第四齿轮 11。

为了避免提升过程中物品坠落，本发明在第三转轴 17 和机壳 3 之间设有防坠机构。防坠机构包括可转动设置在第三转轴 17 上的棘轮 15、固定设置在机壳 3 内壁上并与棘轮 15 配合的棘爪 22、固定在第三齿轮 21 上朝向棘轮 15 一端的端面上的摩擦片 20、套设在第三转轴 17 上位于棘轮 15 和机壳 3 内壁之间并用于将棘轮 15 朝向摩擦片 20 方向推挤的弹簧 19 以及连接在机壳 3 上并用于驱动棘轮 15 朝向相背于第三齿轮 21 方向滑动的第一油缸 18，第一油缸 18 的缸套固定连接在机壳 3 壳体的外部，第一缸套的伸缩端连接有拨叉 16，拨叉 16 远离第一油缸 18 的一端通过开设在机壳 3 上的开孔设置在机壳 3 内腔中并与棘轮 15 连接。本发明中棘轮 15 相背于第三齿轮 21 的一侧设有环形卡槽，拨叉 16 的数量为多个，并沿棘轮 15 的圆周方向分布，多个拨叉 16 位于机壳 3 内腔中的一端设置为用于与卡槽配合的钩状。

以第一电机 12 正转提升物品为例，在物品起升过程中，第一油缸 18 不对拨叉 16 施加作用力，使得棘轮 15 在弹簧 19 的作用下紧压在摩擦片 20 上，通过摩擦片 20 和棘轮 15 之间的摩擦作用使得棘轮 15 随第三齿轮 21 同步转动，棘轮 15 和棘爪 22 的设置使得物品上升过程中棘爪 22 不阻碍棘轮 15 的转动。在物品起升过程中或起升至一定高度后，如遇突发意外，物品具有急速坠落的趋势时，可通过棘爪 22 阻止棘轮 15 转动，从而防止物品坠落。在需要控制物品下降时，可通过第一油缸 18 伸缩端伸出其缸套，通过拨叉 16 拉动棘轮 15 克服弹簧 19 的弹力，使棘轮 15 与摩擦片 20 分离，此时棘轮 15 可相对于第三转轴 17 自由转动，通过第一电机 12 反转即可控制物品下降。在具体实施过程中，本发明第一电机 12 的正转开关单独设置，反转开关与第一油缸 18 联动，以减少操作步骤。

回转装置 2 包括固定在载车 1 车架上的第二电机 204、连接在第二电机 204 输出轴上的第五齿轮 203 以及固定连接在转台 4 上并与第五齿轮 203 啮合连接的第六齿轮 201，第五齿轮 203 和第六齿轮 201 均水平设置，第二电机 204 输出轴沿竖直方向设置。转台 4 和载车 1 车架之间通过推力轴承 202 转动连接。通过第二电机 204 输出轴的转动以驱动回转装置 2 沿水平方向做回转运动。

审查员在第一次审查意见通知书中指出：针对原始申请文件进行审查，且本通知书是在进行了检索的情况下做出的，并引入了对比文件 1～3，特别是在审查的结论性意见“关于权利要求书”一栏中指出：该申请的权利要求 1～5 不具备创造性，同时说明书中也没有记载其他任何可以授予专利权的实质性内容。

第一次审查意见通知书

申请号：2018101483233

该申请涉及一种车载提升机，经审查，现提出如下审查意见。

1. 权利要求 1 所要求保护的技术方案不具备专利法第二十二条第三款规定的创造性。

权利要求 1 中记载：盘卷起升装置，盘卷起升机构，二者应为统一技术术语，以盘卷起升机构为例，评述如下：权利要求 1 要求保护一种车载提升机，对比文件 1（“SQ6.3 吨伸缩式随车起重机毕业设计”，第 1～55 页，《百度文库》，2013 年 3 月 16 日）是最接近的现有技术，其公开了 SQ6.3 吨伸缩式随车起重机毕业设计，实质上公开了一种车载提升机，并具体公开了以下技术特征（参见第 1～55 页）：包括载车、转动设置在载车车架上的转台以及铰接在转台上的起重臂，沿起重臂长度方向设有钢丝绳（相当于吊绳），钢丝绳的一端设有吊钩，另一端固定连接在设置于转台上的起升机构（相当于盘卷起升机构），在转台和载车车架之间设有用于驱动转台水平转动的回转机构（相当于回转装置），起升机构包括固定在转台上的机壳以及转动设置在机壳内腔中并相互平行的第Ⅰ轴（相当于第一转轴）、第Ⅲ轴（相当于第三转轴）和第Ⅱ轴（相当于第二转轴），第Ⅰ轴上固定设有第一齿轮和高速油马达（相当于第一电机），第Ⅲ轴上固定设有第二齿轮以及用于盘绕钢丝绳的卷筒（相当于滚筒），第Ⅱ轴上固定设有用于与第一齿轮传动连接的第二齿轮以及用于与第二齿轮传动连接的第四齿轮，在第Ⅱ轴和机壳之间设有防坠机构，防坠机构包括可转动设置在第Ⅱ轴上的棘轮 3、朝向棘轮 3 一端的端面上的摩擦片。

权利要求 1 所要求保护的技术方案与对比文件 1 所公开的技术内容相比，区别技术特征是：防坠机构还包括固定设置在机壳内壁上并与棘轮配合的棘爪、固定在第二齿轮上朝向棘轮一端的端面上的摩擦片、套设在第二转轴上位于棘轮和机壳内壁之间并用于将棘轮朝向摩擦片方向推挤的弹簧以及连接在机壳上并用于驱动棘轮朝向相背于第二齿轮方向滑动的第一油缸，第一油缸的缸套固定连接在机壳壳体的外部，第一缸套的伸缩端连接有拨叉，拨叉远离第一油缸的一端通过开设在机壳上的开孔设置在机壳内腔中并与棘轮连接。基于上述区别技术特征，该发明实际需要解决的技术问题是：如何实现防坠制动和物品提升。

对于此区别技术特征，对比文件 2（CN 204454372 U，公告日 2015 年 7 月 8 日）公开了卷扬式提升机，并具体公开了以下技术特征：防坠机构包括固定设置机架 3 上并与棘轮 6 配合的棘爪 5，套设在主轴 1 上并用于将棘轮朝向摩擦片方向推挤的第一扭簧 10（相当于弹簧），这些技术特征在对比文件 2 中的作用与该申请的相同，都是用于防坠中制动，即对比文件 2 给出了将上述特征应用到对比文件 1 中以进一步解决其技术问题的结合技术启示。同时，对比文件 3（CN 205773041 U，公告日 2016 年 6 月 15 日）公开了一种盘形制动器，并具体公开了以下技术特征：连接在油缸 5 上并用于驱动闸瓦 3 朝向相背于蝶形弹簧 16 滑动的活塞 7（相当于第一油缸），活塞 7 的缸套固定连接油缸 5 的内部，活塞 7 的伸缩端连接有拉紧螺栓 13，拉紧螺栓 13 远离活塞 7 的一端通过开设在油缸 5 上开孔并与闸瓦 3 连接，该释放制动控制方式与该申请的相同，都是用于实现自由提升物品，即对比文件 3 给出了将上主控制方式应用到对比文件 1 中以进一步解决其技术问题的结合技术启示。当在对比文件 2、3 的启示下，对比文件 2 第一扭簧会压紧对比文件 1 中棘轮用于提升机的防坠制动，对比文件 3 中活塞会反向推动被第一扭簧压紧的棘轮以实现对比文件 1 中卷筒能够自由提升物品，且对比文件 3

中活塞通常会连接设置在机壳外部，拉紧螺栓通常会穿过对比文件 1 中机壳以连接对比文件 1 中棘轮，并应用现有机械连接技术领域中的常规拉杆，其他未公开的技术特征是本领域技术人员在对比文件1～3和现有机械连接技术领域的基础上做出的常规设置。

由此可知,在对比文件 1～3 的基础上结合本技术领域的公知常识以获得该权利要求所要求保护的技术方案，对本技术领域的技术人员来说是显而易见的，因此主权利要求所保护的技术方案不具备突出的实质性特点和显著的进步，不具备专利法第二十二条第三款规定的创造性。

2. 权利要求2所要求保护的技术方案不具备专利法第二十二条第三款规定的创造性。权利要求 2 是权利要求 1 的从属权利要求，附加技术特征是：所述回转装置包括固定在载车车架上的第二电机、连接在第二电机输出轴上的第五齿轮以及固定连接在转台上并与第五齿轮啮合连接的第六齿轮。对于此附加技术特征，对比文件 1 还公开了以下技术特征(参见第 1～55 页)：回转机构包括固定载车车架上的液压马达、连接在液压马达输出轴上的第五齿轮以及固定连接在转台上并与第五齿轮啮合连接的第六齿轮。在此基础上，应用常规电机替换液压马达，其他未公开的技术特征是本领域技术人员在对比文件 1 的基础上做出的常规设置。因此，在引用权利要求不具备创造性的情况下，该权利要求所要求保护的技术方案也不具备专利法第二十二条第三款规定的创造性。

3. 权利要求3所要求保护的技术方案不具备专利法第二十二条第三款规定的创造性。权利要求 3 是权利要求 2 的从属权利要求，附加技术特征是：所述转台和载车车架之间通过推力轴承转动连接。对于此附加技术特征，对比文件 1 还公开了以下技术特征(参见第 1～55 页)：转台和载车车架之间通过推力轴承转动连接。因此，在引用权利要求不具备创造性的情况下，权利要求所要求保护的技术方案也不具备专利法第二十二条第三款规定的创造性。

4. 权利要求4所要求保护的技术方案不具备专利法第二十二条第三款规定的创造性。权利要求 4 是权利要求 1 的从属权利要求，附加技术特征是：所述棘轮相背于第二齿轮设有环形卡槽，所述拨叉位于机壳内腔中的一端，设置为用于与卡槽配合的钩状。对于此附加技术特征，在对比文件 3 给出拉紧螺栓连接闸瓦的启示下，相应对比文件 3 中拉紧螺栓穿过对比文件 1 中的机壳以连接对比文件 1 中的棘轮，并应用现有机械连接技术领域中的常规拉杆，其他未公开的技术特征是本领域技术人员在对比文件 1～3 和现有机械连接技术领域的基础上做出的常规设置。因此，在引用权利要求不具备创造性的情况下，权利要求所要求保护的技术方案也不具备专利法第二十二条第三款规定的创造性。

5. 权利要求5所要求保护的技术方案不具备专利法第二十二条第三款规定的创造性。权利要求 5 是权利要求 1 的从属权利要求，附加技术特征是：在所述转台上设有第二油缸，第二油缸的缸套与转台铰接连接，第二油缸的伸缩端与所述起重臂铰接连接。对于此附加技术特征，对比文件 1 还公开了以下技术特征（参见第 1～55 页）：在转台上设有变幅油缸（相当于第二油缸），变幅油缸的缸套与转台铰接连接，变幅油缸的伸缩端与起重臂铰接连接。因此，在引用权利要求不具备创造性的情况下，该权利要求所要求保护的技术方案也不具备专利法第二十二条第三款规定的创造性。

基于上述理由，该申请的独立权利要求以及从属权利要求都不具备创造性，同时说明书中也没有记载其他任何可以授予专利权的实质性内容，因而即使申请人对权利要求进行重新组合和/或根据说明书记载的内容做进一步的限定，该申请也不具备被授予专利权的前景。如果申请人不能在本通知书规定的答复期限内提出表明该申请具有创造性的充分理由，该申请将被驳回。

对比文件 1

毕业设计： SQ6.3 吨伸缩式随车起重机毕业设计

重点概述：

随车起重机是指安装在汽车底盘上，在一定范围内垂直提升和水平搬运重物的多动作起重机械，又称随车吊，属于物料搬运机械。

随车起重机是安装在普通载货汽车上的一种起重设备，主要由稳定支腿、回转基座、吊臂总成、吊钩等组成。随车起重机和载货汽车操纵系统是完全分开的，所以随车起重机既能够实现起重作业，又不影响汽车底盘的载货运输。随车起重机的应用非常广泛，因其机动灵活等特点，在许多工况下都可代替中小型汽车起重机进行起重作业，深受广大用户的欢迎。

随车起重装置是安放在载货汽车上的一种附加起重设备。它属于臂架型起重装置，其运行支展装置采用汽轮胎，可以在无轨路面上行驶，与其他起重装置比较，随车起重装置把超重和运输功能结合起来，不仅节省劳动力，而且节约能源、减少费用，也由于设计和制造随车起重装置技术的进步，使其生产有了较大的发展。它主要服务于港口、机场、建筑工程、桥梁、隧道工程和国防工程等，是国民经济建设中必不可少的一种高效、快捷、方便的装卸机械。

随车起重装置在搬运物料时，经历上料、运送、卸料和回到原处的一系列过程，有时运转，有时停转，是一种间歇动作的机械。它通常由四部分构成：工作机构、金属机构、动力装置与控制系统。

工作机构是指机械传动部分，常见的有起升机构、运行机构、回转机构和变幅机构。它们是为了实现起重装置不同运动要求而设置的，依靠这四个机构的复合运动，可以使起重装置在所需的任意指定位置进行上料和卸料。

对比文件 2

申请公布号： CN 204454372 U

申请公布日：2015. 07. 08

发明名称：卷扬式提升机

摘要：本实用新型针对现有技术中版辊提升设备不适应生产需要的缺点，公开了一种卷扬式提升机，包括机架3，安装在机架3上可旋转的主轴1，固定安装在主轴1上的卷筒2，主轴1的轴身12设有螺纹，主轴1依次穿过套筒15、左摩擦片14、棘轮6、右摩擦片7和螺母8，螺母8通过螺纹连接在轴身12上，主轴1的轴头11穿过第一扭簧10，第一扭簧10两端分别伸入螺母8和端盖9内，端盖9固定在轴头11上。本实用新型由于采用了以上技术方案，降低版辊装卸强度，提高安全性，防止碰坏版辊，大大提高了工作效率。

权利要求书

1. 卷扬式提升机，包括机架3，安装在机架3上可旋转的主轴1，固定在主轴1上的卷筒2，其特征在于：主轴1的轴身12设有螺纹，主轴1上设有棘轮6，机架3上设有棘爪5，棘轮6两侧分别设有左摩擦片14和右摩擦片7，左摩擦片14左侧设有套筒15，右摩擦片7右侧设有螺母8，主轴1依次穿过套筒15、左摩擦片14、棘轮6、右摩擦片7和螺母8，螺母8通过螺纹连接在轴身12上，主轴1的头部设有第一扭簧10和端盖9，主轴1的轴头11穿过第一扭簧10，第一扭簧10两端分别伸入螺母8和端盖9内，端盖9固定在轴头11上。

2. 根据权利要求1所述卷扬式提升机，其特征在于：还包括轴套13，棘轮6和轴套13过盈配合。

3. 根据权利要求1所述卷扬式提升机，其特征在于：还包括摇杆19，摇杆19与螺母8固定连接或者摇杆19与螺母8为一体。

4. 根据权利要求1所述卷扬式提升机，其特征在于：所述棘爪5通过销轴铰接在机架3上，销轴外设有第二扭簧4，第二扭簧4两端分别伸入机架3和棘爪5内。

5. 根据权利要求1所述卷扬式提升机，其特征在于：还包括托架18，托架18上设有圆弧状的托盘21，托架18上设有滑轮17，卷筒2上缠绕有钢丝16，钢丝16跨过滑轮17后一端固定在机架3上。

6. 根据权利要求1所述卷扬式提升机，其特征在于：机架3底部设有滚轮20。

对比文件3

申请公布号：CN 205773041 U

申请公布日：2016. 06. 15

发明名称：一种盘型制动器

摘要：本实用新型是关于一种盘型制动器，其包括制动器体、筒体、油缸、活塞、圆盘和闸瓦；油缸置于制动器体内，活塞小端与圆盘相连，油缸内腔体一端有环形油槽、密封围及油道，并与进油口接头相通；筒体与圆盘之间通过拉紧螺栓预紧为一体，其外侧有闸瓦，制动器体与外部基础支座相连；挡圈设置在筒体的内腔体，油缸的外凸台与碟形弹簧相接。本实用新型具有以下优点：结构简单合理，避免了油缸在运动中的卡阻，启动阻力低，液压油泄漏量小。

权利要求书

1. 一种盘型制动器，包括制动器体、筒体、油缸、活塞、圆盘和闸瓦，其中油缸置于制动器体内，活塞的小端与圆盘相连，油缸内有油槽和油道，且油道与进油口接头相通；筒体与圆盘之间通过设置在油缸外侧的 3 个及以上拉紧螺栓和支撑套筒预紧为一体，筒体的前端有闸瓦，制动器体与外部基础支座相连；筒体内腔体有碟形弹簧和内挡圈，油缸的外凸台与碟形弹簧相接。其特征在于：所述油槽为环形，设置在油缸的内壁的一端，并与油道相通。

2. 根据权利要求 1 所述一种盘型制动器，其特征在于：其中所述活塞的大端径向开有油孔，且该油孔与油槽连通。

3. 根据权利要求 1 所述一种盘型制动器，其特征在于：其中所述油缸内腔设有与油缸盖相连的高压密封圈。

该申请实际所要解决的技术问题是：如何避免在起升过程中或起升至一定高度后吊绳打滑，防止物品坠落。对比文件 1 中本领域技术人员无法从中得知摩擦片与棘轮的设置关系，以及摩擦片是如何实现与二级齿轮轴的松开或压紧的。该申请与对比文件 1 相比具有明显的区别技术特征，并达到其不具备的技术效果。而该区别技术特征在对比文件 2 和对比文件 3 中均未完整体现：对比文件 2 仅公开了通过转动力驱动摩擦片转动平移的技术特征，对比文件 3 仅公开了油缸和弹簧驱动闸瓦平移的技术特征，但是对比文件 3 所要解决的技术问题并不是避免在起升过程中或起升至一定高度后吊绳打滑，物品坠落。故在解决技术问题不同的情况下，本领域技术人员无动机将分别公开于两个对比文件中的技术特征应用于对比文件 1 中，从而无法得到该申请权利要求的技术方案。

第一次审查意见答复书

国家知识产权局：

本意见陈述书是对国家知识产权局就本发明专利申请发出的第一次审查意见通知书的答复。

首先，感谢审查员对本申请的认真审查和所付出的辛勤劳动。对于审查员的意见，申请人陈述意见如下。

一、修改说明

将原权利要求书中的盘卷起升装置统一修改为盘卷起升机构。

二、权利要求 1 具备专利法第二十二条第三款规定的创造性权利要求 1 请求保护一种车载提升机，审查意见中将对比文件 1 作为本发明最接近的现有技术，对比文件 1 公开了一种伸缩式随车起重机，本申请的技术方案与对比文件 1 相比，至少具有以下区别技术特征：本申请中具有防坠机构，防坠机构包括可转动设置在第三转轴 17 上的棘轮 15、固定设置在机壳 3 内壁上并与棘轮 15 配合的棘爪 22、固定在第三齿轮 21 上朝向棘轮 15 一端的端面上的摩擦片 20、套设在第三转轴 17 上位于棘轮 15 和机壳 3 内壁之间并用于将棘轮 15 朝向摩擦片 20 方向推挤的弹簧 19 以及连接在机壳 3 上并用于驱动棘轮 15 朝向相背于第三齿轮 21 方向滑动的第一油缸 18。对比文件 1 并未公开审查意见中所述“在第Ⅱ轴和机壳之间设有防坠机构，防坠机构包括可转动设置在第Ⅱ轴上的棘轮 3、朝向棘轮 3 一端的端面上的摩擦片”。

基于以上区别技术特征，本申请实际所要解决的技术问题是：如何避免在起升过程中或起升至一定高度后吊绳打滑，物品坠落。对比文件 1 中有如下描述：“升起时，马达逆时针转动，摩擦片被松开，卷筒顺时针旋转放下货物；制动时，马达停止旋转，卷筒依靠自重顺时针旋转，使二级齿轮轴顺时针旋转，摩擦片被压紧，棘爪顶住棘轮，卷筒停止转动，物品悬吊不动”。本领域技术人员无法从中得知摩擦片与棘轮的位置关系，以及摩擦片是如何实现与二级齿轮轴的松开或压紧的。

由此，审查意见中引入了对比文件 2，但是申请人认为，一方面，本申请中的防坠机构与对比文件 2 的技术方案具有较大的差别：本申请中的摩擦片直接由弹簧的弹力作用顶触在第三齿轮上，进而使摩擦片、第三齿轮以及第三转轴形成整体，通过棘爪对棘轮的限制转动作用来限制第三转轴的转动，达到防坠效果。而对比文件 2 中的摩擦片通过螺母 8 在轴身 12 上的转动力朝向摩擦片 7 的方向的轴向运动，螺母 8 压紧右摩擦片 7、棘轮 6、左摩擦片 14 和套筒 15。另一方面，由于存在以上区别，本申请中的弹簧能够直接将摩擦片沿轴向紧压在第三齿轮上，使第三齿轮和棘轮结合以达到防坠的效果。而对比文件 2 中的摩擦片由于是在旋转的过程中压向棘轮，棘爪又具有限制棘轮转动的作用，故摩擦片与棘轮之间的结合产生的摩擦力较小，仅可用于重量较轻的版辊的防坠，不能用于本申请中重量较大的货物提升中的防坠。

对比文件 3 中公开了一种盘形制动器，虽然其公开了通过弹簧和油缸的结合来控制轴瓦和制动片之间的离合连接。但是，首先，对比文件 3 中并未公开本申请防坠机构中的棘轮和棘爪机构，申请人对本领域技术人员是否有动机将其引入对比文件 1 中与棘轮配合具有疑问。其次，对比文件 3 的技术方案本身和弹簧与油缸配合控制轴瓦的移动显得过于复杂，具体为“当带有一定压力的液压油通过进油口接头 17 处沿着油道 10 进入油缸 5 的环形油槽 11 中，从径向进入活塞 7 的大端腔体内，推动活塞 7、圆盘 12、拉紧螺栓 13，带动筒体 2 向右移动，此时油缸 5 因被调整螺母 4 锁紧在制动器体 1 上不能移动，将使碟形弹簧组 16 处于预压缩状态，继续提高油压至最大设计油压值，碟形弹簧组 16 即处于最大的预压缩状态。此时旋转调整螺母 4，使油缸 5 和筒体 2 带着闸瓦 3，整体向左移动，向制动盘靠近。当闸瓦 3 与制动盘之间的间隙达到预定值（一般小于等于 1mm）时停止旋转并锁紧。此时随着外部油压的降低，在碟形弹簧组 16 释放的内力推动下，筒体 2、闸瓦 3 继续向制动盘靠近直至完全接触；继续降低液压油压力至零，碟形弹簧组 16 便释放剩余的预压缩力至制动盘上，制动器便处于制动状态，此时的力即盘形制动器产生的最大制动力。当再次向油缸 5 中通入带预定工作压力的液压油时，活塞 7 便推动圆盘 12、筒体 2 和闸瓦 3 向右移动，离开制动盘一定距离，并使碟形弹簧组 16 再次处于预压紧状态，此即松闸状态。盘型制动器反复在制动状态和松闸状态下工作”。

而本申请中在不需要防坠时，只需通过油缸活塞向右平移，带动摩擦片和棘轮右移脱离第三齿轮即可；在需要防坠时，只需要油缸卸油，摩擦片和棘轮在弹簧作用下自动紧压在第三齿轮上即可，通过对比文件 3 中的调整螺母根据液压油压力反复调整，使用简单方便，达到了对比文件 3 所不具备的技术效果。

综上所述，申请人认为本申请与对比文件 1 相比具有明显的区别技术特征，并达到其不具备的技术效果。而该区别技术特征在对比文件 2 和对比文件 3 中均未完整体现：对比文件 2 仅公开了通过转动力驱动摩擦片转动平移的技术特征，对比文件 3 仅公开了油缸和弹簧驱动闸瓦平移的技术特征，但是由于对比文件 3 所要解决的技术问题并不是如何避免在起升过程中或起升至一定高度后吊绳打滑，物品坠落。故在解决技术问题不同的情况下，本领域技术人员无动机将分别公开于两个对比文件中的技术特征应用于对比文件 1 中，从而无法得到本申请权利要求 1 的技术方案。本申请具备专利法第二十二条第三款规定的创造性。

另外，申请人不认同审查意见中将本申请的多个机构各自拆分，再通过分别检索到的对比文件结合来证明本申请技术方案不具备创造性的做法。在绝大多数机械类授权的发明专利中，其包含的齿轮、螺栓、转轴等部件的结构与现有技术相比并无太大的区别，其所发挥的功能也均是与现有技术类似的，申请人认为如果据此判断其整体的技术方案无创造性是不合适的，如果据此判断本申请无创造性则显得本末倒置，不具备说服力。

三、权利要求 2～5 具备创造性

由于权利要求 2～5 为权利要求 1 的从属权利要求，故在权利要求 1 具备创造性的基础上，权利要求 2～5 同样具备创造性。

申请人认为，通过本意见陈述使申请文件克服了审查意见中所指出的所有缺陷，希望审查员以此为基础，尽早批准本申请为发明专利。如果审查员认为本申请仍有不符合专利法规定之处，恳请再给予一次修改/陈述意见的机会。

在评判是否具有创造性时，首先从宏观上把握该申请的技术领域和技术问题，并分析对比文件的技术领域和技术问题是否与之相同。实际上，将该申请的多个机构各自拆分，再通过分别检索到的对比文件结合来证明该申请技术方案不具备创造性的做法有时候并不适用。因为在绝大多数机械类授权的发明专利中，其包含的齿轮、螺栓、转轴等部件的结构与现有技术相比并无太大的区别，其所发挥的功能也均是与现有技术类似的，申请人认为如果据此判断其整体的技术方案无创造性是不合适的，如果据此判断该申请无创造性则不具备说服力。该申请的具体技术问题与 3 篇对比文件均不同，因此可以依据技术方案解决技术问题达到技术效果这个逻辑关系展开，进而分析技术特征及其效果的区别。由此，审查员接受了申请人的意见陈述中的观点，该发明在一审回复后得到了授权。

4.4 案例 8：一种钻孔机

案例 8 是关于一种钻孔机的机械类发明专利申请过程。该专利申请时提交的权利要求书和说明书原文如下所示。

发明名称：一种钻孔机

权 利 要 求 书

1. 一种钻孔机，包括工作台 4、移动装置、钻孔装置及夹持装置，移动装置和夹持装置均设置在工作台 4 的上方，钻孔装置设置在移动装置的上方，其特征在于：移动装置包括伺服电机 5、丝杠 6 及移动板Ⅰ9，工作台 4 的上端面设置有两条相互平行的滑轨Ⅰ7，每一个滑轨Ⅰ7 上均设置有可在滑轨Ⅰ7 上滑动的滑块Ⅰ8，每一个滑块Ⅰ8 均固定设置在移动板Ⅰ9 的下端面，丝杠 6 安装在两条滑轨Ⅰ7 之间，丝杠 6 的一端与伺服电机 5 的输出端相连，该丝杠 6 的丝杠螺母通过连接块 601 与移动板Ⅰ9 连接，丝杠 6 的另一端安装在安装架Ⅰ上，安装架Ⅰ设置在工作台 4 的上端面。

钻孔装置设置在移动板Ⅰ9 的上端面，钻孔装置包括主轴电机 10、V 带 11、钻孔轴 12 及钻头 1202，主轴电机 10 和钻孔轴 12 在竖直方向从上而下依次设置，钻孔轴 12 安装在移动板Ⅰ9 的上端面，主轴电机 10 的输出轴上套设有传动轮Ⅰ1001，钻孔轴 12 一端的外周壁上套设有传动轮Ⅱ1201，传动轮Ⅰ1001 通过 V 带 11 带动传动轮Ⅱ1201 同步转动，钻头 1202 安装在钻孔轴 12 远离传动轮Ⅱ1201 的一端。

夹持装置包括送料机构、待抓取机构和夹持机构，送料机构包括支架 102、底座 101、振动盘 1 及输料槽 103，支架 102、底座 101 及振动盘 1 从下到上依次设置，底座 101 安装在支架 102 的上方，振动盘 1 安装在底座 101 的上方，输料槽 103 倾斜设置在振动盘 1 的上方，输料槽 103 的进料端安装在振动盘 1 的上端面且与振动盘 1 连通。

待抓取机构包括接料槽和推料组件，推料组件包括支撑座 205、支撑台 2、推杆电机Ⅰ203 及推杆Ⅰ204，支撑台 2 安装在支撑座 205 的上方，支撑台 2 的上端面开设有滑槽Ⅰ201 和滑槽Ⅱ202，滑槽Ⅰ201 贯穿支撑台 2 的两端，推杆Ⅰ204 设置在滑槽Ⅰ201 内，推杆Ⅰ204 的一端与推杆电机Ⅰ203 的输出端相连，滑槽Ⅱ202 垂直与滑槽Ⅰ201 设置，滑槽Ⅱ202 的一端与滑槽Ⅰ201 相连通，滑槽Ⅱ202 的另一端延伸至支撑台 2 的侧面且与接料槽的出料端相对设置，接料槽倾斜安装在支撑架 206 上，支撑架 206 设置在支架 102 上，接料槽的进料端与输料槽 103 的出料端相对设置。

夹持机构包括安装架Ⅱ3、抓取组件和夹紧卡盘 304，送料机构、待抓取机构和抓取组件在水平方向依次设置，抓取组件和夹紧卡盘 304 均安装在安装架Ⅱ3 上，夹紧卡盘 304 与钻头 1202 相对设置，抓取组件包括安装板 301、气缸 302、活塞杆 3021 及移动组件，安装板 301 安装在安装架Ⅱ3 的顶端，安装板 301 的两侧设置有限位板Ⅰ3012 和限位板Ⅱ3011，限位板Ⅰ3012 和限位板Ⅱ3011 在同一方向均垂直于安装板 301 设置，限位板Ⅰ3012 和限位板Ⅱ3011 在远离待抓取机构的一端依次设置，安装板 301 的内侧面上设置有滑轨Ⅱ3013，滑轨Ⅱ3013 垂直于限位板Ⅰ3012 和限位板Ⅱ3011 设置且滑轨Ⅱ3013 的两端分别与限位板Ⅰ3012 和限位板Ⅱ3011 相连，滑轨Ⅱ3013 上设置有可在滑轨Ⅱ3013 上滑动的滑块Ⅱ3014，气缸 302 设置在限位板Ⅰ3012 的外侧，气缸 302 的输出端与活塞杆 3021 的一端相连，活塞杆 3021 的另一端穿过限位板Ⅰ3012 后与滑块Ⅱ3014 相连。

移动组件包括移动板Ⅱ3022、推杆电机Ⅱ3023 及推杆Ⅱ3024，移动板Ⅱ3022 设置在滑块Ⅱ3014 的外侧且与滑块Ⅱ3014 相连，移动板Ⅱ3022 上开设有安装孔 303，安装孔 303 与夹紧卡盘 304 的夹持端相对设置，推杆电机Ⅱ3023 设置在安装孔 303 的一端，推杆电机Ⅱ3023 的输出端与推杆Ⅱ3024 的一端相连，推杆Ⅱ3024 的另一端穿设在安装孔 303 内与夹紧卡盘 304 的夹持端相对设置。

2. 根据权利要求 1 的一种钻孔机，其特征在于：滑轨Ⅰ7 上设置有限位开关Ⅰ13、限位开关Ⅱ14、限位开关Ⅲ15。

3. 根据权利要求 1 的一种钻孔机，其特征在于：连接块 601 套设在该丝杠螺母的外周壁上且连接块 601 的顶端固定设置在移动板的下端面。

4. 根据权利要求 1 的一种钻孔机，其特征在于：伺服电机 5 设置在滑轨Ⅰ7 的一端且伺服电机 5 设置在工作台 4 的上端面。

5. 根据权利要求 1 的一种钻孔机，其特征在于：工作台 4 上设置有下料口，下料口设置在夹紧卡盘 304 夹持端的正下方。

6. 根据权利要求5的一种钻孔机,其特征在于:下料口的下方安装有接料管401。

7. 根据权利要求 1 的一种钻孔机，其特征在于：推杆电机Ⅰ203 固定设置在支撑台 2 的侧面。

8. 根据权利要求 1 的一种钻孔机，其特征在于：夹紧卡盘 304 为液压气动三爪卡盘。

9. 根据权利要求 1 的一种钻孔机，其特征在于：夹紧卡盘 304 设置在安装板 301 的下方。

10. 根据权利要求 1 的一种钻孔机，其特征在于：安装架Ⅱ3 上设置有切削液管道 305，切削液管道 305 的出料口与夹紧卡盘 304 的夹持端相对设置。

说　明　书

技术领域

本发明涉及零部件钻孔加工技术领域，具体涉及一种钻孔机。

背景技术

在机械零部件加工领域中，钻孔是常用到的工序，但是传统的打孔夹持装置，由于设计不完善，造成在使用中出现各种问题，导致机械零件在加工中不能继续使用，目前，机械零部件钻孔过程往往需要人工将待加工的零件放在夹持装置内，再通过人工劳动力将零件调整固定在夹持装置内，造成安装调试困难，这一阶段需要耗费大量的时间和人工劳动，且由于人为因素，可能造成零件固定的位置不一致。另外，在需要对机械零件制造安装孔时大多采用手工钻孔的方式，采用这种手工钻孔的方式容易出现以下问题：①手工钻孔速度慢、效率低，不能大规模生产；②加工精度低，受人为因素影响较大，容易造成较高的废品率；③工人劳动强度大。

发明内容

本发明为解决上述技术问题采用的技术方案是：一种钻孔机，包括工作台、移动装置、钻孔装置及夹持装置，移动装置和夹持装置均设置在工作台的上方，钻孔装置设置在移动装置的上方，移动装置包括伺服电机、丝杠及移动板Ⅰ，工作台的上端面设置有两条相互平行的滑轨Ⅰ，每一个滑轨Ⅰ上均设置有可在滑轨Ⅰ上滑动的滑块Ⅰ，每一个滑块Ⅰ均固定设置在移动板Ⅰ的下端面，丝杠安装在两条滑轨Ⅰ之间，丝杠的一端与伺服电机的输出端相连，该丝杠的丝杠螺母通过连接块与移动板Ⅰ连接，丝杠的另一端安装在安装架Ⅰ上，安装架Ⅰ设置在工作台的上端面。

钻孔装置设置在移动板Ⅰ的上端面，钻孔装置包括主轴电机、V 带、钻孔轴及钻头，主轴电机和钻孔轴在竖直方向从上而下依次设置，钻孔轴安装在移动板Ⅰ的上端面，主轴电机的输出轴上套设有传动轮Ⅰ，钻孔轴一端的外周壁上套设有传动轮Ⅱ，传动轮Ⅰ通过V带带动传动轮Ⅱ同步转动，钻头安装在钻孔轴远离传动轮Ⅱ的一端。

夹持装置包括送料机构、待抓取机构和夹持机构，送料机构包括支架、底座、振动盘及输料槽，支架、底座及振动盘从下到上依次设置，底座安装在支架的上方，振动盘安装在底座的上方，输料槽倾斜设置在振动盘的上方，输料槽的进料端安装在振动盘的上端面且与振动盘相连。

待抓取机构包括接料槽和推料组件，推料组件包括支撑座、支撑台、推杆电机Ⅰ及推杆Ⅰ，支撑台安装在支撑座的上方，支撑台的上端面开设有滑槽Ⅰ和滑槽Ⅱ，滑槽Ⅰ贯穿支撑台的两端，推杆Ⅰ设置在滑槽Ⅰ内，推杆Ⅰ的一端与推杆电机Ⅰ的输出端相连，滑槽Ⅱ垂直与滑槽Ⅰ设置，滑槽Ⅱ的一端与滑槽Ⅰ相连通，滑槽Ⅱ的另一端延伸至支撑台的侧面且与接料槽的出料端相对设置，接料槽倾斜安装在支撑架上，支撑架设置在支架上，接料槽的进料端与输料槽的出料端相对设置。

夹持机构包括安装架Ⅱ、抓取组件和夹紧卡盘，送料机构、待抓取机构和抓取组件在水平方向依次设置，抓取组件和夹紧卡盘均安装在安装架Ⅱ上，夹紧卡盘与钻头相对设置，抓取组件包括安装板、气缸、活塞杆及移动组件，安装板安装在安装架Ⅱ的顶端，安装板的两侧设置有限位板Ⅰ和限位板Ⅱ，限位板Ⅰ和限位板Ⅱ在同一方向均垂直于安装板设置，限位板Ⅰ和限位板Ⅱ在远离待抓取机构的一端依次设置，安装板的内侧面上设置有滑轨Ⅱ，滑轨Ⅱ垂直于限位板Ⅰ和限位板Ⅱ设置且滑轨Ⅱ的两端分别与限位板Ⅰ和限位板Ⅱ相连，滑轨Ⅱ上设置有可在滑轨Ⅱ上滑动的滑块Ⅱ，气缸设置在限位板Ⅰ的外侧，气缸的输出端与活塞杆的一端相连，活塞杆的另一端穿过限位板Ⅰ后与滑块Ⅱ相连。

移动组件包括移动板Ⅱ、推杆电机Ⅱ及推杆Ⅱ，移动板Ⅱ设置在滑块Ⅱ的外侧且与滑块Ⅱ相连，移动板Ⅱ上开设有安装孔，安装孔与夹紧卡盘的夹持端相对设置，推杆电机Ⅱ设置在安装孔的一端，推杆电机Ⅱ的输出端与推杆Ⅱ的一端相连，推杆Ⅱ的另一端穿设在安装孔内与夹紧卡盘的夹持端相对设置。

进一步地，滑轨Ⅰ上设置有限位开关Ⅰ、限位开关Ⅱ、限位开关Ⅲ。

进一步地，连接块套设在该丝杠螺母的外周壁上且连接块的顶端固定设置在移动板的下端面。

进一步地，伺服电机设置在滑轨Ⅰ的一端且伺服电机设置在工作台的上端面。

进一步地，工作台上设置有下料口，下料口设置在夹紧卡盘夹持端的正下方。

进一步地，下料口的下方安装有接料管。

进一步地，推杆电机Ⅰ固定设置在支撑台的侧面。

进一步地，夹紧卡盘为液压气动三爪卡盘。

进一步地，夹紧卡盘设置在安装板的下方。

进一步地，安装架Ⅱ上设置有切削液管道，切削液管道的出料口与夹紧卡盘的夹持端相对设置。

本发明的有益效果主要表现为：该钻孔机可以将待加工零件进行快速、精确的固定，整个过程节省了人工劳动力，设计合理，操控方便，能提高生产效率和加工精度，保证产品质量，整个过程节省了人工劳动力，提高了钻孔效率，对待加工零件进行自动打孔作业，主轴电机持续自转，由钻头实现打孔；伺服电机控制移动板在水平方向进行往复作业，打孔效率高，孔径一致性好。

附图说明

图 1 是本发明的结构示意图。

图 2 是图 1 从另一个角度的结构示意图。

图 3 是图 1 的主视结构示意图。

图 4 是本发明除去夹持装置的结构示意图。

图 5 是本发明的夹持装置的结构示意图。

图 6 是本发明的夹持机构的结构示意图。

图 7 是本发明的抓取组件的结构示意图。

附图标记：1-振动盘，101-底座，102-支架，103-输料槽，2-支撑台，201-滑槽Ⅰ，202-滑槽Ⅱ，203-推杆电机Ⅰ，204-推杆Ⅰ，205-支撑座，206-支撑架，3-安装架Ⅱ，301-安装板，3011-限位板Ⅱ，3012-限位板Ⅰ，3013-滑轨Ⅱ，3014-滑块Ⅱ，302-气缸，3021-活塞杆，3022-移动板Ⅱ，3023-推杆电机Ⅱ，3024-推杆Ⅱ，303-安装孔，304-夹紧卡盘，305-切削液管道，4-工作台，401-接料管，5-伺服电机，6-丝杠，601-连接块，7-滑轨Ⅰ，8-滑块Ⅰ，9-移动板Ⅰ，10-主轴电机，1001-传动轮Ⅰ，11-V 带，12-钻孔轴，1201-传动轮Ⅱ，1202-钻头，13-限位开关Ⅰ，14-限位开关Ⅱ，15-限位开关Ⅲ。

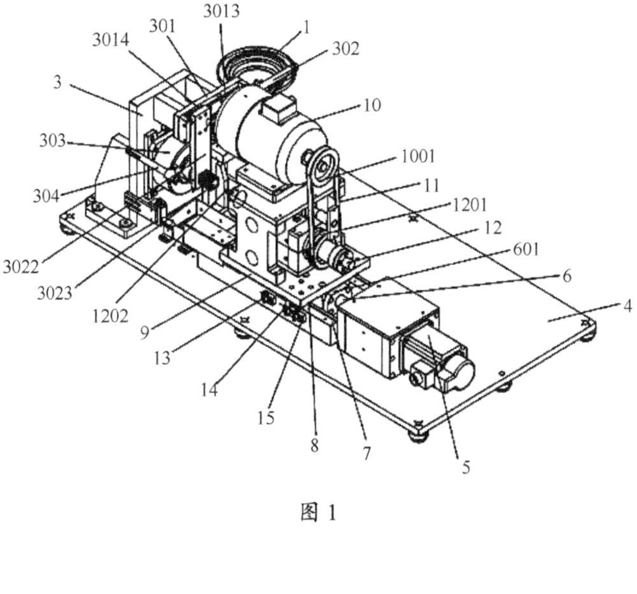

图 1

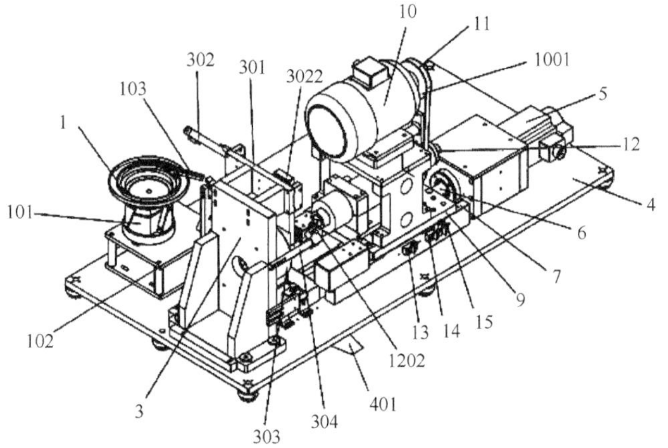
10
11
1001
302
301
3022
5
103
12
1
4
101
6
7
9
15
14
13
102
1202
401
3
304
303

图 2

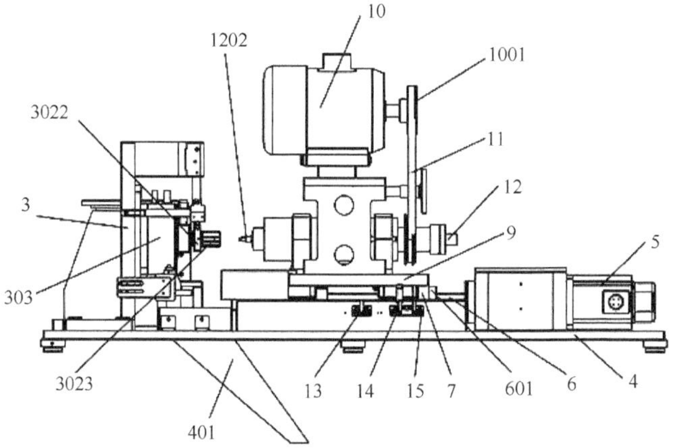
10
1202
1001
3022
11
12
3
9
5
303
3023
13
14
15
7
601
6
4
401

图 3

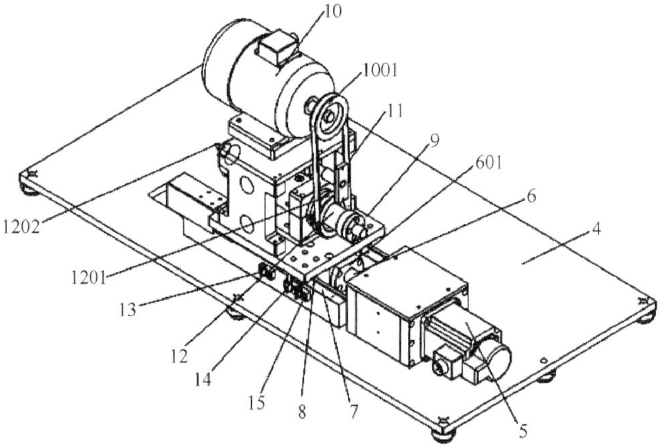
10
1001
11
9
601
6
4
1202
1201
13
12
14
15
8
7
5

图 4

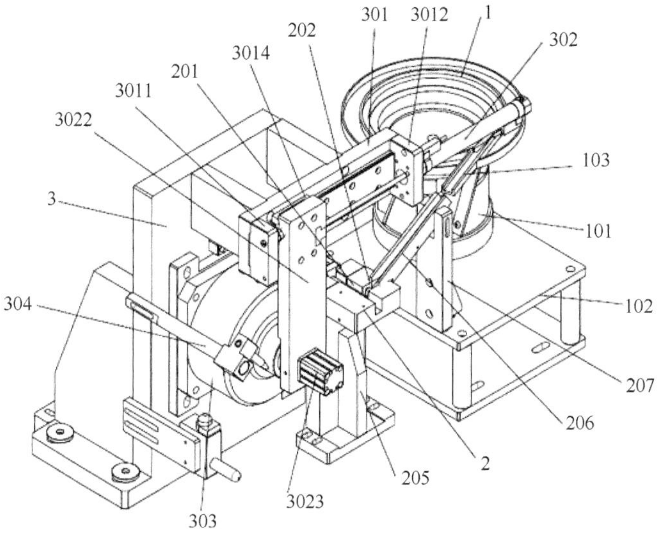

图 5

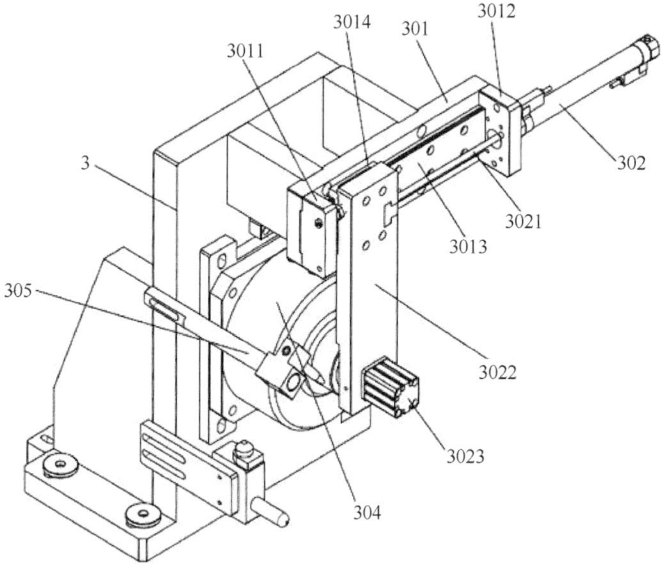

图 6

具体实施方式

结合图 1～图 7 对本发明实施例加以详细说明，本实施例以本发明技术方案为前提，给出了详细的实施方式和具体的操作过程，但本发明的保护范围不限于下述实施例。

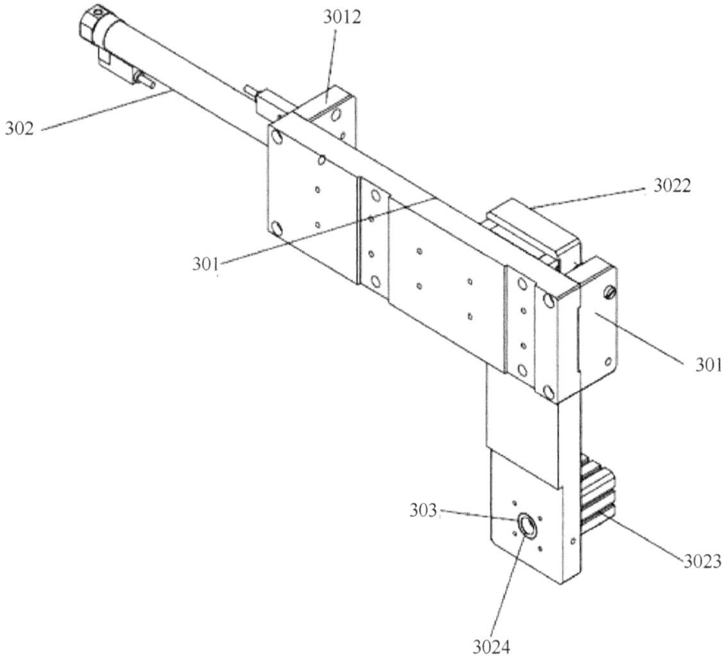

图 7

如图 1～图 7 所示，一种钻孔机，包括工作台 4、移动装置、钻孔装置及夹持装置，移动装置和夹持装置均设置在工作台 4 的上方，钻孔装置设置在移动装置的上方，移动装置包括伺服电机 5、丝杠 6 及移动板Ⅰ9，工作台 4 的上端面设置有两条相互平行的滑轨Ⅰ7，滑轨Ⅰ7 上设置有限位开关Ⅰ13、限位开关Ⅱ14、限位开关Ⅲ15，限位开关Ⅰ13、限位开关Ⅱ14 和限位开关Ⅲ15 均与控制器的输入端相连，控制器的输出端与伺服电机 5 相连，当滑块Ⅰ8 碰到限位开关Ⅰ13、限位开关Ⅱ14 及限位开关Ⅲ15 时，限位开关Ⅰ13、限位开关Ⅱ14 和限位开关Ⅲ15 将位置信息传递给控制器，控制器控制伺服电机 5 向前或向后运动。

每一个滑轨Ⅰ7 上均设置有可在滑轨Ⅰ7 上滑动的滑块Ⅰ8，每一个滑块Ⅰ8 均固定设置在移动板Ⅰ9 的下端面，丝杠 6 安装在两条滑轨Ⅰ7 之间，丝杠 6 的一端与伺服电机 5 的输出端相连，该丝杠 6 的丝杠螺母通过连接块 601 与移动板Ⅰ9 连接，连接块 601 套设在该丝杠螺母的外周壁上且连接块 601 的顶端固定设置在移动板的下端面，丝杠 6 的另一端安装在安装架Ⅰ上，安装架Ⅰ设置在工作台 4 的上端面；伺服电机 5 设置在滑轨Ⅰ7 的一端且伺服电机 5 设置在工作台 4 的上端面。

钻孔装置设置在移动板Ⅰ9 的上端面，钻孔装置包括主轴电机 10、V 带 11、钻孔轴 12 及钻头 1202，主轴电机 10 和钻孔轴 12 在竖直方向从上而下依次设置，钻孔轴 12 安装在移动板Ⅰ9 的上端面，主轴电机 10 的输出轴上套设有传动轮Ⅰ1001，钻孔轴 12 一端的外周壁上套设有传动轮Ⅱ1201，传动轮Ⅰ1001 通过 V 带 11 带动传动轮Ⅱ1201 同步转动，钻头 1202 安装在钻孔轴 12 远离传动轮Ⅱ1201 的一端。

待加工的零件优选为圆柱形零件或具有一定壁厚的圆环形零件，夹持装置包括送料机构、待抓取机构和夹持机构，送料机构包括支架 102、底座 101、振动盘 1 及输料槽 103，支架 102、底座 101 及振动盘 1 从下到上依次设置，底座 101 安装在支架 102 的上方，振动盘 1 安装在底座 101 的上方，底座 101 上设置有振动电机，该振动电机和振动盘 1 相连用于提供振动盘 1 的振动动力，但振动电机未在图中画出，输料槽 103 倾斜设置在振动盘 1 的上方，输料槽 103 的进料端安装在振动盘 1 的上端面且输料槽 103 的进料端与振动盘 1 相连。

待抓取机构包括接料槽和推料组件，推料组件包括支撑座 205、支撑台 2、推杆电机Ⅰ203 及推杆Ⅰ204，支撑台 2 安装在支撑座 205 的上方，支撑台 2 的上端面开设有滑槽Ⅰ201 和滑槽Ⅱ202，滑槽Ⅰ201 贯穿支撑台 2 的两端，推杆Ⅰ204 设置在滑槽Ⅰ201 内，推杆Ⅰ204 的一端与推杆电机Ⅰ203 的输出端相连，推杆电机Ⅰ203 固定设置在支撑台 2 的侧面，滑槽Ⅱ202 垂直于滑槽Ⅰ201 设置，滑槽Ⅱ202 的一端与滑槽Ⅰ201 相连通，滑槽Ⅱ202 的另一端延伸至支撑台 2 的侧面且与接料槽的出料端相对设置，接料槽倾斜安装在支撑架 206 上，支撑架 206 设置在支架 102 上，接料槽的进料端与输料槽 103 的出料端相对设置。

夹持机构包括安装架Ⅱ3、抓取组件和夹紧卡盘 304，送料机构、待抓取机构和抓取组件在水平方向依次设置，工作台 4 上开设有下料口，下料口设置在夹紧卡盘 304 夹持端的正下方，下料口的下方安装有接料管 401，夹紧卡盘 304 为液压气动三爪卡盘，夹紧卡盘 304 设置在安装板 301 的下方，安装架 3 上设置有切削液管道 305，切削液管道 305 的出料口与夹紧卡盘 304 的夹持端相对设置，通过设置切削液管道 305，可以将切削液通过切削液管道 305 流向正在加工的零件上，一方面，切削液可以起冷却的作用，零件在加工过程中会因切削产生较高的温度，通过切削液可以把切削热从钻孔工具和工件处带走，从而有效降低切削温度，减少工件和钻孔工具的热变形，保持钻孔工具的硬度，提高加工精度和钻孔工具耐用度；另一方面，在加工过程中，切削液有良好的清洗作用，除去生成切屑、磨屑以及铁粉、油污和砂粒，防止机床和工件、刀具的玷污，使刀具或砂轮的切削刃口保持锋利，不致影响切削效果。

抓取组件和夹紧卡盘 304 均安装在安装架Ⅱ3 上，夹紧卡盘 304 与钻头 1202 相对设置，抓取组件包括安装板 301、气缸 302、活塞杆 3021 及移动组件，安装板 301 安装在安装架Ⅱ3 的顶端，安装板 301 的两侧设置有限位板Ⅰ3012 和限位板Ⅱ3011，限位板Ⅰ3012 和限位板Ⅱ3011 在同一方向均垂直于安装板 301 设置，限位板Ⅰ3012 和限位板Ⅱ3011 在远离待抓取机构的一端依次设置，安装板 301 的内侧面上设置有滑轨Ⅱ3013，滑轨Ⅱ3013 垂直于限位板Ⅰ3012 和限位板Ⅱ3011 设置且滑轨Ⅱ3013 的两端分别与限位板Ⅰ3012 和限位板Ⅱ3011 相连，滑轨Ⅱ3013 上设置有可在滑轨Ⅱ3013 上滑动的滑块Ⅱ3014，气缸 302 设置在限位板Ⅰ3012 的外侧，气缸 302 的输出端与活塞杆 3021 的一端相连，活塞杆 3021 的另一端穿过限位板Ⅰ3012 后与滑块Ⅱ3014 相连。

移动组件包括移动板Ⅱ3022、推杆电机Ⅱ3023 及推杆Ⅱ3024，移动板Ⅱ3022 设置在滑块Ⅱ3014 的外侧且与滑块Ⅱ3014 相连，移动板Ⅱ3022 上开设有安装孔 303，安装孔 303 与夹紧卡盘 304 的夹持端相对设置，推杆电机Ⅱ3023 设置在安装孔 303 的一端，推杆电机Ⅱ3023 的输出端与推杆Ⅱ3024 的一端相连，推杆Ⅱ3024 的另一端穿设在安装孔 303 内与夹紧卡盘 304 的夹持端相对设置。

工作过程如下：将批量的待加工零件放入振动盘 1 内，通过振动盘 1 的振动将待加工的零件从振动盘 1 传到输料槽 103 的进料端，输料槽 103 的进料端高于输料槽 103 的出料端，待加工的零件从输料槽 103 的进料端流向输料槽 103 的出料端，输料槽 103 的出料端将待加工的零件传递给接料槽 206 的进料端，接料槽 206 的进料端高于接料槽 206 的出料端，待加工的零件从接料槽 206 的进料端滑向接料槽 206 的出料端后滑进了滑槽Ⅱ202，待加工的零件从滑槽Ⅱ202 滑进滑槽Ⅰ201，这时可以通过推杆电机Ⅰ203 达到推杆Ⅰ204 将零件沿着滑槽Ⅰ201 往前推的目的。

当需要零件进行固定时，通过气缸 302 调节活塞杆 3021 的伸缩，进而将移动板 3022 的安装孔 303 正对着滑槽Ⅰ201 远离推杆电机Ⅰ203 的一端，这时通过推杆Ⅰ204 将零件沿着滑槽Ⅰ201 推进安装孔 303 内，然后控制活塞杆 3021 向夹紧卡盘 304 的方向进行移动，直到移动板 3022 的安装孔 303 正对着夹紧卡盘 304 的夹持端，这时通过推杆电机Ⅱ3023 将推杆Ⅱ3024 向前推，进而将待加工零件推进夹紧卡盘 304 的夹持端，夹紧卡盘 304 自动将待加工零件夹紧，抓取组件回到待加工零件放置的位置等待下一次抓取，然后主轴电机 10 开始工作，带动钻孔轴 12 转动，水平方向控制部分开始工作，带动钻孔轴 12 向工件靠近，当滑块Ⅰ8 触碰到限位开关Ⅱ14 开关后，限位开关Ⅱ14 将位置信息传递给控制器，控制器控制伺服电机 5 向待加工零件的方向运动，当滑块Ⅰ8 到达限位开关Ⅰ13 后控制器控制伺服电机 5 开始反转，开始退刀，直到滑块Ⅰ8 触碰到限位开关Ⅲ15 后控制器控制伺服电机 5 停止工作。同时夹紧卡盘 304 松开对零件的夹紧，加工好的零件流入下料口内，沿着接料管 401 流出后对其进行收集，一个周期结束，开始下个工作过程。

本发明所列举的技术方案和实施方式并非限制，与本发明所列举的技术方案和实施方式等同或者效果相同的方案都在本发明所保护的范围内。还需要说明的是，在本申请中，诸如Ⅰ、Ⅱ、Ⅲ关系术语仅仅用来将一个实体或者操作与另一个实体或操作区分开来，而不一定要求或者暗示这些实体或操作之间存在任何这种实际的关系或者顺序。而且，术语“包括”、“包含”或者其任何其他变体意在涵盖非排他性的包含，从而使得包括一系列要素的过程、方法、物品或者设备不仅包括那些要素，而且还包括没有明确列出的其他要素，或者还包括为这种过程、方法、物品或者设备所固有的要素。在没有更多限制的情况下，由语句“包括一个……”限定的要素，并不排除在包括要素的过程、方法、物品或者设备中还存在另外的相同要素。

审查员在第一次审查意见通知书中指出：针对原始申请文件进行审查，且本通知书是在进行了检索的情况下做出的，并引入了对比文件 1、2，特别是在审查的结论性意见“关于权利要求书”一栏中指出：该申请的权利要求 1～10 不具备专利法第二十二条第三款规定的创造性，同时说明书中也没有记载其他任何可以授予专利权的实质性内容。

第一次审查意见通知书

申请号：2018111247415

该申请涉及一种钻孔机，经审查，现提出如下审查意见。

1. 权利要求 1 不具备专利法第二十二条第三款规定的创造性。

权利要求 1 要求保护一种钻孔机，对比文件 1（CN 106363207 A）公开了一种全自动钻销机，并具体公开了以下技术特征：包括机架 30（相当于该申请的工作台）、钻销推送机构 38（相当于该申请的移动装置）、钻销机构 34（相当于该申请的钻孔装置）及夹持装置，钻销推送机构 38 和定位夹持机构 33 均设置在机架 30 的上方，钻销机构 34 设置在钻销推送机构 38 的上方。夹持装置包括送料机构、待抓取机构和定位夹持机构 33，送料机构包括支架、底座、振动盘 32、输送轨道，支架、底座、振动盘 32 从下到上依次设置，底座安装在支架的上方，振动盘安装在底座的上方，输送轨道倾斜设置在振动盘的上方，输送轨道的进料端安装在振动盘 32 的上端面且与振动盘 32 相连通。待抓取机构包括横向推送机构 36（相当于该申请的推料组件），定位夹持机构 33 包括安装架（相当于该申请的安装架Ⅱ）、纵向推送机构（相当于该申请的抓取组件）和弹性夹头 23，纵向推送机构与弹性夹头 23 均安装在安装架上，弹性夹头 23 与钻头相对设置，纵向推送机构包括纵向推送支架 10，纵向推送支架 10 上设置第一驱动机构 11，第一驱动机构 11 的输出轴上固定设置推送通道 12，推送通道 12 的一端与横向推送机构 36 出料端配合连接，另一端设置第二驱动机构 13（相当于该申请的移动组件），第二驱动机构 13 的输出端设置推块，推块置于推送通道 12 内。振动盘 32 通过设置输送轨道与横向推送机构 36 相连，横向推送机构 36 与纵向推送机构 37 相连，纵向推送机构 37 将工件推送至定位夹持机构 33 内固定夹持。综上，对比文件 1 实质上公开了一种钻孔机。

权利要求 1 要求保护的技术方案与对比文件 1 公开的上述技术内容相比，区别在于：送料机构包括输料槽，待抓取机构包括接料槽，接料槽的进料端与输料槽的出料端相对设置，夹持机构包括夹紧卡盘，移动装置、钻孔装置、推料组件、抓取组件、移动组件的具体结构不同。

基于上述区别技术特征可以确定，权利要求 1 要求保护的技术方案实际解决的技术问题是如何设置各部件的具体结构。

对于上述区别技术特征，在对比文件 1 已经公开了振动盘 32 通过设置输送轨道与横向推送机构 36 相连的基础上，将输送轨道设置为包括送料机构上的输料槽以及待抓取机构上的接料槽，接料槽的进料端与输料槽的出料端相对设置，属于本领域技术人员根据工件的输送需要而做的常规结构设置。在对比文件 1 已经公开了通过弹性夹头夹紧工件的基础上，由于通过卡盘夹紧工件是本领域的常规技术选择，因而本领域技术人员能够根据实际需要选择由夹紧卡盘夹紧工件。

对于移动装置的结构，对比文件 2（CN 104441269 A）公开了一种珍珠自动钻孔装置，并具体公开了以下技术特征，移动装置包括进给电机 15、丝杆 12（相当于该申请的丝杠）及钻孔电机安装板 10（相当于该申请的移动板 1），底座 17（相当于该申请的工作台）的上端面设置有丝杆底座 14，丝杆 12 架设于丝杆底座 14 上，钻孔电机安装板 10 的下端面固定设置有传动螺母 11（相当于该申请的连接块，同时起到了丝杠螺母的作用），滑杆 13 架设于丝杆底座 14 上，传动螺母 11 上设有与滑杆 13 间隙配合的滑杆孔，滑杆 13 与丝杆 12 平行，丝杆 12 的一端与钻孔电机 9 的输出端相连，丝杆 12 的另一端安装在丝杆底座的竖板（相当于该申请的安装架 1）上，丝杆底座的竖板设置在底座 17 的上端面。且上述技术内容在对比文件 2 中所起的作用与其在该申请中所起的作用相同，都是为了驱动钻孔装置移动，可见，对比文件 2 给出了将上述移动装置的结构应用到对比文件 1 中以解决其存在的技术问题的启示。至于将丝杆副的驱动电机设置为伺服电机，属于本领域技术人员根据实际驱动需要而做的常规技术选择。在对比文件 2 已经公开了通过滑杆对传动螺母的移动进行导向的基础上，将丝杠底座设置为两条相互平行的滑轨Ⅰ，每一个滑轨Ⅰ上均设置有可在滑轨Ⅰ上滑动的滑块Ⅰ，每一个滑块Ⅰ均固定设置在移动板Ⅰ的下端面，丝杠安装在两条滑轨Ⅰ之间，属于本领域技术人员为对连接块的移动进行导向而做的常规结构设置。

对于钻孔装置的结构，对比文件 2 还公开了钻孔装置设置在钻孔电机安装板 10 的上端面，钻孔装置包括钻孔电机 9（相当于该申请的主轴电机）和钻头 8。钻孔装置包括 V 带、钻孔轴，主轴电机和钻孔轴在竖直方向从上而下依次设置，钻孔轴安装在移动板Ⅰ的上端面，主轴电机的输出轴上套设有传动轮Ⅰ，钻孔轴一端的外周壁上套设有传动轮Ⅱ，传动轮Ⅰ通过V带带动传动轮Ⅱ同步转动，钻头安装在钻孔轴远离传动轮Ⅱ的一端，属于本领域钻孔装置的常规结构设置。

对于抓取组件的结构，对比文件1中已经公开了纵向推送支架10上设置第一驱动机构11，第一驱动机构11的输出轴上固定设置推送通道12，推送通道12的一端与横向推送机构36出料端配合连接，即在横向推送机构36将输送轨道上的工件推送到推送通道12中后，第一驱动机构11驱动推送通道12向下移动，使推送通道12上的工件与弹性夹头23相对，在此基础上，本领域技术人员能够根据输送轨道的安装位置相应地设置工件从输送轨道末端移动到弹性夹头处的方式，在输送轨道末端位于弹性夹头的一侧且二者位于同一水平面时，本领域技术人员容易想到通过水平方向的移送将输送轨道末端上的工件送到弹性夹头处，并根据工件的夹持需要将弹性夹头设置为夹紧卡盘。具体地，送料机构、待抓取机构和抓取组件在水平方向依次设置，抓取组件包括安装板、气缸、活塞杆及移动组件，安装板安装在安装架Ⅱ的顶端，安装板的两侧设置有限位板Ⅰ和限位板Ⅱ，限位板Ⅰ和限位板Ⅱ在同一方向均垂直于安装板设置，限位板Ⅰ和限位板Ⅱ在远离待抓取机构的一端依次设置，安装板的内侧面上设置滑轨Ⅱ，滑轨Ⅱ垂直于限位板Ⅰ和限位板Ⅱ设置且滑轨Ⅱ的两端分别与限位板Ⅰ和限位板Ⅱ相连，滑轨Ⅱ上设置有可在滑轨Ⅱ上滑动的滑块Ⅱ，气缸设置在限位板Ⅰ的外侧，气缸的输出端与活塞杆的一端相连，活塞杆的另一端穿过限位板Ⅰ后与滑块Ⅱ相连，属于本领域技术人员为实现工件在水平方向的移送而做的常规设置。

对于移动组件的结构，在对比文件1已经公开了推送通道12的另一端设置第二驱动机构13，第二驱动机构13的输出端设置推块，推块置于推送通道12内，纵向推送机构37将工件推送至定位夹持机构33内固定夹持，即通过第二驱动机构13将推送通道12内的工件推送至弹性夹头23内，在此基础上，移动组件包括移动板Ⅱ、推杆电机Ⅱ及推杆Ⅱ，移动板Ⅱ设置在滑块Ⅱ的外侧且与滑块Ⅱ相连，移动板Ⅱ上开设有安装孔，安装孔与夹紧卡盘的夹持端相对设置，推杆电机Ⅱ设置在安装孔的一端，推杆电机Ⅱ的输出端与推杆Ⅱ的一端相连，推杆Ⅱ的另一端穿设在安装孔内与夹紧卡盘的夹持端相对设置，属于本领域技术人员为将工件推送到夹紧卡盘内而做的常规结构设置。

由此可知，在对比文件1的基础上结合对比文件2及本领域的常规技术手段得到权利要求1所要求保护的技术方案，对本领域技术人员来说是显而易见的，因此权利要求1要求保护的技术方案不具有突出的实质性特点和显著的进步，不具备专利法第二十二条第三款规定的创造性。

2. 权利要求2～10不具备专利法第二十二条第三款规定的创造性。

权利要求2～10分别对其引用的权利要求做了进一步的限定。对比文件2还公开了：丝杆底座 14 上设有第一限位开关 29 和第二限位开关 30；传动螺母Ⅱ套设在丝杆 12 的外侧，传动螺母Ⅱ的顶端固定在钻孔电机安装板 10 的下端面。在对比文件 2 公开了上述技术内容的基础上，本领域技术人员能够根据实际控制需要相应地设置限位开关的安装位置与数量，具体地，在滑轨Ⅰ上设置有限位开关Ⅰ、限位开关Ⅱ、限位开关Ⅲ属于本领域的常规设置。将连接块设置为同时起到丝杠螺母的作用，或者将连接块套设在丝杠螺母的外周壁，均属于本领域连接块的常规结构设置，本领域技术人员能够根据实际需要相应地选择其结构。将伺服电机设置在滑轨Ⅰ的一端且伺服电机设置在工作台的上端面，属于本领域技术人员为驱动丝杠转动而做的常规设置。在工作台上设置下料口，下料口设置在夹紧卡盘夹持端的正下方，下料口的下方安装有接料管，属于本领域技术人员为便于对完成加工的工件进行收集而做的常规设置。推杆电机Ⅰ固定设置在支撑台的侧面，属于本领域技术人员为便于推送工件而做的适应性设置。三爪卡盘属于本领域的常规夹紧卡盘，至于三爪卡盘的类型，本领域技术人员根据实际需要相应地选择。夹紧卡盘设置在安装板的下方，属于本领域技术人员为便于工件的移动与夹紧而做的适应性设置。在安装架Ⅱ上设置切削液管道，切削液管道的出料口与夹紧卡盘的夹持端相对设置，属于本领域技术人员根据钻孔加工时的冷却需要而做的常规设置。因此，在其引用的权利要求不具备创造性时，权利要求 2～10 也不具备创造性。

基于上述理由，该申请的独立权利要求以及从属权利要求都不具备创造性，同时说明书中也没有记载其他任何可以授予专利权的实质性内容，因而即使申请人对权利要求进行重新组合和/或根据说明书记载的内容做进一步的限定，该申请也不具备被授予专利权的前景。如果申请人不能在本通知书规定的答复期限内提出表明本申请具有创造性的充分理由，该申请将被驳回。

对比文件 1

申请公布号： CN 106363207 A

申请公布日： 2017. 02. 01

发明名称： 一种全自动钻销机

摘要：

本发明涉及二次加工机器，尤其涉及一种全自动钻销机。该钻销机包括机架，机架上分别设置自动上料机构、定位夹持机构、钻销机构和自动收集机构，自动上料机构通过设置输送轨道与横向推送机构相连，横向推送机构与纵向推送机构相连，纵向推送机构将工件推送至定位夹持机构内固定夹持，钻销机上通过设置钻销机构，对工件进行钻销，钻销完毕后的钻销机构通过推送机构回位，自动收集机构包括收集管，收集管通过设置摆臂机构与定位夹持机构配合连接。本发明自动供料，自动夹紧，自动钻孔，自动收集，且在自动钻孔时夹持机构与钻销机构同时以相反方向旋转使钻销更加快捷，结构简单且操作精确度更高。

权利要求书

1. 一种全自动钻销机，其特征在于：该钻销机包括机架，机架上分别设置自动上料机构、定位夹持机构、钻销机构和自动收集机构，自动上料机构通过设置输送轨道与横向推送机构相连，横向推送机构与纵向推送机构相连，纵向推送机构将工件推送至定位夹持机构内固定夹持，钻销机上通过设置钻销机构对工件进行钻销，钻销完毕后的钻销机构通过钻销推送机构回位，自动收集机构包括收集管，收集管通过设置摆臂机构与定位夹持机构配合连接。

2. 根据权利要求 1 的一种全自动钻销机，其特征在于：定位夹持机构包括具有中部通孔的夹持支架、夹紧机构和旋转驱动机构，夹持支架的通孔两端分别通过设置轴承固定夹紧机构，夹紧机构上通过设置皮带轮与旋转驱动机构相连。

3. 根据权利要求 2 的一种全自动钻销机，其特征在于：夹紧机构包括具有中部夹持通孔的夹持主轴，夹持主轴夹持通孔内的夹持端设置为向外倾斜口，夹持通孔的夹持端设置弹性夹头，弹性夹头的夹口与夹持通孔的夹持端配合，夹持通孔内夹持端的另一端设置联动轴，联动轴的一端与弹性夹头固定相连，联动轴内设置帽圈，帽圈包括联动杆和 U 型支座，U 型支座内设置弹簧，弹簧与定位杆的一端相连，定位杆另一端置于弹性夹头内，夹持主轴夹持端的另一端设置兰抓滑套，兰抓滑套通过设置联动机构与联动轴的另一端相连，联动机构上设置带有通孔的并帽，且联动杆穿过并帽的通孔与螺帽固定相连，兰抓滑套上通过设置第二轴承与环形夹紧摆杆相连，环形夹紧摆杆一端通过铰接与摆杆支架相连，另一端与摆杆气缸的输出轴铰接。

4. 根据权利要求 2 的一种全自动钻销机，其特征在于：夹持支架的通孔两端分别设置前端盖和后端盖，且前端盖上还设置防尘盖。

5. 根据权利要求 1～4 任意一项一种全自动钻销机，其特征在于：纵向推送机构包括纵向推送支架，纵向推送支架上设置第一驱动机构，第一驱动机构的输出轴上固定设置推送通道，推送通道的一端与横向推送机构出料端配合连接，另一端设置第二驱动机构，第二驱动机构的输出端设置推块，推块置于推送通道内。

6. 根据权利要求 5 的一种全自动钻销机，其特征在于：摆臂机构包括摆臂支架，摆臂支架一端固定设置摆臂气缸座，气缸座上设置摆臂气缸，摆臂气缸的输出端通过第一铰接机构与第一收集管固定套相连，第一收集管固定套与收集管一端相套接，摆臂支架另一端通过第二铰接机构设置第二收集管固定套，第二收集管固定套与收集管另一端相套接。

7. 根据权利要求 5 的一种全自动钻销机，其特征在于：自动上料机构为振动盘。

对比文件 2

申请公布号： CN 104441269 A

申请公布日： 2014. 11. 19

发明名称： 一种珍珠自动钻孔装置

摘要：

一种珍珠自动钻孔装置，具有机架，机架上设有料斗、装夹机构、钻孔机构和上料机构及出料机构；上料机构包括导料管，将单个珍珠依次从上料工位向钻孔工位和出料工位移动的导料件，以及连接导料管与上料工位的上料件；上料件每次仅允许一粒珍珠进入上料工位；钻孔工位与钻孔机构对位，出料工位与出料机构连通，导料管向下倾斜；装夹机构对准钻孔工位，装夹机构将珍珠向导料盘压紧；钻孔机构包括钻头和驱动钻头自转的钻孔电机，以及使钻头向珍珠进给的进给电机和进给传动机构；进给电机和进给传动机构使钻头和钻孔电机持续地往复运动。本发明具有钻孔时珍珠定位稳定、对设备的制作和安装精度低的优点。

权利要求书

1. 一种珍珠自动钻孔装置，具有机架，机架上设有料斗、装夹机构、钻孔机构、连接料斗和装夹机构的上料机构，以及将钻孔后的珍珠出料的出料机构。

上料机构包括与料斗连通的、仅允许珍珠单排通过的导料管，将单个珍珠依次从上料工位向钻孔工位和出料工位移动的导料件，以及连接导料管与上料工位的上料件；上料件每次仅允许一粒珍珠进入上料工位。钻孔工位与钻孔机构对位，出料工位与出料机构连通，导料管向下倾斜。

装夹机构对准钻孔工位，装夹机构将珍珠向导料盘压紧。

钻孔机构包括钻头和驱动钻头自转的钻孔电机，以及使钻头向珍珠进给的进给电机和进给传动机构。进给电机和进给传动机构使钻头和钻孔电机持续地往复运动。

导料件由步进式运动的导料盘和与机架固定的导料盘外壳组成，导料盘位于导料盘外壳内，导料盘与导料盘外壳间隙配合，导料盘的外圆周均匀分布有多个容纳珍珠的凹窝，导料盘外壳与导料件对应处设有允许珍珠进入凹窝的第一开口，任一凹窝与开口对位时形成上料工位；导料盘外壳上设有使珍珠外露的第二开口，任一凹窝与第二开口对位时形成钻孔工位。

2. 如权利要求 1 所述的珍珠自动钻孔装置，其特征在于：装夹机构具有与机架固定的安装架，安装架上设置有正对钻孔工位的推杆以及驱动推杆压紧珍珠和释放珍珠的装夹动力件。

3. 如权利要求 2 所述的珍珠自动钻孔装置，其特征在于：装夹动力件包括装夹电机，与装夹电机的输出轴连接的凸轮和从动件，从动件由推杆、压紧杆、压紧弹簧和连接螺母组成，压紧杆顶部具有向外延伸的挡圈部，推杆具有允许压紧杆的挡圈部进入并滑动其内的滑动腔，压紧杆穿过连接螺母，压紧杆的挡圈部阻止压紧杆脱离连接螺母，连接螺母与推杆通过螺纹副固定连接，连接螺母与压紧杆间隙配合。压紧弹簧位于挡圈部与推杆之间。安装架上具有从动件安装梁，压紧杆的杆身穿设于从动件安装梁上，压紧杆的杆身套接有回复弹簧，回复弹簧位于连接螺母与从动件安装梁之间，压紧杆对准钻孔工位。

4. 如权利要求 3 所述的珍珠自动钻孔装置，其特征在于：进给传动机构由丝杠和传动螺母组成，钻孔电机固定于钻孔电机安装板上，钻孔电机安装板与传动螺母固定连接，传动螺母与仅允许其沿丝杆轴向平动、限制周向转动的限位件连接。丝杆架设于丝杆底座上，丝杆底座固定于机架上，丝杆底座上设有第一限位开关和第二限位开关，传动螺母上固定有触发限位开关的触发件。触发件到达第一限位开关时,钻头从朝靠近导料件的方向运动转换为朝远离导料件的方向运动。触发件到达第二限位开关时，钻头从朝远离导料件的方向运动转换为向靠近导料件的方向运动。

5. 如权利要求 4 所述的珍珠自动钻孔装置，其特征在于：限位件包括架设于丝杆底座上的滑杆，传动螺母上设有与滑杆间隙配合的滑杆孔，滑杆与丝杆平行。

6. 如权利要求 1～5 之一所述的珍珠自动钻孔装置，其特征在于：珍珠自动钻孔装置还具有筛选机构，筛选机构包括安装于料斗的振动器和筛子，以及开设于导料管底部的筛选槽。筛子将料斗分隔为上料部和筛选部，上料部在筛子之上，振动器位于料斗外壁。

7. 如权利要求 6 所述的珍珠自动钻孔装置，其特征在于：上料件由珍珠分离杆和往复式电磁铁组成，珍珠分离杆穿设于导料管的出口处，往复式电磁铁固定于导料管上。珍珠分离杆与往复式电磁铁的输出端连接。

该申请实际所要解决的技术问题是：如何设置各部件的具体结构。其实该发明与对比文件 1 的区别不仅仅在于审查员指出的区别，更重要的是本发明是基于解决“加工精度低，受人为因素影响较大，容易造成较高的废品率”的问题，对比文件 1 并未指出任何提高加工精度的方式，只是实现了一种自动化的方式，也就是说本发明与对比文件 1 具有本质区别。

第一次审查意见答复书

国家知识产权局：

本意见陈述书是针对审查员于 2019 年 9 月 4 日发出的第一次审查意见通知书所做出的答复。

首先感谢审查员对本案所做的认真审查，审查员在第一次审查意见通知书中指出权利要求 1～10 不具备专利法第二十二条第三款规定的创造性。

申请人在认真研究了审查员的意见后，对权利要求书的创造性进行了认真、细致、全面、充分的陈述，参见如下意见。

一、关于权利要求 1 创造性的陈述

将审查意见给出的对比文件 1 作为最接近的现有技术。

本申请修改后的权利要求 1 与对比文件 1 相比具有以下区别技术特征：

（1）送料机构的具体结构不同；

（2）移动装置的具体结构不同；

（3）钻孔装置的具体结构不同；

（4）抓取组件的具体结构不同；

（5）移动组件的具体结构不同。

基于上述区别技术特征可以确定，本专利中权利要求 1 要求保护的技术方案实际解决的技术问题是：如何设置各部件的具体结构。

对于区别技术特征（1），审查员认为，对比文件 1 已经公开了振动盘 32 通过设置输送轨道与横向推送机构 36 相连，将输送轨道设置为包括送料机构上的输料槽以及待抓取机构上的接料槽，接料槽的进料端与输料槽的出料端相对设置，属于本领域技术人员根据工件的输送需要而做出的常规结构设置；在对比文件 1 已经公开了通过弹性夹头夹紧工件的基础上，由于通过卡盘夹紧工件是本领域的常规技术选择，因而本领域技术人员能够根据实际需要选择由夹紧卡盘夹紧工件。

申请人持有不同的观点，申请人认为，一方面，本发明是为了解决以下技术特征：①手工钻孔速度慢、效率低，不能大规模生产；②加工精度低，受人为因素影响较大，容易造成较高的废品率；③工人劳动强度大。对比文件 1 提供的是一种自动供料、自动夹紧、自动钻孔、自动收集的钻销机。其实本发明与对比文件 1 的区别不仅在于审查员指出的区别，更重要的是本发明是基于解决“加工精度低，受人为因素影响较大，容易造成较高的废品率”的问题，对比文件 1 并未指出任何提高加工精度的方式，只是实现了一种自动化的方式，也就是说本发明与对比文件 1 具有本质区别。另一方面，基于上述区别技术特征可以确定，权利要求 1 要求保护的技术方案实际解决的技术问题是：如何设置各部件的具体结构使得加工中加工精度高，不受人为因素影响。正如审查员所说，对比文件 1 已经公开了通过弹性夹头夹紧工件，但是本发明的钻孔机所采用的为卡盘夹紧，主要是因为卡盘夹紧在加工中的精度更高，更不受人为因素的影响，弹性夹头虽然也可以完成相关任务，但是其受各种外界因素影响的不稳定性更大，精度更难以保证。审查员指出“通过卡盘夹紧工件是本领域的常规技术选择，因而本领域技术人员能够根据实际需要选择由夹紧卡盘夹紧工件。”这里就有以偏概全的嫌疑，因为本发明并不是一种夹紧方式的创新，只是在解决问题中采用了某种夹紧方式而已，就像对比文件 2 一样，很多授权的发明专利其夹紧方式也是常规选择，但是并不能否认其整体的创新性，在没有其他对比文件公开的基础上，申请人不能接受该区别技术特征属于本领域常规技术手段的观点。

对于区别技术特征（2），审查意见指出，对于移动装置的结构，对比文件 2（CN 104441269 A）公开了一种珍珠自动钻孔装置，并具体公开了以下技术特征：移动装置包括进给电机 15、丝杆 12（相当于本申请的丝杠）及钻孔电机安装板 10（相当于本申请的移动板 1），底座 17（相当于本申请的工作台）的上端面设置有丝杆底座 14，丝杆 12 架设于丝杆底座 14 上，钻孔电机安装板 10 的下端面固定设置有传动螺母 11（相当于本申请的连接块，同时起到了丝杠螺母的作用），滑杆 13 架设于丝杆底座 14 上，传动螺母 11 上设有与滑杆 13 间隙配合的滑杆孔，滑杆 13 与丝杆 12 平行，丝杆 12 的一端与钻孔电机 9 的输出端相连，丝杆 12 的另一端安装在丝杆底座的竖板（相当于本申请的安装架 1）上，丝杆底座的竖板设置在底座 17 的上端面。且上述技术内容在对比文件 2 中所起的作用与其在本申请中所起的作用相同，都是为了驱动钻孔装置移动，可见，对比文件 2 给出了将上述移动装置的结构应用到对比文件 1 中以解决其存在的技术问题的启示。至于将丝杆副的驱动电机设置为伺服电机，属于本领域技术人员根据实际驱动需要而做的常规技术选择。在对比文件 2 已经公开了通过滑杆对传动螺母的移动进行导向的基础上，将丝杠底座设置为两条相互平行的滑轨Ⅰ，每一个滑轨Ⅰ上均设置有可在滑轨Ⅰ上滑动的滑块Ⅰ，每一个滑块Ⅰ均固定设置在移动板Ⅰ的下端面，丝杠安装在两条滑轨Ⅰ之间，属于本领域技术人员为对连接块的移动进行导向而做的常规结构设置。

申请人持有不同的观点，申请人认为，一方面，对比文件 2 公开了一种珍珠自动钻孔装置，提供了一种钻孔时特定珍珠定位稳定、对设备的制作和安装精度低的珍珠自动钻孔装置。对比文件 2 的主要发明创新在于对珍珠的处理和装夹，而本发明是基于解决“加工精度低，受人为因素影响较大，容易造成较高的废品率”的普遍问题，并不是单独只对一种对象，而是对机械零部件加工领域中通用的轴类或盘类零件，而不是珍珠类特殊的物品，也就是说本发明与对比文件 2 存在本质区别。另一方面，对于移动装置的结构，本发明的有益效果主要表现为该钻孔机可以将待加工的零件进行快速、精确的固定，整个过程节省了人工劳动力，设计合理，操控方便，能提高生产效率和加工精度，保证产品质量，整个过程节省了人工劳动力，提高了钻孔效率，对待加工零件进行自动打孔作业，主轴电机持续自转，由钻头实现打孔。伺服电机控制移动板在水平方向进行往复作业，打孔效率高，孔径一致性好。对于移动装置的结构，本发明与对比文件 2 都有提高被加工件准确性的需要，所以有相似之处，但针对具体发明内容也有本质区别。审查员指出：“至于将丝杆副的驱动电机设置为伺服电机，属于本领域技术人员根据实际驱动需要而做的常规技术选择；在对比文件 2 已经公开了通过滑杆对传动螺母的移动进行导向的基础上，将丝杠底座设置为两条相互平行的滑轨Ⅰ，每一个滑轨Ⅰ上均设置有可在滑轨Ⅰ上滑动的滑块Ⅰ，每一个滑块Ⅰ均固定设置在移动板Ⅰ的下端面，丝杠安装在两条滑轨Ⅰ之间，属于本领域技术人员为对连接块的移动进行导向而做的常规结构设置。”实际上，上述操作均不是常规操作，而是考虑到伺服电机控制移动板在水平方向进行往复作业，打孔效率高，孔径一致性好，上述装置的布局也更有利于打孔的稳定性和一致性，整体上是有创新性的，在没有其他对比文件公开的基础上，申请人不能接受该区别技术特征属于本领域常规技术手段的观点。

对于区别技术特征（3），审查意见指出，对比文件 2 还公开了：钻孔装置设置在钻孔电机安装板 10 的上端面，钻孔装置包括钻孔电机 9（相当于本申请的主轴电机）和钻头 8。钻孔装置包括 V 带、钻孔轴，主轴电机和钻孔轴在竖直方向从上而下依次设置，钻孔轴安装在移动板Ⅰ的上端面，主轴电机的输出轴上套设有传动轮Ⅰ，钻孔轴一端的外周壁上套设有传动轮Ⅱ，传动轮Ⅰ通过 V 带带动传动轮Ⅱ同步转动，钻头安装在钻孔轴远离传动轮Ⅱ的一端，属于本领域钻孔装置的常规结构设置。”

申请人并不认同该观点，申请人认为：本专利中的钻孔装置包括 V 带、钻孔轴，主轴电机和钻孔轴在竖直方向从上而下依次设置，钻孔轴安装在移动板Ⅰ的上端面，主轴电机的输出轴上套设有传动轮Ⅰ，钻孔轴一端的外周壁上套设有传动轮Ⅱ，传动轮Ⅰ通过 V 带带动传动轮Ⅱ同步转动，钻头安装在钻孔轴远离传动轮Ⅱ的一端，这些都是考虑到传动过程的稳定性，有利于打孔的一致性更好，整体上是有创新性的，在没有其他对比文件公开的基础上，申请人不能接受该区别技术特征属于本领域常规技术手段的观点。

对于区别技术特征（4），审查意见指出：对于抓取组件的结构，对比文件 1 中已经公开了纵向推送支架 10 上设置第一驱动机构 11，第一驱动机构 11 的输出轴上固定设置推送通道 12，推送通道 12 的一端与横向推送机构 36 出料端配合连接，即在横向推送机构 36 将输送轨道上的工件推送到推送通道 12 中后，第一驱动机构 11 驱动推送通道 12 向下移动，使推送通道 12 上的工件与弹性夹头 23 相对，在此基础上，本领域技术人员能够根据输送轨道的安装位置相应地设置工件从输送轨道末端移动到弹性夹头处的方式，在输送轨道末端位于弹性夹头的一侧且二者位于同一水平面时，本领域技术人员容易想到通过水平方向的移送将输送轨道末端上的工件送到弹性夹头处，并根据工件的夹持需要将弹性夹头设置为夹紧卡盘。具体地，送料机构、待抓取机构和抓取组件在水平方向依次设置，抓取组件包括安装板、气缸、活塞杆及移动组件，安装板安装在安装架Ⅱ的顶端，安装板的两侧设置有限位板Ⅰ和限位板Ⅱ，限位板Ⅰ和限位板Ⅱ在同一方向均垂直于安装板设置，限位板Ⅰ和限位板Ⅱ在远离待抓取机构的一端依次设置，安装板的内侧面上设置滑轨Ⅱ，滑轨Ⅱ垂直于限位板Ⅰ和限位板Ⅱ设置且滑轨Ⅱ的两端分别与限位板Ⅰ和限位板Ⅱ相连，滑轨Ⅱ上设置有可在滑轨Ⅱ上滑动的滑块Ⅱ，气缸设置在限位板Ⅰ的外侧，气缸的输出端与活塞杆的一端相连，活塞杆的另一端穿过限位板Ⅰ后与滑块Ⅱ相连，属于本领域技术人员为实现工件在水平方向的移送而做的常规设置。

申请人并不认同该观点，申请人认为：本专利的待抓取机构包括接料槽和推料组件，而对比文件1只涉及推料组件，不包括接料槽，两者在结构上本质是不同的。其次，体现本发明特色的是“滑槽Ⅰ201贯穿支撑台2的两端”充分考虑到传动过程的稳定性，有利于打孔的一致性，这一点在对比文件1中并不存在，主要原因在于本发明和对比文件1的发明目的和效果还是存在本质区别的。另外，根据工件的夹持需要将弹性夹头设置为夹紧卡盘，前面已经讲过本发明是针对机械零部件加工领域中通用的轴类或盘类零件，而不是物品，所以和对比文件1是有本质区别的，本发明存在创新性，在没有其他对比文件公开的基础上，申请人不能接受该区别技术特征属于本领域常规技术手段的观点。

对于区别技术特征（5），审查意见指出，对于移动组件的结构，在对比文件1已经公开了推送通道12的另一端设置第二驱动机构13，第二驱动机构13的输出端设置推块，推块置于推送通道12内，纵向推送机构37将工件推送至定位夹持机构33内固定夹持，即通过第二驱动机构13将推送通道12内的工件推送至弹性夹头23内，在此基础上，移动组件包括移动板Ⅱ、推杆电机Ⅱ及推杆Ⅱ，移动板Ⅱ设置在滑块Ⅱ的外侧且与滑块Ⅱ相连，移动板Ⅱ上开设有安装孔，安装孔与夹紧卡盘的夹持端相对设置，推杆电机Ⅱ设置在安装孔的一端，推杆电机Ⅱ的输出端与推杆Ⅱ的一端相连，推杆Ⅱ的另一端穿设在安装孔内与夹紧卡盘的夹持端相对设置，属于本领域技术人员为将工件推送到夹紧卡盘内而做的常规结构设置。

申请人并不认同该观点，申请人认为：本发明的移动组件包括移动板Ⅱ3022、推杆电机Ⅱ3023及推杆Ⅱ3024，移动板Ⅱ3022设置在滑块Ⅱ3014的外侧且与滑块Ⅱ3014相连，移动板Ⅱ3022上开设有安装孔303，安装孔303与夹紧卡盘304的夹持端相对设置，推杆电机Ⅱ3023设置在安装孔303的一端。注意本发明是通过“安装孔303”与夹紧卡盘304的夹持端相作用而实现移动组件运动的，而不是对比文件1的“推送至弹性夹头23内”，由此可知，在对比文件1的基础上结合对比文件2及本领域的常规技术手段是无法得到权利要求1所要求保护的技术方案的，对本领域技术人员权利要求是创新的，并不是显而易见的，在没有其他对比文件公开的基础上，申请人不能接受该区别技术特征属于本领域常规技术手段的观点。

综上，与对比文件1及对比文件2相比，本发明具有突出的实质性特点和显著的进步，因此修改后的权利要求 1 具备专利法第二十二条第三款规定的创造性。

二、关于权利要求 2～10 的创造性

一方面，本领域技术人员能够根据实际控制需要相应地设置限位开关的安装位置与数量，其实这里已经体现了由于发明对象和内容的不同而产生的创新性设计，将连接块设置为同时起到丝杠螺母的作用，或者将连接块套设在丝杠螺母的外周壁上，主要是打孔效率高、孔径一致性好的创新性设计。在安装架Ⅱ上设置切削液管道，切削液管道的出料口与夹紧卡盘的夹持端相对设置，主要是为了提高自动钻孔的精度和一致性，这在对比文件 1 和对比文件 2 中均未提及，在没有其他对比文件公开的基础上，申请人不能接受该区别技术特征属于本领域常规技术手段的观点。

另一方面，权利要求 2～10 是对权利要求 1 的进一步限定，在权利要求 1 具有创造性的前提下权利要求 2～10 也必然具有创造性。

综上，权利要求 1～10 具有专利法第二十二条第三款规定的创造性，符合专利法、专利法实施细则和专利审查指南的有关规定。同时，恳请审查员老师对该专利申请进行重新审查，如果仍有不当之处，希望审查员能够再次给予修改和陈述意见的机会。

第一次答复后，审查员又给出了第二次审查意见。通知书中指出：申请人于 2019 年 12 月 3 日提交了意见陈述书，审查员在阅读了上述文件后，对本案继续进行审查，再次提出如下审查意见。

第二次审查意见通知书

申请号：2018111247415

申请人于 2019 年 12 月 3 日提交了意见陈述书，审查员在阅读了上述文件后，对本案继续进行审查，再次提出如下审查意见。

1. 权利要求 3 不符合专利法第二十六条第四款的规定。

权利要求 3 中记载了“连接块 601 的顶端固定设置在移动板的下端面”，本领域不清楚此处的“移动板”是指“移动板Ⅰ”还是指“移动板Ⅱ”，导致权利要求 3 的保护范围不清楚。

2. 说明书的撰写不符合专利法实施细则第十八条第二款的规定。

说明书的附图标记中记载了推杆电机Ⅰ203、推杆Ⅰ204，说明书的具体实施方式中多处记载了推杆电机Ⅰ203、推杆Ⅰ204，然而 203、204 未在附图中出现，申请人在删除说明书中的上述附图标记时，应对权利要求 1、权利要求 7 中的上述附图标记一并进行删除。

图 5 出现了附图标记 207，然而说明书文字部分没有关于附图标记 207 的记载。

说明书的附图标记中记载了支撑架 206，说明书的具体实施方式中多处记载了支撑架 206、接料槽 206，支撑架与接料槽为不同的组成部分，不能使用相同的附图标记；申请人在对说明书中上述部件的附图标记进行修改时，应对权利要求书中上述部件的附图标记一并进行修改。

根据说明书具体实施方式的记载，夹紧卡盘的附图标记为 304，切削液管道的附图标记为 305，安装孔的附图标记为 303，安装孔 303 开设在移动板Ⅱ3022 上，可见，图 1 中的附图标记 303、304 标记错误，图 2 中的附图标记 303、304 标记错误，图 3 中的附图标记 303 标记错误。申请人应当对上述附图标记进行修改。

提醒申请人注意：权利要求 1 中记载了滑槽Ⅱ202 垂直与滑槽Ⅰ201 设置，建议将此处的“与”修改为“于”，或者改用其他表述方式，以便权利要求的表述更清楚。

申请人应当在本通知书指定的答复期限内对本通知书提出的问题逐一进行答复，必要时应修改专利申请文件，否则本申请将难以获得批准。申请人对申请文件的修改应当符合专利法第三十三条的规定，不得超出原说明书和权利要求书记载的范围。

实际上，在第二次审查意见中，审查员已经接受了申请人在一审答复时的大部分理由。在答复时只要重点针对审查员二审意见中的具体文字问题即可。

第二次审查意见答复书

国家知识产权局：

本意见陈述书是针对审查员于 2020 年 3 月 16 日发出的第二次审查意见通知书所做出的答复。

首先感谢审查员对本案所做的认真审查，审查员在第二次审查意见通知书中指出如下问题：权利要求 3 不具备专利法第二十六条第四款的规定。

申请人在认真研究了审查员的意见后，对权利要求书进行了认真、细致、全面、充分的陈述，参见如下意见。

为了加快审查进度，申请人对权利要求书的修改如下。

一、关于权利要求 1 的修改

审查意见指出：权利要求 1 中出现了“滑槽Ⅱ202 垂直与滑槽Ⅰ201 设置”修改为“滑槽Ⅱ202 垂直于滑槽Ⅰ201 设置”。

二、关于权利要求 3 的修改

审查意见指出：权利要求 3 中记载了“连接块 601 的顶端固定设置在移动板

的下端面”，本领域不清楚此处的“移动板”是指“移动板Ⅰ”还是指“移动板Ⅱ”，导致权利要求3的保护范围不清楚。

根据说明书内容以及结合说明书附图可知：“丝杠6的丝杠螺母通过连接块601与移动板Ⅰ9连接”，由此可知，连接块601的顶端固定设置在移动板Ⅰ的下端面。

三、关于说明书撰写不符合专利法实施细则第十八条第二款的规定内容的修改

（1）说明书的附图标记中记载了203-推杆电机Ⅰ、204-推杆Ⅰ，说明书的具体实施方式中多处记载了推杆电机Ⅰ203、推杆Ⅰ204，然而附图标记203、204未在附图中出现。

修改：将说明书附图标记中对203-推杆电机Ⅰ、204-推杆Ⅰ的描述进行删除，并将权利要求书中出现推杆电机Ⅰ203、推杆Ⅰ204的附图标记进行删除。

（2）图5中出现了附图标记207，然而说明书文字部分没有关于附图标记207的记载。

修改：将图5中出现的附图标记207进行删除。

（3）说明书的附图标记中记载了支撑架206，说明书的具体实施方式中多处记载了支撑架206、接料槽206，支撑架与接料槽为不同的组成部分，不能使用相同的附图标记。

修改：根据说明书附图可知，说明书附图标记206记载的结构为接料槽，对应地将权利要求书和说明书按正确的附图标记进行修改。

（4）根据说明书具体实施方式的记载，夹紧卡盘的附图标记为304，切削液管道的附图标记为305，安装孔的附图标记为303，安装孔303开设在移动板Ⅱ3022上，可见，图1中的303、304标记错误，图2中的303、304标记错误，图3中的303标记错误。

修改：根据说明书内容对说明书附图进行对应修改。

恳请审查员老师对该专利申请进行重新审查，如果仍有不当之处，希望审查员能够再次给予修改和陈述意见的机会，谢谢。

该专利申请的关键答辩，是对第一次审查意见通知书的答复，由于审查员所使用的对比文件1、2的技术方案和其组合技术方案解决不了该发明所要解决的技术问题，针对这一问题，申请人在答复第一次审查意见通知书时，采取的是从专业技术的角度，论述了两个对比文件的技术方案为什么不能实现该发明的待抓取机构包括接料槽和推料组件，对比文件只涉及推料组件，不包括接料槽，两者在结构上本质不同。对比文件的现有技术整体上没有技术启示，则该发明专利是非显而易见的，即具有突出的实质性特点。所以该发明在二审回复后就得到了授权。

参考文献

曹治丽. 2018. 浅析专利创造性答复之“容易想到的”. 中国发明与专利, 15（2）: 118-122.

陈澄. 2016. 知识产权的概念和法律特征探究. 科技展望, 26（35）: 272.

陈嘉沁. 2018. 专利权利要求解释之研究. 西安: 西北大学.

程杰. 2018. 我国发明专利文本质量提升对策研究. 湘潭: 湘潭大学.

房琦. 2019. 发明专利申请的审查意见答复技巧. 科技资讯, 17（12）: 224-225.

高静. 2012. 专利创造性评价中的事实认定: 以审查意见答复为例. 电子知识产权,（10）: 95-96.

国家知识产权局专利局专利审查协作北京中心. 2016. 发明专利初审典型案例释疑. 北京: 知识产权出版社.

韩嫚嫚. 2015. 浅谈机械领域专利创造性的 OA 答复——对“保护套管”发明专利案例的分析. 专利代理, 2（2）: 52-55.

胡彪. 2014. 我国发明专利创造性判断影响要素研究. 北京: 中国青年政治学院.

胡辉. 2018. 发明构思在创造性答复中的应用——以材料类发明专利申请审查意见答复为视角. 专利代理,（1）: 36-40.

黄军生, 刘宇雄, 石浩. 2014. 国内专利申请文件撰写中的公开不充分问题及答复技巧. 中国发明与专利,（1）: 90-93.

惠雨. 2018. 个人专利代理事务所研究. 湘潭: 湘潭大学.

金多才. 2004. 论知识产权的概念和特征. 河南省政法管理干部学院学报,（6）: 56-60.

李彬. 2017. 一种宽适应双机制自润滑轴承材料及其制备方法: 中国. ZL 201510335490.5. 2017-02-22.

李彬, 王红. 2019a. 石墨烯-铬钛铝复合材料的制备方法及其在刀具上的应用: 中国. ZL 201710431774.3. 2019-05-10.

李彬, 王红. 2019b. 一种叠层复合刀具材料及制备方法: 中国. ZL 201710177433.8. 2019-08-02.

李彬, 王红. 2019c. 一种多头分控 3D 打印机: 中国. ZL 201710432171.5. 2019-03-05.

李彬, 赵振法, 刘建寿. 2019. 一种刀具用高耐磨合金材料及其制备方法: 中国. ZL 201710431774.3. 2019-02-22.

李彬, 陈智勇, 赵振法, 等. 2020a. 一种车载提升机: 中国. ZL 201810148323.3. 2020-05-05.

李彬, 刘建寿, 赵红霞. 2020b. 一种自动抹墙机: 中国. ZL 201810039787.0. 2020-01-03.

李高, 国珠, 冯琛. 2014. 论科研单位的专利申请策略. 中国发明与专利,（8）: 99-102.

刘睿. 2018. 论文发表对专利新颖性的影响研究. 大连: 大连理工大学.

吕青林, 金善科. 2017. 浅论发明专利审查意见通知书的答复. 求知导刊,（13）: 40-41.

聂稻波, 韩玉顺. 2011. 从一个实际案例看申请文件的撰写和审查意见的答复技巧. 中华全国专利代理人协会年会暨第二届知识产权论坛: 323-327.

覃韦斯. 2019. 专利创造性问题答复方法论的构建与应用. 专利代理,（3）: 42-47.

苏娟. 2013. 发明专利申请创造性的争辩. 北京: 知识产权出版社.

田书凤. 2017. 答复发明专利审查意见通知书需注意的问题. 河南科技,（6）: 57-59.

王博. 2019. 组合物专利的侵权判定研究. 兰州: 兰州大学.

王红, 李彬, 李小康,等. 2020. 一种钻孔用固定装置: 中国. ZL 201811126505.7. 2020-07-14.

王宏钧, 刘渊. 2019. 发明专利不具备创造性审查意见的有效答复. 科学技术创新, (27): 149-150.

王洪友. 2016. 知识产权理论与实务. 北京: 知识产权出版社.

王志远, 崔振, 刘冬生, 等. 2013. 高校专利申请中的答复修改环节存在的问题与对策. 淮海工学院学报(人文社会科学版), 11(23): 126-128.

温祯. 2015. 发明专利"非显而易见性"判断标准案例研究. 上海: 上海交通大学.

文雄辉. 2019. 基于专利挖掘的技术预见方法及其应用. 广州: 华南理工大学.

薛红凡, 朱玲艳. 2019. 中药专利申请中违反法律的案件分析及应对策略. 法制与社会, (1): 58-59.

尹晓金. 2018. 论发明构思在创造性判断中的运用. 湘潭: 湘潭大学.

尹新天. 2011. 中国专利法详解. 北京: 知识产权出版社.

余岢, 王海涛, 施颖杰. 2018. 浅论专利申请中对审查意见的答复策略. 专利代理, (3): 55-58.

袁龙飞. 2014. 论发明专利创造性的判断. 重庆: 西南政法大学.

袁茹芳, 张旭光. 2019. 浅析涉及数值范围的专利申请文件撰写要点和答复策略. 中国发明与专利, 16(S2): 45-48.

袁文彬. 2016. 发明专利临时保护制度相关问题研究. 上海: 华东政法大学.

张增果. 2019. 论专利申请中审查意见的答复方法. 科技与创新, (10): 42-44.

赵越. 2017. 发明专利创造性判断研究. 长春: 吉林大学.

职秀娟. 2016. 如何答复发明专利审查意见通知书. 河南科技, (14): 78-80.

朱顺利, 张永生. 2016. 从具体案例看机械领域专利创造性的答复技巧. 中国高新技术企业, 10(29): 183-184.

邹锡锋. 2016. 方法专利侵权判定研究. 广州: 广东财经大学.